煤炭院校特色应用型本科系列教材

MEITAN YUANXIAO TESE YINGYONGXING BENKE XILIE JIAOCAI

矿山计算机制图与辅助设计

董长吉　关显华　主编

中国矿业大学出版社

·徐州·

内 容 简 介

《矿山计算机制图与辅助设计》分为基础篇和应用篇。在基础篇主要介绍了 Auto CAD 绘图软件常用的绘图与修改命令的使用方法与应用技巧；在应用篇主要介绍了线型制作、煤矿常用图形绘制方法与案例、测绘制图与案例、煤矿制图规范与习题集等。本书可作为采矿工程专业本科与专科学生教材使用。

图书在版编目(CIP)数据

矿山计算机制图与辅助设计 / 董长吉，关显华主编. —徐州：中国矿业大学出版社，2023.6

ISBN 978-7-5646-5547-1

Ⅰ. ①矿… Ⅱ. ①董… ②关… Ⅲ. ①矿山开采-计算机辅助设计-AutoCAD 软件 Ⅳ. ①TD802-39

中国版本图书馆 CIP 数据核字(2022)第 178154 号

书　　名 矿山计算机制图与辅助设计
主　　编 董长吉　关显华
责任编辑 于世连
出版发行 中国矿业大学出版社有限责任公司
（江苏省徐州市解放南路　邮编 221008）
营销热线 (0516)83884103　83885105
出版服务 (0516)83995789　83884920
网　　址 http://www.cumtp.com　**E-mail**:cumtpvip@cumtp.com
印　　刷 徐州中矿大印发科技有限公司
开　　本 787 mm×1092 mm　1/16　**印张** 15　**字数** 384 千字
版次印次 2023 年 6 月第 1 版　2023 年 6 月第 1 次印刷
定　　价 36.00 元
（图书出现印装质量问题，本社负责调换）

前　言

在远古时期，人类就通过图形记录自然现象。随着人类探索自然领域的逐渐拓展以及计算机技术的快速发展，图形作为记录矿井安全高效绿色智能开采的媒介依然不可或缺。工程技术人员常把图形比喻为工程领域设计与施工中的“眼睛”。煤矿开采正在由自动化向智能化转变。煤矿开采智能化的首要任务是将煤炭资源、地质条件、井下环境等由“黑色”变为“灰色”、由“灰色”变为“白色”，再由“白色”变为“透明”。在这个过程中，“眼睛”的作用不言而喻。依据《煤矿安全规程》，井工煤矿必须按规定填绘反映实际情况的图形。专业图形在煤矿安全生产中发挥至关重要的作用。

《矿山计算机制图与辅助设计》包括基础篇与应用篇。基础篇包括 Auto CAD 绘图软件常用的绘图与修改命令的使用方法与应用技巧；应用篇内容主要包括剖面图和水平切面图的绘制方法、采矿工程设计图纸绘制案例等，还包括测绘制图、煤矿制图规范与习题集等。全书共分为 11 章。其中第 1 章、第 2 章、第 3 章和第 8 章由黑龙江科技大学矿业工程学院董长吉编写；第 4 章、第 5 章、第 6 章和第 7 章由黑龙江科技大学矿业工程学院关显华编写；第 9 章由鹤岗新岭矿生产技术部王亮亮、鹤岗生产技术部由洋、双鸭山生产技术部林冠群、双鸭山集贤煤矿张后生、七台河电力部杨新发联合编写；第 10 章由黑龙江科技大学矿业工程学院张红华编写；第 11 章由王亮亮与北京龙软科技股份有限公司宋绪贵编写。全书由董长吉统稿，由黑龙江科技大学矿业工程学院秦涛教授主审。

本书在编写过程中，参阅了相关教材，得到了龙煤设计研究院鹤岗分院陈凯和新岭煤矿生产技术部马延光的帮助。郑西贵在《采矿 Auto CAD　2006 入门与提高》一书中提到了“绘图之道、惟在于勤；

成图之妙、惟在于思”的观点，道出了绘图的精髓，也指出了采矿专业人员学习 Auto CAD 的方法。学者学习本书内容时，应多思考、勤动手、反复练习、循序渐进。

本书可作为采矿工程专业本科与专科学生教材使用。由于作者水平有限，加之时间仓促，书中难免存在疏漏与不当之处，请读者批评指正。

编　者

2023 年 1 月

目　录

第1篇　基础篇

第 1 篇

基 础 篇

第1章 入门基础

Auto CAD(Autodesk Computer Aided Design)是Autodesk(欧特克)公司于1982年开发的自动计算机辅助设计软件,用于二维绘图、详细绘制、文档设计和基本三维设计,现已经成为国际上广为流行的绘图工具。Auto CAD具有良好的用户界面,通过交互菜单或命令行方式便可以进行各种操作。多文档设计环境,让非计算机专业人员也能很快地学会使用Auto CAD。在不断实践的过程中更好地掌握该软件的各种应用和开发技巧,可以不断提高工作效率。Auto CAD具有广泛的适应性,可以在各种操作系统支持的微型计算机和工作站上运行。

通过本章的学习,应做到以下几点:

(1) 讲授"采矿CAD"时发现,课程结束时,学生能够"无压力"掌握绘图方法,但是当结合专业制图时"压力较大"。所以,Autodesk Computer Aided Design给出了学习定位——结合专业制图。

(2) 在学习过程中,领会"绘图之道、唯在于勤;成图之妙、唯在于思"。

(3) 培养绘图习惯。逐渐培养"左键盘(输入命令、空格键确认)、右鼠标(选择对象、右键确认)"的绘图习惯。

(4) 保持图形完整。在绘图时保持图形完整,有助于日后修改、完善图形。

(5) 了解Auto CAD绘图软件界面组成。

(6) 掌握Auto CAD一般规定。

1.1 Auto CAD的基本功能

Auto CAD自问世以来的每次软件升级,其功能都得到不断完善与增强,目前在矿井设计与施工中发挥重要作用。本教材选用Auto CAD 2007版本(以下如无特殊说明,Auto CAD均指2007版本),综合考虑以下因素。

① Auto CAD版本安装方便,网络资源多。

② 启动加载快,占用系统资源较少。

③ 操作界面简洁,其功能能够满足当前矿山制图需求。

④ 安装包自带"Express Tools"工具,用户可以用此工具制作线型。

绘制矿图时常用的基本功能包括:

① 创建、打开和保存图形文件。

② 设置图形单位与图形界限。

③ 创建文字样式、标注样式、表格样式、多线样式,修改点样式。

④ 绘制与编辑图形、标注图形尺寸、打印输出图形。

1.2 初识 Auto CAD

Auto CAD 为用户提供了“Auto CAD 经典”和“三维建模”两种工作空间模式。绘制矿图时，通常采用“Auto CAD 经典”工作空间模式。软件启动后默认模式即为经典模式，其主要由标题栏、菜单栏、工具栏、绘图窗口、文本窗口与命令行、状态栏(行)等组成，如图 1-1 所示。

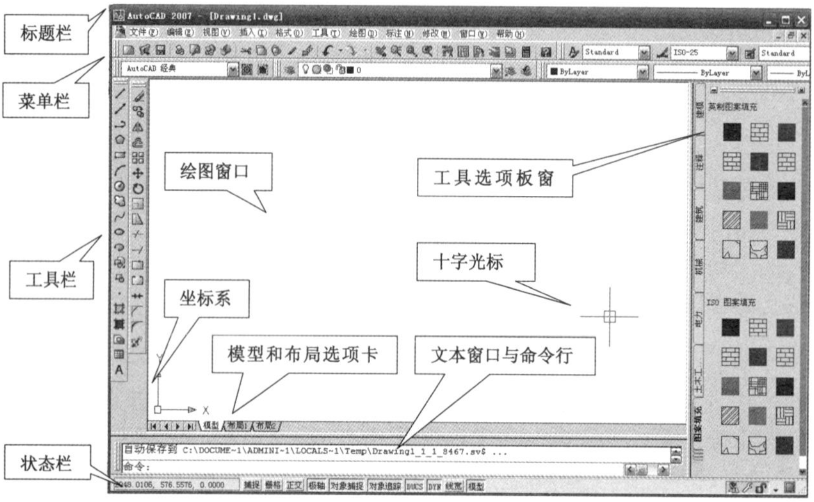

图 1-1 Auto CAD 界面

1.2.1 工具栏

工具栏集成了众多命令按钮。在 Auto CAD 中，共提供了二十多个已命名的工具栏。在默认情况下，“标准”、“绘图”和“修改”工具栏如图 1-2 所示。

图 1-2 工具栏

打开快捷工具栏方法：在如图 1-3 所示的位置单击鼠标右键，根据绘图需要进行选择。

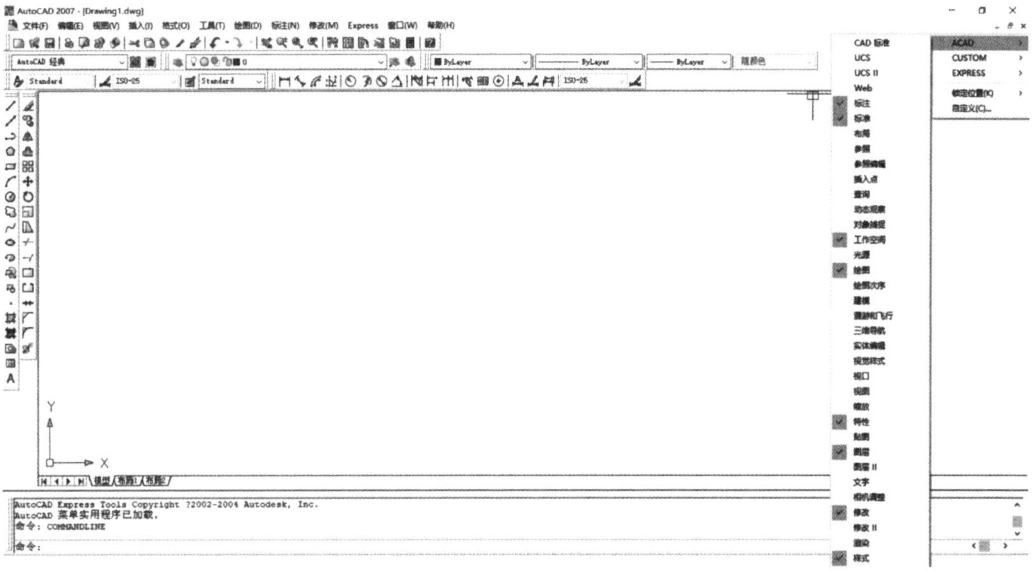

图 1-3 快捷工具栏打开方法

1.2.2 文本窗口与命令行

“命令行”窗口位于绘图窗口的底部，用于接收用户的命令并记录用户的操作过程，通过文本窗口向 Auto CAD 发送命令，通知它“为我们做什么”，Auto CAD 也会通过该窗口询问我们“下一步要做什么(或怎么做)”，所以，文本窗口就像一座用户与 Auto CAD 的“友谊之桥”，也是学习与制图的必不可少的窗口。【F2】键用于打开与关闭文本窗口。如果按【F2】键无反应，则需要检查是否与软件快捷键有冲突。对于初学者，特别需要注意的是：

(1) 不需要先在“文本窗口”单击鼠标左键后再输入命令，绘图过程中直接输入命令即可。

(2) 输入命令时不区分字母大小写。

1.2.3 状态栏(行)

状态行用来显示 Auto CAD 当前的状态，如当前光标的坐标、命令和按钮的说明等。

在绘图窗口中移动光标时，状态行的“坐标”区将动态地显示当前坐标值。坐标显示取决于所选择的模式和程序中运行的命令，共有“相对”、“绝对”和“无”3 种模式。状态行中还包括如“捕捉”“栅格”“正交”“极轴”“对象捕捉”“对象追踪”“DUCS”“DYN”“线宽”“模型(或“图纸”)”等功能，如图 1-4 所示。

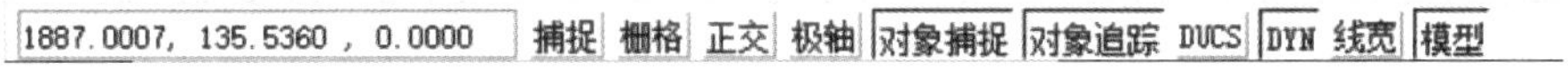

图 1-4 状态栏(行)

1.2.4 光标

对于初学者，有必要知道光标的几种形态(见图 1-5)，有助于日常练习。送给初学者一句建议:让 Auto CAD 做什么,它不一定照做;Auto CAD 让我们做什么,我们必须照做。

图 1-5　光标的三种形态

1.2.5　文本窗口中的“括号”

输入命令时,文本窗口通常会出现三种括号,分别为[ ]、( )、＜ ＞。[ ]中为“命令的可执行选项”,( )中为可执行选项的“命令”,＜ ＞中通常为“默认值(或保存上次命令值)”。了解括号的三种形式,有助于帮助初学者自学。例如,绘制两个半径相等的圆,在绘制第二个圆时不用再次输入半径,犹如探囊取物一样简单。

1.3　常 用 设 置

Auto CAD 启动后可以根据个人绘图习惯设置一些参数。执行【工具】→【选项】,打开“选项”对话框,如图 1-6 所示。

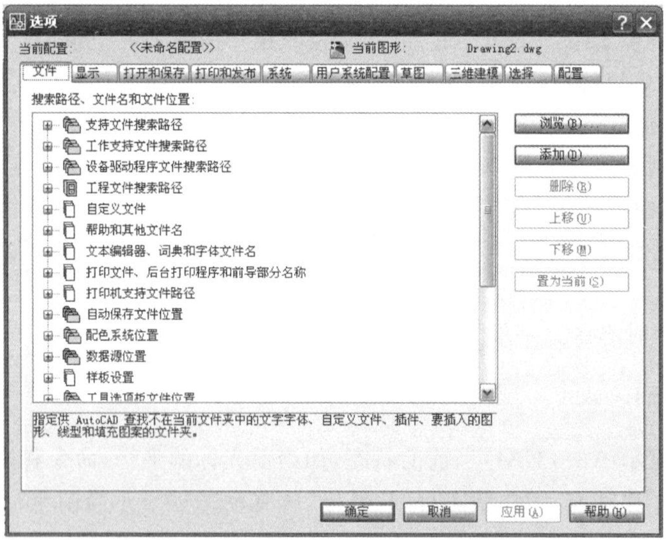

图 1-6　“选项”对话框

较常用的设置如下:

(1) 设置图形窗口颜色。常用图形窗口颜色有“黑”与“白”两种,如图 1-7 所示。

(2) 设置“靶框”与“拾取框大小”。

只有在捕捉时才会用到“靶框”,默认设置情况下靶框在捕捉时不显示。只有当勾选【显示自动捕捉靶框】项后,在对象捕捉时才显示靶框,如图 1-8 所示。

“拾取框”则是随着鼠标移动的那个光标中间框,易与“靶框”混淆。设置“拾取框大小”如图 1-9 所示。

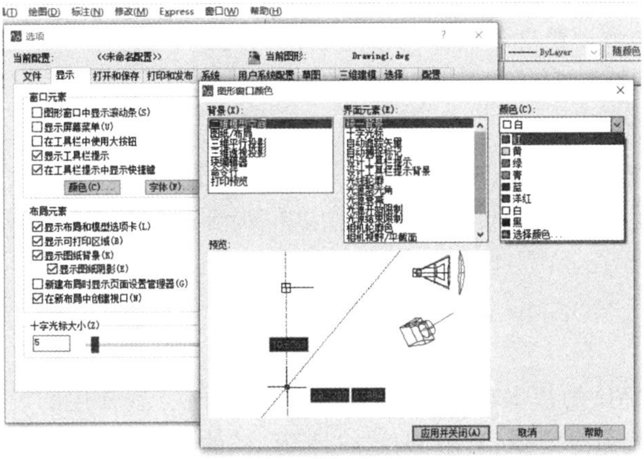

图 1-7　设置图形窗口颜色

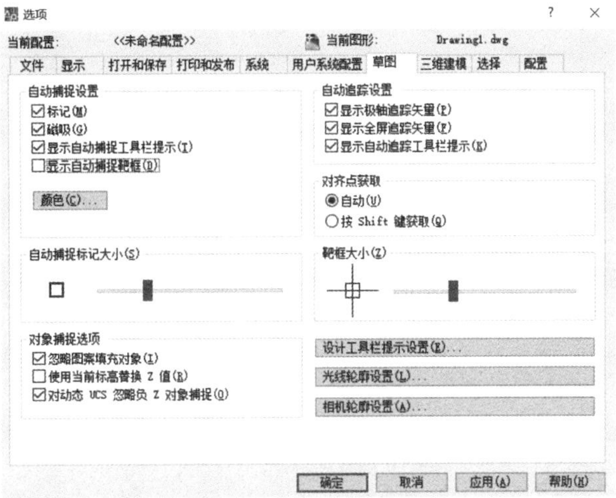

图 1-8　默认状态下的靶框设置

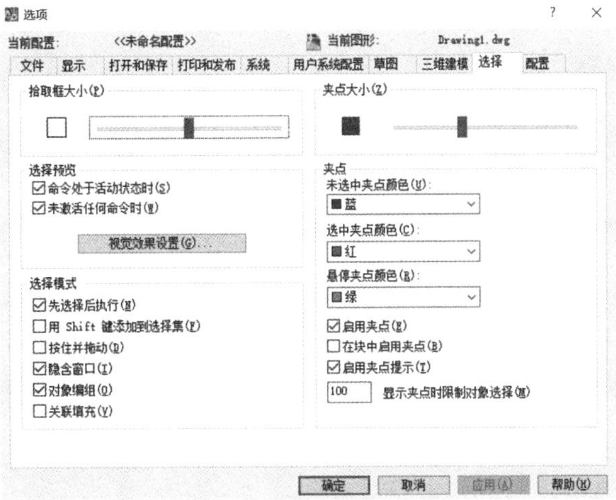

图 1-9　设置“拾取框大小”

(3) 设置自动捕捉标记的颜色与夹点颜色。

在【草图】选项卡中设置自动捕捉标记的颜色,在【选择】选项卡中设置夹点颜色。在设置颜色时,通常采用"黑配黄""白配蓝"的配色方案。

(4) 设置图形单位。

Auto CAD 以"毫米"为默认图形单位。通过【格式】→【单位】调出"图形单位"对话框,设置图形单位与精度。其中"角度精度"对使用"di"命令查询角度时影响较大。

练　习　题

1. 了解 Auto CAD 的基本功能、绘图前的准备工作、一些常用的设置。
2. 尝试使用直线命令绘图,理解阅读"文本窗口"的提示信息。

第 2 章　二维绘图命令

用于指导煤矿生产的矿图基本由具有属性的直线、曲线、圆、圆弧、图案填充、标注、文字、表格等对象组成。Auto CAD 为我们提供了便捷的绘图工具栏，能够满足绘图需求。只有个别的命令需要通过【绘图】菜单启动。本章内容较重要。在学习的过程中，初学者要尽量理解使用每个命令绘图的“原理”。对于初学者，在绘图过程中可能会遇到类似这样的问题：

① 加载的线型为什么无法显示？

② 使用【图案填充】命令填充一个封闭图形时，为什么填充图案有时无法显示？选择“solid”图案时就可以显示。

③ 使用多段线绘制箭头时，起始线宽需要反复的调试吗？怎样才能快速地获取参数？

④ 为什么有的人绘制的图形比较完整、比例协调，而有的人绘制的图形却比较零散？

绘图时要兼顾后期修改图形，这是每个绘图者都必须考虑的问题。对于初学者，不要急于学习这些绘图命令，要尽量理解绘图的过程，正所谓“成图之妙，唯在于思”，思路清晰则事半功倍。学习本章，除了基本绘图命令外，应着重掌握以下内容：

① 绝对坐标与相对坐标的使用方法。

② 由于同一个圆的所有半径相等，因此，采用“圆心＋半径”绘制圆的方法，能够快速地确定距离或确定点的位置(圆与对象的交点与圆心的距离即为半径)。

③ 灵活使用多段线绘制箭头。

④ 根据需求设置多线样式、修改多线交点形式。

⑤ 掌握定数等分与定距等分的使用方法。

2.1　直　　线

直线是最基本的图形元素，由两点确定。在一条由多条线段连接而成的简单直线中，每条线段都是一个单独的直线对象。

2.1.1　启动绘制直线的命令

启动绘制直线命令如下：

(1) 单击【绘图】菜单中的【直线】命令。

(2) 在“绘图”工具栏中用鼠标左键单击  图标。

(3) 在“文本窗口”键入【line】命令，简化命令为【l】，其文本窗口如图 2-1 所示。可使用 F2 快捷方式打开和关闭文本窗口。

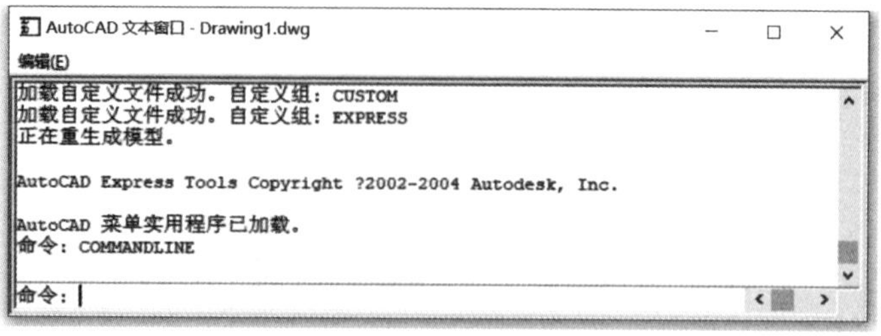

图 2-1 文本窗口

2.1.2 指定起点与端点

直线由两点控制其长度与角度。在绘制直线过程中，可以使用鼠标左键单击指定两点，也可以通过输入坐标的方式指定两点。在 Auto CAD 中可以使用“直角坐标”与“极坐标”两种形式输入坐标。

2.1.2.1 输入坐标方法绘制直线

(1) 使用直角坐标系(见图 2-2)。

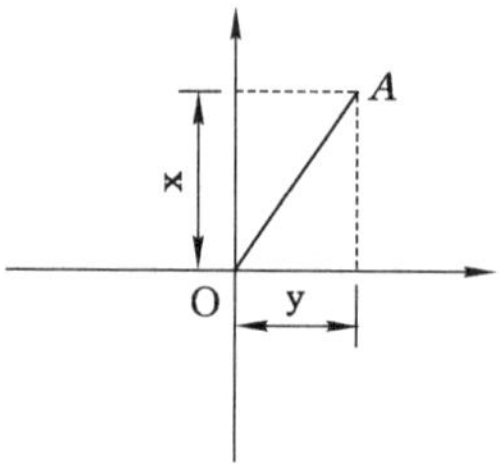

图 2-2 直角坐标系

在图 2-2 中设 O 点坐标为(0,0)，A 点坐标为(x,y)，直线段 OA 则由(0,0)、(x,y)确定，且该直线段具有唯一性。通过输入直角坐标方式绘制直线段 OA 完整步骤如下：

L↙//启动命令

0,0↙//输入 O 点坐标

x,y↙↙//输入 A 点坐标并确认，确认完成画线命令

(2) 使用极坐标系(见图 2-3)。

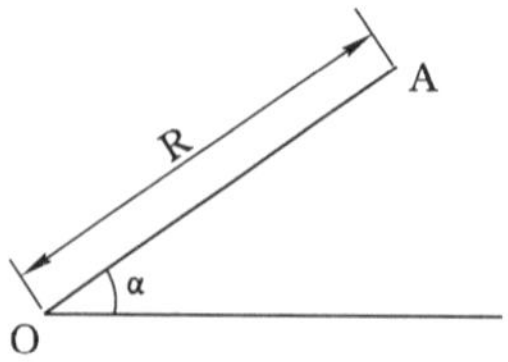

图 2-3 极坐标系

在图 2-3 中设 O 点坐标为(0,0)，OA 长度为 R，角度为 α，直线段 OA 则由 R 与 α 确定，且该直线段具有唯一性。通过输入极坐标方式绘制直线段 OA 完整步骤如下：

L↙//启动命令

0,0↙//输入 O 点坐标

R<α↙↙//输入 A 点坐标并确认,确认完成画线命令

上述输入的坐标形式称为“绝对坐标”。输入的坐标无论是直角坐标形式或是极坐标形式,都以坐标原点即(0,0)点作为参照。这两种方法适用于直线段的起点位于坐标原点即(0,0)点的特殊情况。否则使用“绝对坐标”形式输入点坐标绘制直线段时会带来很大不便。此时,可以使用“相对坐标”形式输入点的坐标。其命令如下:

@x,y//相对直角坐标

@r<α//相对极坐标

绝对坐标是“绝对”地参照坐标原点即(0,0)点,相对坐标是“相对”前一点的坐标。例如绘制如图 2-4 所示的轨枕,其绘图步骤如下:

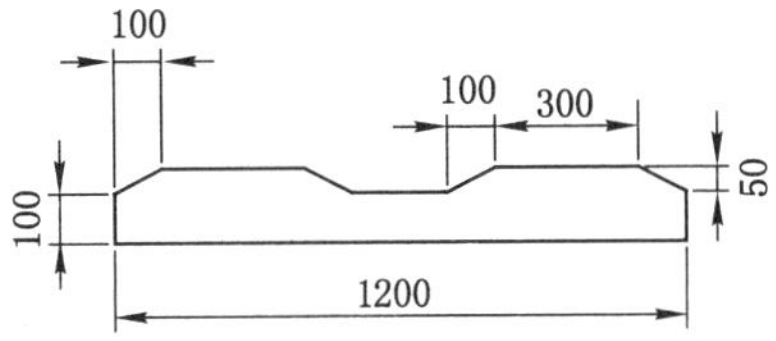

图 2-4　轨距为 600 mm 的轨枕

l↙//启动命令

任意位置指定第一点

@0,100↙

@100,50↙

@300,0↙

@100,-50↙

@200,0↙

@100,50↙

@300,0↙

@100,-50↙

@0,-100↙

C↙//C 即 close 的简写

绝对直角坐标、相对直角坐标、绝对极坐标、相对极坐标相互配合使用,可以提高绘图效率。

2.1.2.2　鼠标左键单击指定点绘制直线

启动绘制直线命令后,可以通过鼠标左键指定点的方式完成直线段绘制,如图 2-5 所示。运用该方法绘制直线时,可以通过以下几种方式获取特定点。

(1) 对象捕捉

Auto CAD 提供了对象捕捉功能。该功能能够帮助用户捕捉特定点。对象捕捉开、关如图 2-6 所示。

单击【对象捕捉】按钮可以控制对象捕捉打开与关闭。按下为打开状态、弹起为关闭状

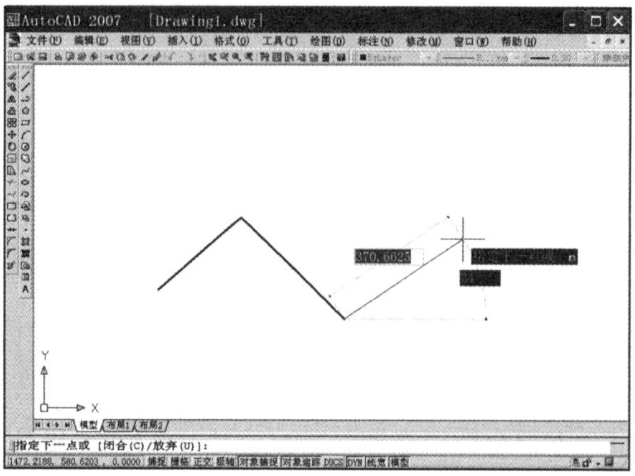

图 2-5 鼠标左键单击指定点

图 2-6 对象捕捉开、关

态。图 2-6 为对象捕捉打开状态。

右键单击图 2-6 中【对象捕捉】按钮，可以启动对象捕捉设置功能，如图 2-7 和图 2-8 所示。

图 2-7 启动对象捕捉

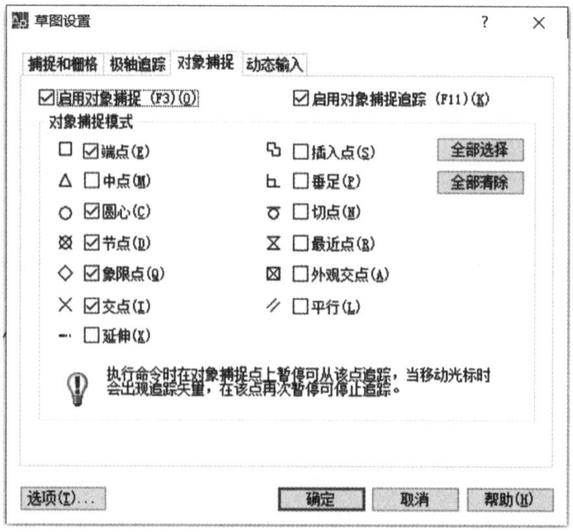

图 2-8 对象捕捉设置

根据绘图需要勾选相关的捕捉点，在对象捕捉打开状态下，可以捕捉相关的点。该功能不仅适用于直线命令，还适用于所有需要获取点的命令。端点捕捉如图 2-9 所示。

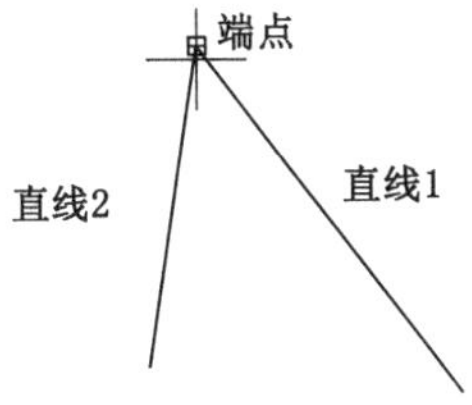

图 2-9　端点捕捉

直线 1 为目标直线，直线 2 为所绘直线。其他点的捕捉方法依此操作即可完成。也可以使用对象捕捉命令捕捉特殊点。常用捕捉命令如下：

end//捕捉端点

mid//捕捉中点

cen//捕捉圆心

qua//捕捉象限点

tan//捕捉切点

int//捕捉交点

如图 2-10 所示，现有直线段 AB，拟从点 C 到 AB 端点 B 绘制直线段 CB，其操作步骤如下：

L↙//启动命令

指定点 C

End↙//捕捉端点

单击捕捉对象↙//选择捕捉对象

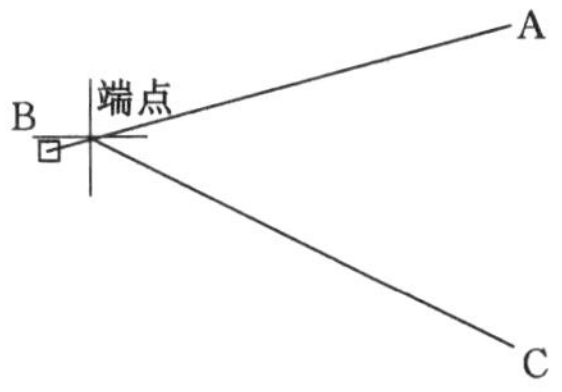

图 2-10　捕捉端点(end)命令

如图 2-11 所示，现有圆 O，拟从点 A 到圆 O 的圆心绘制直线段 AO，其操作步骤如下：

L↙

指定点 A

Cen↙

单击捕捉对象↙//选择捕捉对象

其他捕捉命令同上述操作。

关于对象捕捉需要思考的几个问题：

① 图 2-8 所示的对象捕捉设置，捕捉点全部启用是否能提高绘图效率？

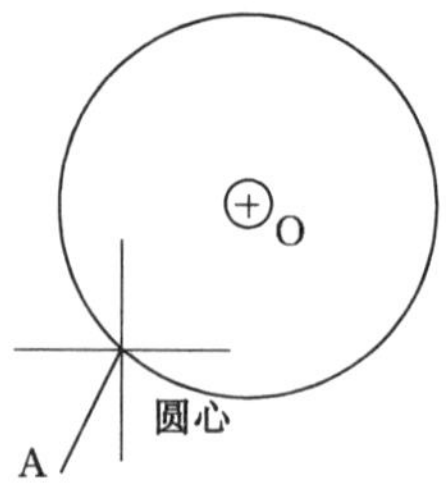

图 2-11　捕捉圆心(cen)命令

② 当使用对象捕捉命令时是否一定要把光标移动至捕捉点附近完成捕捉?

(2) 对象捕捉快捷菜单

在绘图过程中,若需捕捉特定点则可以使用 Ctrl(shift)＋单击鼠标右键的方法,如图 2-12 所示。

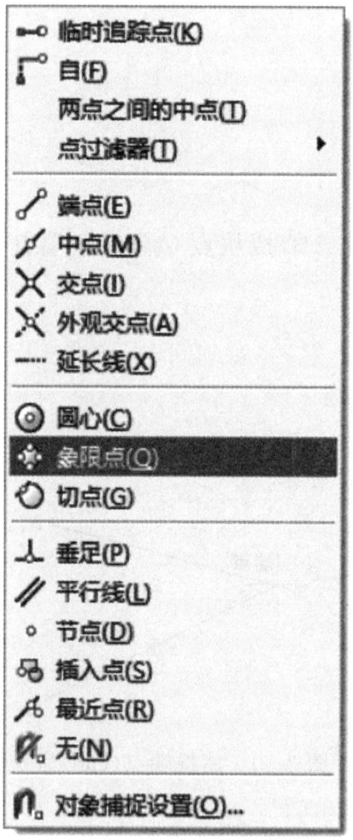

图 2-12　对象捕捉快捷菜单

绘制直线时的几点技巧:

① 可以灵活使用【正交】绘制水平与竖直的直线段。当正交打开时,直接输入长度,Auto CAD 可以在光标指定方向上绘制该长度的直线段。

② 绘制一系列直线段时,根据图形需要,提前设置好捕捉点。

③ 灵活利用圆来确定距离,利用圆与其他对象的交点确定点的位置。

④ 在绘制一条直线段时，可以人为地分段绘制，目的是能够让该直线段有多个可以捕捉的端点，从而提高绘图效率，例如绘制采煤作业循环图表的外框时。

⑤ 在绘制直线期间放弃前一条线段，可以输入 u 或单击工具栏上的“放弃”。

⑥ 要以最近绘制的直线段的端点为起点绘制新的直线段，首先再次启动画线命令，然后在出现“指定起点”提示后按 Enter 键。

练　习　题

1. 绘制勾 3 股 4 的直角三角形。

2. 绘制轨距为 600 mm 的轨枕。

3. 绘制一个底宽为 6 m、高度为 4 m 的矩形巷道。

4. 绘制一个底宽为 4000 mm、中高为 2500 mm、左帮与右帮倾角为 75°的等腰梯形巷道。

2.2　圆

在一个平面内，围绕一个点并以一定长度为距离旋转一周所形成的封闭曲线称为圆。下面结合圆的特点来探讨绘制圆的方法。

① 通过一个圆心与半径或直径确定唯一的圆。

② 圆的直径是连接圆周上两点并通过圆心的线段。一条线段作为圆的直径可以确定唯一的圆，即可以通过两点确定一个圆；不重合的两点和大于或等于两点间距离的线段作为直径可以确定唯一的圆。

③ 圆周上的任意三点可以确定一个三角形。一个三角形有且只有一个外接圆，所以不在同一条直线上的三点可以确定一个圆。

Auto CAD 为我们提供了 6 种绘制圆的方法，如图 2-13 所示。

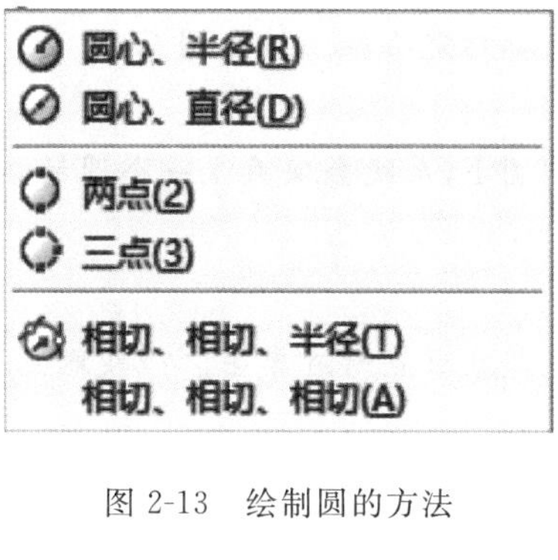

图 2-13　绘制圆的方法

启动绘制圆的命令可以采用以下几种方法：

① 单击【绘图】菜单中的【圆】命令。

② 在“绘图”工具栏用鼠标左键单击 图标。

③ 在“文本窗口”键入【line】命令，简化命令为【l】。

图 2-14 中有 7 个圆，圆 B 与圆 C 半径相等，圆 D 与圆 E 半径相等，圆 F 与圆 G 半径相等。以绘制如图 2-14 图形为例，理解圆的几种绘制方法。

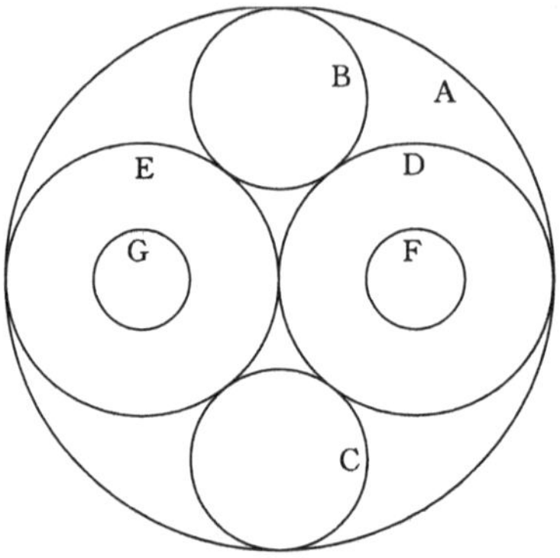

图 2-14　圆的不同绘制方法

绘图步骤：

设置捕捉点——圆心、象限点、切点。

C↙//启动命令，文本窗口会给出提示信息：指定圆的圆心或［三点(3P)/两点(2P)/相切、相切、半径(T)］

在任一位置指定圆 A 的圆心，移动光标给定半径后单击左键。↙//绘制圆 A

2p↙//以两点方式绘制圆

单击圆 A 的象限点与圆 A 的圆心↙//绘制圆 E

C↙//或按【Enter】重复执行上一命令

2p↙

单击圆 E 的象限点与圆 A 的圆心↙//绘制圆 D

C↙

单击圆 E 的圆心后移动光标指定半径//绘制圆 G

C↙

单击圆 D 的圆心↙//绘制圆 F，系统会保存上一个圆的半径，直接确定即可

C↙

3p↙

分别在圆 A、圆 E、圆 D 上部象限点附近单击↙//获取三个切点，绘制圆 B

C↙

3p↙

分别在圆 A、圆 E、圆 D 下部象限点附近单击↙//获取三个切点，绘制圆 C

绘制图 2-14 所示图形时共使用了【圆心、半径】【两点】【三点】三种绘制圆方法，图 2-13 中的【相切、相切、相切】方法与【三点】方法原理相同。

如图 2-15 所示，圆 A 半径为 1000 mm，圆 B 半径为 500 mm，两圆心相距 3000 mm，采用【相切、相切、半径】方法绘制圆 C。

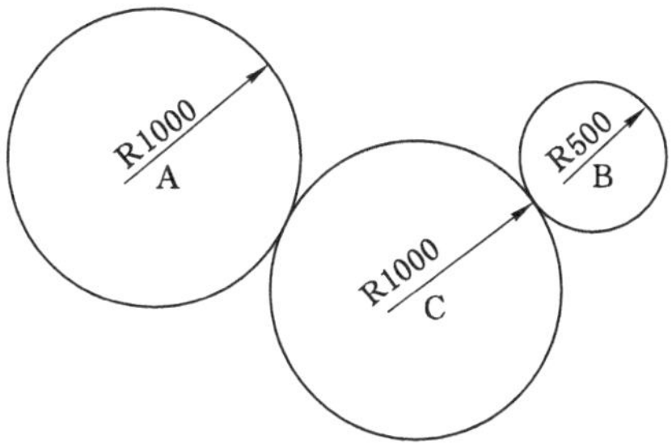

图 2-15　相切、相切、半径绘制圆

具体命令如下：

C↙//启动命令

t↙

在切点附近单击圆 A、圆 B，输入 1000↙//绘制圆 C

在使用【三点】与【相切、相切、半径】绘制圆时需要注意以下问题：

① 使用【三点】方法绘制圆时，三点不能在同一条直线上。

② 使用【相切、相切、半径】方法绘制圆时，输入的半径应大于或等于两切点间距的一半，否则圆不存在。

绘制与使用圆时的几点技巧：

① 首先分析所绘图形的特点，再选择合适的绘制方法，绘制前宜设置对象捕捉。

② 利用同一个圆的所有半径相等的特点，可以使用【圆心、半径】的方法绘制圆。这种方法能够实现点的快速定位，能够提高制图效率。

练　习　题

1. 绘图过程中，练习采用"圆心＋半径"快速绘圆的方法，再根据圆与其他对象的交点快速确定点与距离。

2.3　圆　　弧

Auto CAD 提供了多种绘制圆弧的方法。单击【绘图】菜单并选择【圆弧】后可以查看圆弧的绘制方法，如图 2-16 所示。学习圆弧绘制方法前，首先通过图 2-17 理解如下内容。

① 圆心(中心)。圆弧 ACB 所在圆的圆心(O)。

② 角度。圆弧 ACB 所对应的圆心角∠AOB。如果该圆弧方向为逆时针(BCA 方向)，那么角度为正；如果该圆弧方向为顺时针(ACB 方向)，那么角度为负。

③ 弦长。AB 为圆弧 ACB 的弦长。

④ 半径。OA、OB 为圆弧 ACB 的半径。

通过上述内容并结合图 2-16，探讨圆弧的绘制方法。

(1) 三点

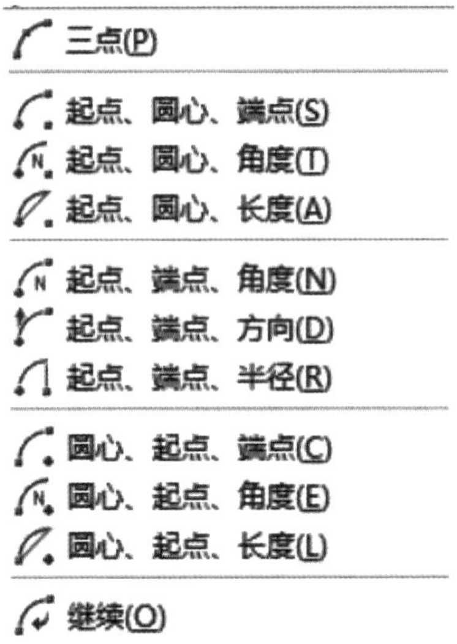

图 2-16　圆弧的绘制方法

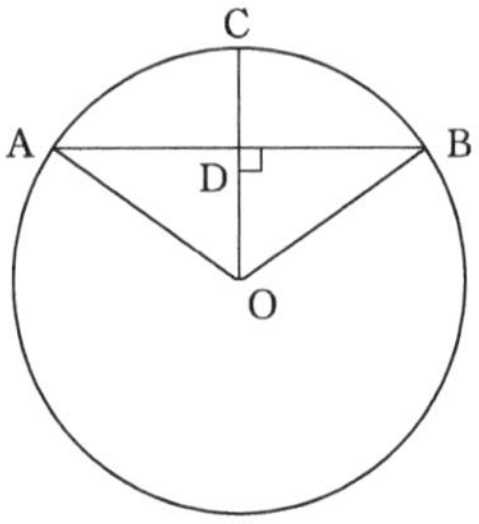

图 2-17　圆弧的基本要素

通过 A、C、B 三点可以确定唯一的圆弧。具体命令如下：

Arc↙//启动命令，简化命令为 A

指定第一点 B//圆弧起点

指定第二点 C//经过点

指定第三点 A//圆弧终点

用【三点】法绘制圆弧时，三点不能在同一条直线上。用该方法绘制的圆弧方向为逆时针时，其角度为正；反之，其角度为负。

(2) 起点、圆心、端点

具体命令如下：

A↙//启动命令

指定起点 B

C↙//指定圆心

指定圆心

指定端点 A

(3) 起点、圆心、角度

具体命令如下：

A↙//启动命令

指定起点 B

C↙//指定圆心

指定圆心

A↙//指定圆弧角度

输入角度↙//正角为逆时针绘制圆弧，负角为顺时针绘制圆弧，或鼠标指定角度

(4) 起点、圆心、长度

具体命令如下：

A↙//启动命令

指定起点 B

C↙//指定圆心

指定圆心

L↙//指定圆弧弦长

输入弦长↙//或鼠标指定弦长

(5) 起点、端点、角度

具体命令如下：

A↙//启动命令

指定起点 B

E↙//指定端点

A↙

输入圆心角

(6) 起点、端点、方向

具体命令如下：

A↙//启动命令

指定起点 B

E↙//指定端点

D↙

指定圆弧方向//该方向为以起点 B 为切点的切线方向

(7) 起点、端点、半径

具体命令如下：

A↙//启动命令

指定起点 B

E↙//指定端点

R↙

指定半径

(8) 圆心、起点、端点

具体命令如下：

A↙//启动命令

C↙

指点起点 B

指定端点 A

(9) 圆心、起点、角度

具体命令如下：

A↙//启动命令

C↙

指点起点 B

A↙

输入圆心角

(10) 圆心、起点、长度

具体命令如下：

A↙//启动命令

C↙

指点起点 B

L↙

输入弦长

(11) 连续

以“连续”方式绘制圆弧，新绘制的圆弧以上一对象的终点为切点并与上一对象相切。其余命令与上述方法相同。

2.4 多 段 线

多段线是由几段线段或圆弧构成的连续线条。在 Auto CAD 中绘制的多段线，无论有多少个点（段），均为一个整体，不能对其中的某一段进行单独编辑（除非把它分解后再编辑）。

2.4.1 绘制多段线

2.4.1.1 启动多段线命令

(1) 单击【绘图】菜单中的【多段线】命令。

(2) 在“绘图”工具栏用鼠标左键单击  图标。

(3) 在“文本窗口”键入【pline】命令，简化命令为【pl】。

2.4.1.2 指定起点与端点

指定点的方法与画线的相同。当指定第一点后，系统会给出提示信息：

指定下一点或［圆弧(A)/闭合(C)/半宽(H)/长度(L)/放弃(U)/宽度(W)］

(1) 圆弧（执行命令 A）

该选项功能是将弧线段添加到多段线中。执行该命令后，命令行提示绘制圆弧的选项，也可切换到绘制直线模式。

(2) 闭合（执行命令 C）

C 即 close，当绘制两个以上的对象后，可以使用该选项闭合图形。

(3) 半宽(执行命令 H)

该选项功能是设置多段线的半宽度(半宽为宽度的二分之一)。

(4) 长度(执行命令 L)

该选项功能是在与前一段相同的角度方向上绘制指定长度的直线段。当前一段为直线时，表现为前一段直线段的指定长度的延长线；当前一段为圆弧时，则表现为该圆弧相切方向上，以前一点为切点的指定长度的直线段(切线)。

(5) 放弃(执行命令 U)

该选项功能是取消已经绘制的前一段对象，可以多次输入，依次取消，回到起点。

(6) 宽度(执行命令 W)

该选项功能是设置多段线的宽度。可以分别输入起始宽度与终止宽度。

图 2-18 为割煤、进风风流、回风风流、采煤填充图例。这些图形符号的共同点是图形中包含“箭头”。包含箭头的图形符号还有很多，例如空车符号、重车符号等。

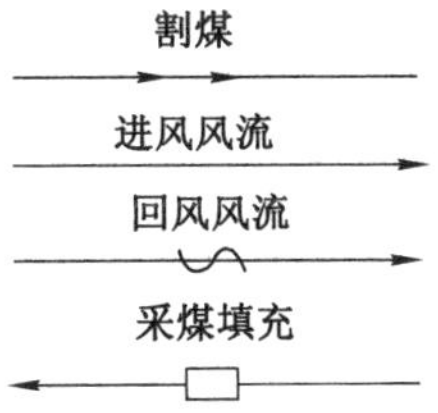

图 2-18　图形符号

绘制多段线时可以设置其线宽。如果把箭头视为多段线，箭头可以描述为“起始宽度大于 0”且“终止宽度等于 0”的多段线。使用多段线命令绘制一个割煤图形符号的命令如下：

打开正交

pl↙//启动命令

在任一位置指定多段线起点

水平移动光标后输入 200↙//画长度为 200 mm 的水平直线段

W↙//进入设置线宽模式

30↙//起始线宽

0 ↙//端点线宽

水平移动光标后输入 60↙//箭头长度为 60 mm

水平移动光标后输入 30↙//箭头间距 30 mm

W↙//进入设置线宽模式

30↙//起始线宽

0 ↙//端点线宽

水平移动光标后输入 60↙//箭头长度为 60 mm

水平移动光标后输入 200↙//画长度为 200 mm 的水平直线段

Z↙

all↙//或双击鼠标滚轮查看图形

根据上述命令,所绘制图形如图 2-19 所示。

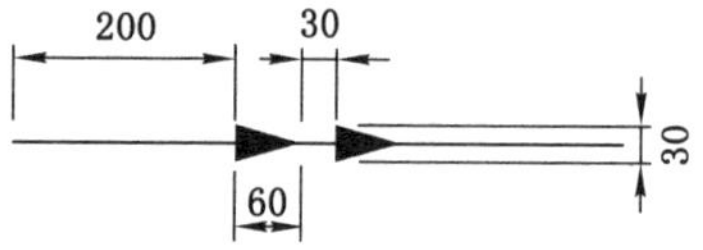

图 2-19 割煤图例

使用多段线命令时几点技巧:

① 可以灵活使用【正交】绘制水平与竖直的直线段。

② 提前设置对象捕捉。

③ 可以使用多段线命令构建封闭区域,配合【图案填充】功能使用。构建封闭区域时可提前在【对象捕捉】设置中勾选“最近点”。

④ 使用多段线命令绘制的直线段与圆弧对象是一个整体。可以使用【分解】命令分解对象,分解后的多段线将失去原有属性,但可分别对对象进行编辑。

2.4.2 编辑多段线

2.4.2.1 调用多段线编辑命令

(1) 单击【修改】菜单,依次选择【对象】、【多段线】进入多段线编辑模式。

(2) 在“文本窗口”键入【pedit】命令,简化命令为【pe】。

2.4.2.2 选项

启动命令并选择要编辑的多段线对象后,文本窗口给出如下信息:

输入选项 [闭合(C)/合并(J)/宽度(W)/编辑顶点(E)/拟合(F)/样条曲线(S)/非曲线化(D)/线型生成(L)/放弃(U)]

各选项的含义如下:

(1)【闭合(C)】选项用于封闭多段线。这里存在三种情况:其一是线线闭合。该种方式以多段线第一条直线段的起点与最后一条直线段的端点的连线闭合该多段线。其二是线弧闭合。该种方式以线的端点与圆弧终点为切点的切线方向的圆弧闭合多段线。其三是弧弧闭合。该种方式以圆弧形式闭合,该圆弧以多段线的两个起始圆弧的起点与终点为切点,半径为满足条件的最小值。

(2)【打开(O)】选项用于打开封闭的多段线。若选择的编辑对象是封闭的多段线就出现此选项。

(3)【合并(J)】选项用于把数条相连的多段线或非多段线变成一条多段线。

(4)【宽度(W)】选项用于改变多段线的宽度。执行该选项后需要指定两点,编辑后的多段线则以这两点间距作为线宽。

(5)【编辑顶点(E)】选项用于编辑多段线的某一顶点。执行该选项后,以 X 标记多段线的第一个顶点,根据提示操作即可。

(6)【拟合(F)】选项用于将多段线拟合成双圆弧曲线。假设根据平面上的一些离散点绘制出一条近似曲线,这些离散点称为控制点。若要求曲线通过所有控制点,则为插值问题;若要求曲线不一定通过所有控制点,而是以某种方式逼近这些点,则为拟合问题。构造拟合曲线时,除了采用最小二乘法以外,实际中还经常用分段拟合的方法。就是在每一段内,用低次多项式作为该段的拟合曲线,而且这些分段多项式曲线在分界点还具有一定的光滑性,这就是所谓的样条拟合。

(7)【样条曲线(S)】选项用于将多段线拟合成样条曲线。

(8)【非曲线化(D)】选项用于将光滑曲线还原成多段线。

(9)【线型生成(L)】选项用于确定多段线在顶点处的线型。

(10)【放弃(U)】选项用于取消“Pedit”命令的上一次操作。

练　习　题

1. 自定义参数绘制高道竖曲线(如图 2-20 所示)。

参数及计算关系式如下：

存车线与水平线夹角 $\gamma_G = \arctan i_G$

竖曲线回转角 $\beta_G = \beta' - \gamma_G$

竖曲线起终点高度 $h_G = R_G(\cos\gamma_G - \cos\beta')$

竖曲线切线长 $T_G = R_G \tan 0.5\beta_G$

竖曲线弧长 $K_G = \pi\beta_G R_G / 180°$

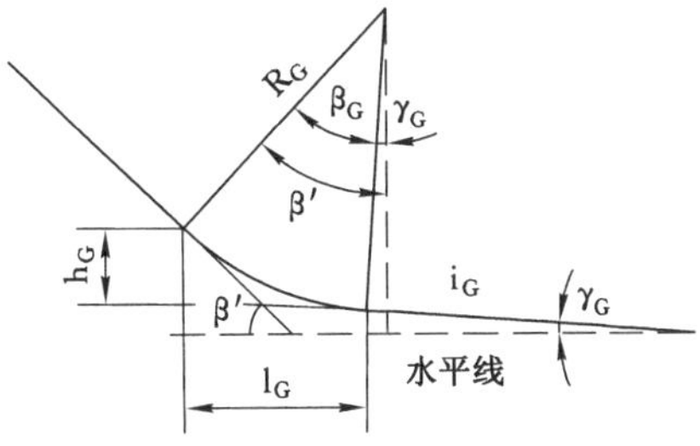

图 2-20　高道竖曲线

2. 按图 2-21 绘制指北针。

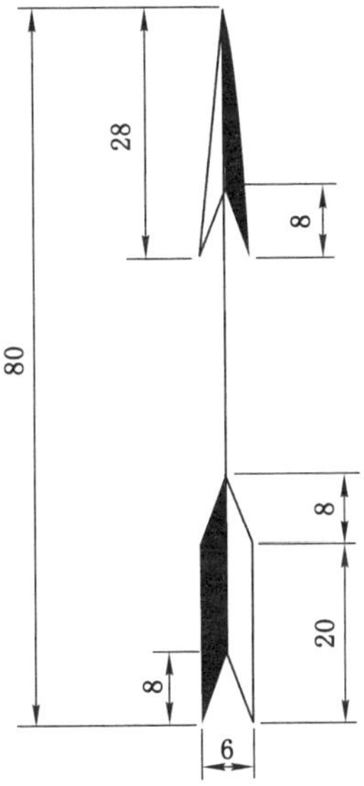

图 2-21　指北针

3. 图 2-22 为某矿候车室硐室断面图。根据图中尺寸绘图。

2.5 矩　　形

2.5.1 启动矩形命令

(1) 单击【绘图】菜单中的【矩形】命令。

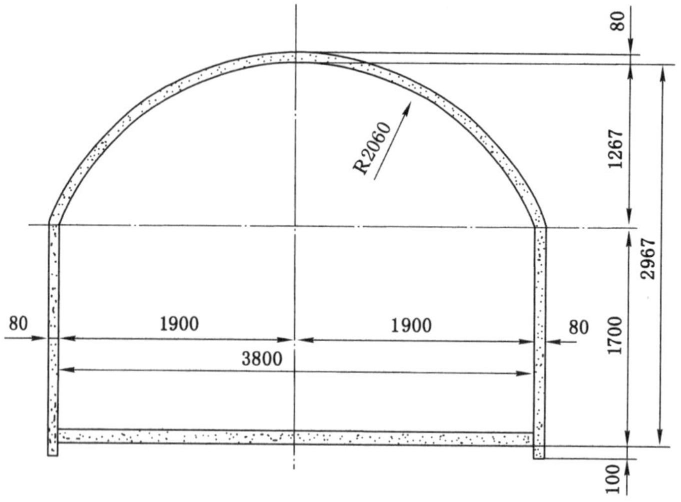

图 2-22　某矿候车室硐室断面图

(2) 在“绘图”工具栏用鼠标左键单击 图标。

(3) 在“文本窗口”键入【Rectang】命令，简化命令为【Rec】。

2.5.2　命令选项

启动矩形命令后，文本窗口给出命令信息：

指定第一个角点或［倒角(C)/标高(E)/圆角(F)/厚度(T)/宽度(W)］

借助图 2-23 理解各选项含义。

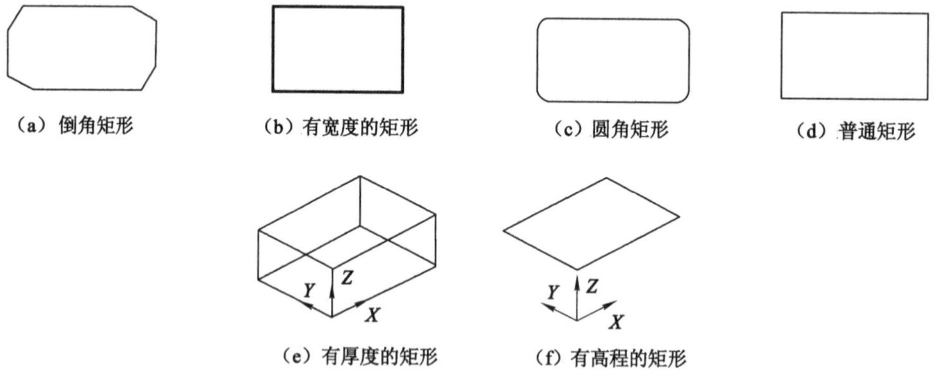

图 2-23　各种矩形

指定第一个角点后，文本窗口给出提示信息：

指定另一个角点或［面积(A)/尺寸(D)/旋转(R)］

① “面积(A)”选项是在指定矩形的第一个角点后输入矩形的面积，然后输入矩形的长度或宽度绘制矩形。

② “尺寸(D)”选项是在指定矩形的第一个角点分别输入矩形的长度和宽度，并以 4 个方向给出矩形的位置，类似以第一个角点为坐标原点的直角坐标系统 4 个象限的方向。

③ “旋转(R)”选项是在指定了矩形的第一个角点后，再输入旋转矩形的角度，然后根据前面介绍的方法绘制具有一定旋转角度的矩形。

练　习　题

1. 图 2-24 为二次断裂和周期断裂时基本顶悬臂岩层力学模型图。根据所学内容绘图。

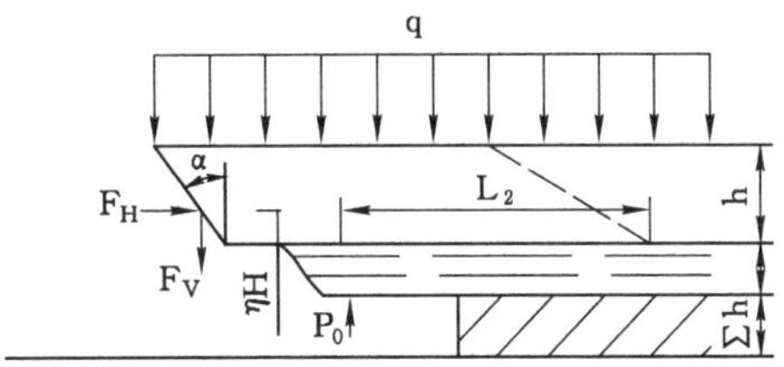

图 2-24　二次断裂和周期断裂时基本顶悬臂岩层力学模型图

2. 图 2-25 为砌体梁结构模型图。根据所学内容绘图。

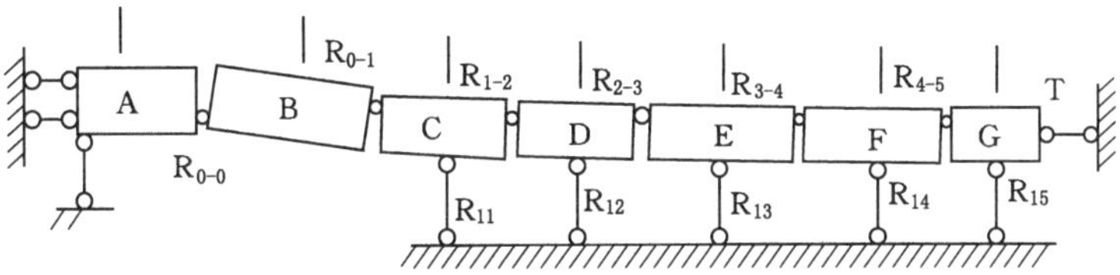

图 2-25　砌体梁结构模型图

2.6　正多边形

2.6.1　正多边形内接于圆与外切于圆

理解正多边形内接于圆与外切于圆后，绘制正多边形就会变得轻而易举。图 2-26 所示为正五边形 ABCDE 内接于圆 O，图 2-27 所示为正五边形 ABCDE 外切于圆。

2.6.2　绘制正多边形步骤

2.6.2.1　启动命令

(1) 单击【绘图】菜单中的【正多边形】命令。

(2) 在“绘图”工具栏用鼠标左键单击绘图图标。

(3) 在“文本窗口”键入【Polygon】命令，简化命令为【Pol】。

2.6.2.2　命令选项

启动命令后按照以下步骤绘制正多边形。

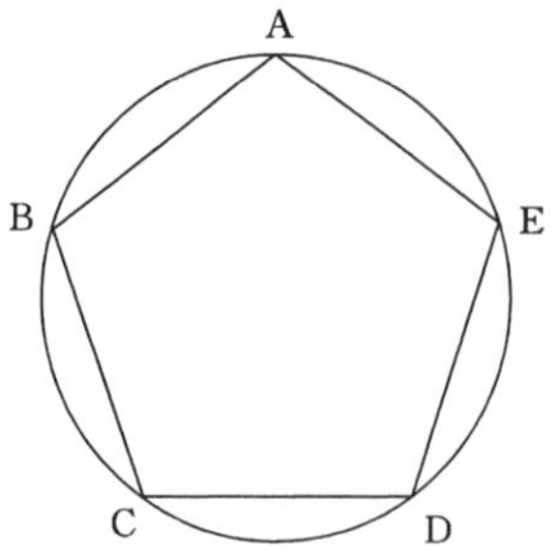

图 2-26　正多边形内接于圆

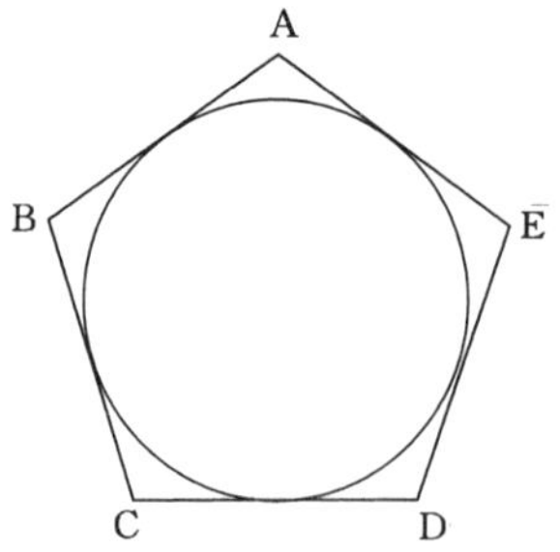

图 2-27　正多边形外切于圆

Pol↙//启动命令

输入正多边形边数//< >中为默认值或上次使用该命令时输入的边数，以五边形为例

指定中心点//也可以输入【e】绘制正多边形的一条边

选择内接于圆或外切于圆//两种方式

如图 2-28(a)所示，当选择内接于圆选项时，以正多边形的顶点作为第二点；如图 2-28(b)所示，当选择外切于圆时，以正多边形一条边的中点为第二点。选择哪种方式绘制正多边形，需依据具体图形而定。

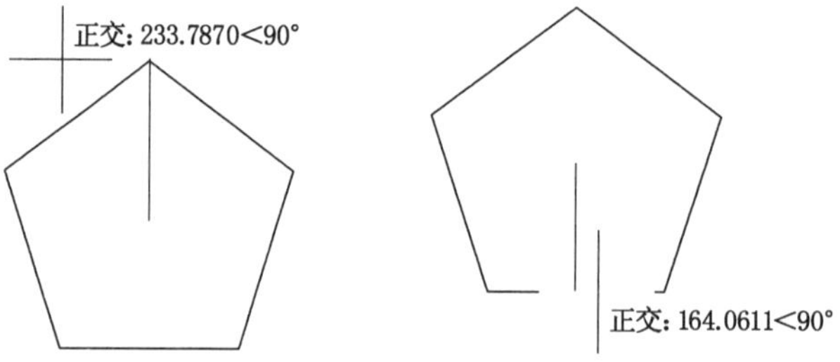

(a)　(b)

图 2-28　正多边形内接于圆与外切于圆

练　习　题

1. 绘制一个五角星。
2. 图 2-29 为破断面滑动过程中的剪胀示意图。根据所学内容绘图。

2.7　多　　线

图形比例为 1∶2000 时通常采用两条间距为 2 mm 的平行线表示巷道，如图 2-30 所示。Auto CAD 为我们提供了多线命令。多线对象由 1～16 条平行线组成。采用多线命令可以绘制巷道。

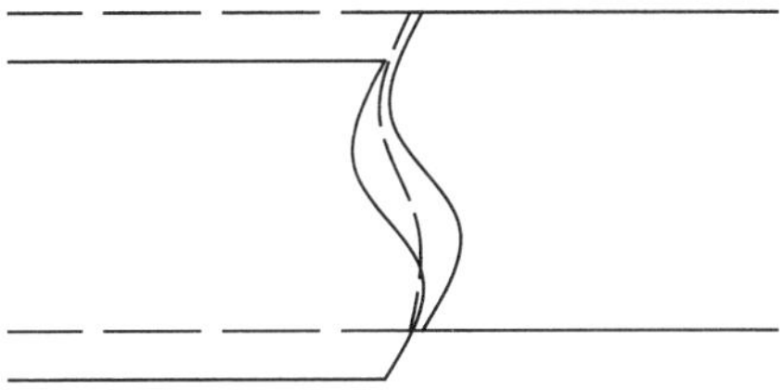

图 2-29　破断面滑动过程中的剪胀示意图

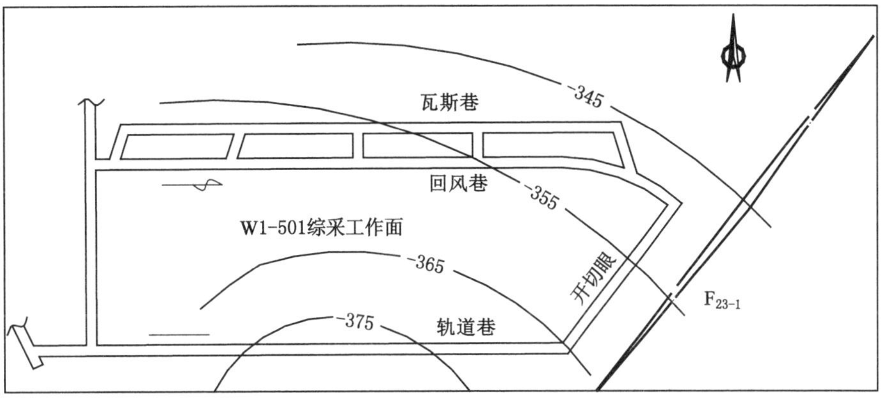

图 2-30　多线在矿图中的应用

2.7.1　绘制多线

在绘图工具栏中并未给出【多线】命令，可以通过【绘图】菜单选择【多线】启动多线命令，也可以直接输入【mline】(简化：ml)启动多线命令。启动多线命令后，文本窗口会给出如下信息：指定起点或［对正(J)/比例(S)/样式(ST)］。

(1) 对正(J)。对正方式有上、无、下三种模式，如图 2-31 所示。

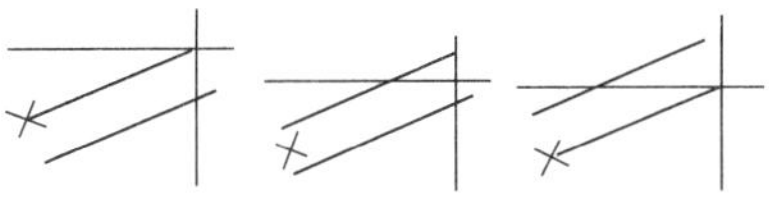

图 2-31　多线的三种对正方式

① 上对正方式：在光标下方绘制多线。在指定点处将会出现具有最大正偏移值的直线。

② 无对正方式：将光标作为原点绘制多线。在 MLSTYLE 命令中“元素特性”的偏移 0.0 时光标将在指定点处。

③ 下对正方式：在光标上方绘制多线。在指定点处将出现具有最大负偏移值的直线。

(2) 比例(S)。控制多线的全局宽度。该比例不影响线型比例，基于在多线样式定义中建立的宽度。当比例因子为 2 绘制多线时，其宽度是样式定义的宽度的两倍。负比例因子将翻转偏移线的次序:当从左至右绘制多线时,偏移最小的多线绘制在顶部。负比例因子的绝对值也会影响比例。比例因子为 0 将使多线变为单一的直线。

(3) 样式(ST)。指定已加载的样式名或创建的多线库(MLN)文件中已定义的样式名。可以通过【?】命令查看已加载的多线样式。

2.7.2 启动多线样式命令

(1) 在【格式】菜单中选择【多线样式】命令。

(2) 在"文本窗口"输入命令 mlstyle。

启动命令后,系统弹出"多线样式"对话框,如图 2-32 所示。其各项功能如下:

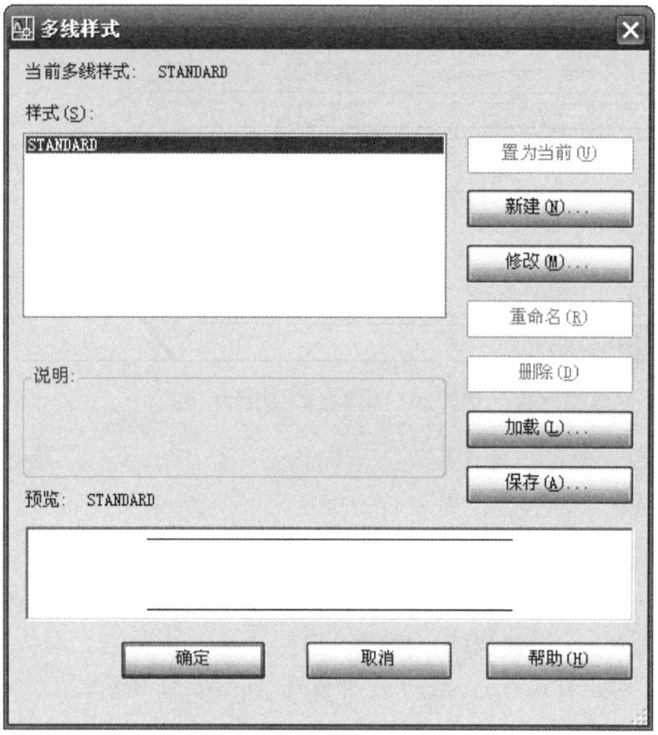

图 2-32　多线样式对话框

① "样式"列表区列出当前已创建的多线样式。其中系统提供的默认样式为 Standard(标准样式)。

② "新建"按钮用于创建新样式。新建多线样式时,需首先选择"样式"列表中已创建的样式作为模板。新建多线样式时,可以为其命名。

③ "修改"按钮。选择"样式"列表中已创建的样式后,单击"修改"按钮修改其中各元素的特性及起点和终点处样式。

④ "预览"区用于预览在"样式"列表区选中的具体样式。

⑤ "加载"按钮用于从多线文件中加载已定义的多线样式。

⑥ "保存"按钮用于将当前样式保存到多线文件(*.mln)中,可供新的图形文件使用。

以新建多线样式为例说明如何创建 2 mm 的巷道样式。新建多线样式主要步骤如下:

(1) 以"Standard"为模板新建样式,并命名为"新建多线样式",如图 2-33 所示。

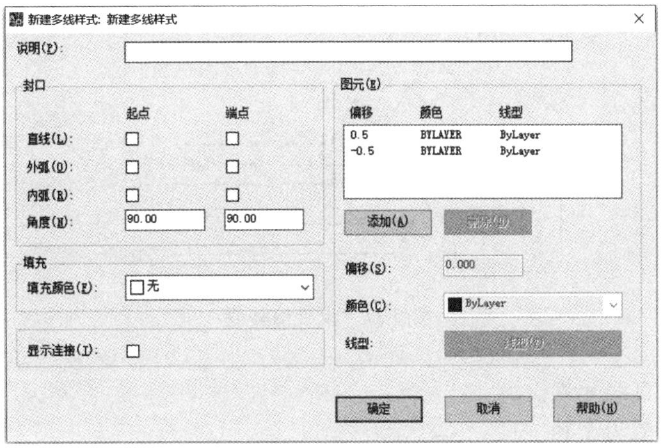

图 2-33　新建多线样式

(2) 设置封口模式。

① 直线封口模式。显示穿过多线每一端的直线段,如图 2-34 所示。

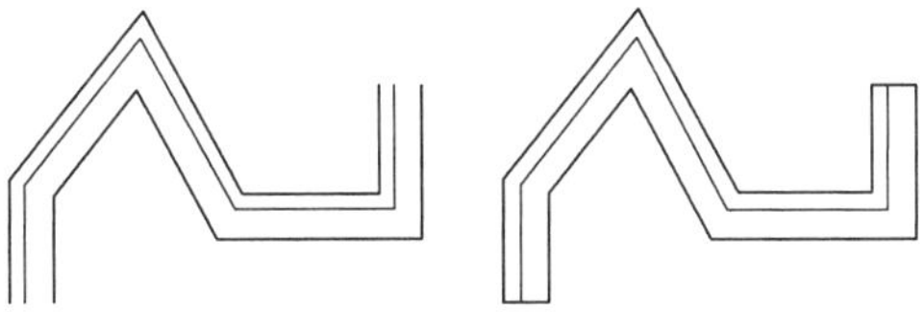

(a) 无直线封口　　(b) 有直线封口

图 2-34　直线封口模式

② 外弧封口模式。显示多线的最外端元素之间的圆弧,如图 2-35 所示。

③ 角度。指定端点封口的角度,如图 2-36 所示。

(3) 设置图元。

① 添加。将新元素添加到多线样式。只有为除 Standard 以外的多线样式选择了颜色或线型后,此选项才可用。

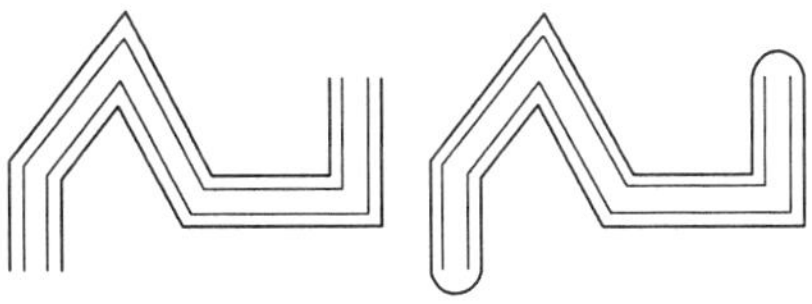

(a) 无外弧　　(b) 有外弧

图 2-35　外弧封口模式

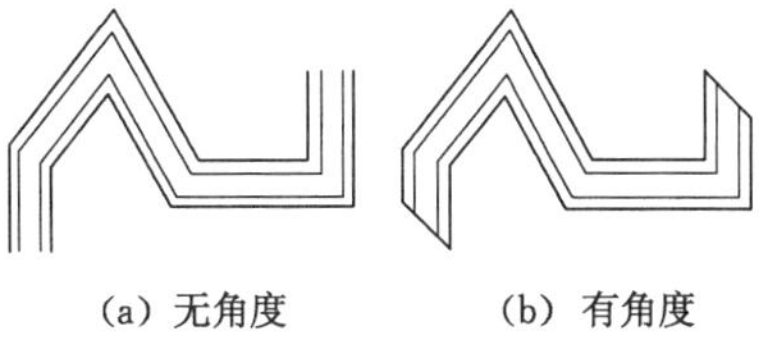

(a) 无角度　　(b) 有角度

图 2-36　多线封口角度

② 删除。从多线样式中删除元素。

③ 偏移。为多线样式中的每个元素指定偏移值,如图 2-37 所示。

根据以上内容,便可轻而易举创建 2 mm 的巷道多线样式,其主要步骤如下:

① 新建样式。

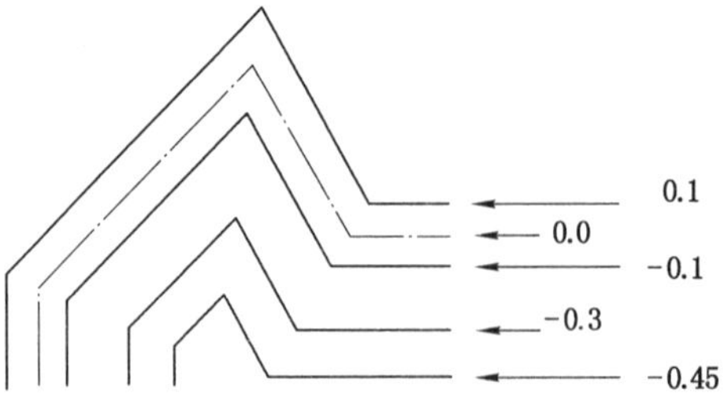

图 2-37　设置偏移值

② 添加两条直线元素。

③ 设置偏移值为 1 和－1。

应用创建的多线样式绘制的巷道，如图 2-38 所示。

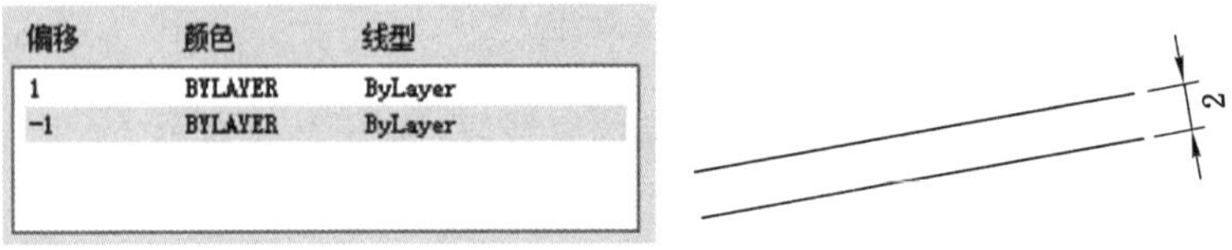

图 2-38　利用多线样式绘制的巷道

2.7.3　编辑多线

在绘制矿图时，通常用线的层次关系来表达巷道的层位关系。多线为我们提供了多种“交点形式”。常用的三种交点形式如图 2-39 所示。可以通过多线编辑来设置交点形式。

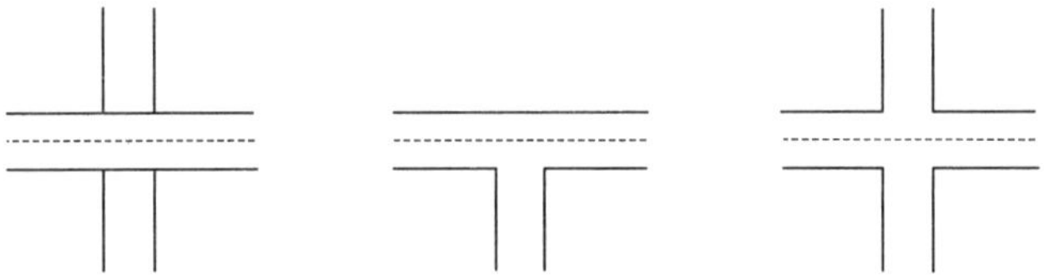

(a) 闭合十字　　(b) 打开的 T 形　　(c) 合并的十字

图 2-39　多线的交点形式

启动命令有如下方法：

① 在【修改】菜单中依次选择【对象】【多线】命令。

② 在“文本窗口”输入【Mledit】命令。

启动命令后，系统弹出多线编辑对话框，如图 2-40 所示。其各项功能如下：

①“十字闭合”按钮用于在两条多线之间创建闭合的十字交点。

②“十字打开”按钮用于在两条多线之间创建打开的十字交点。打断将插入第一条多线的所有元素和第二条多线的外部元素。

③“十字合并”按钮用于在两条多线之间创建合并的十字交点。

④“T 形闭合”按钮用于在两条多线之间创建闭合的 T 形交点。

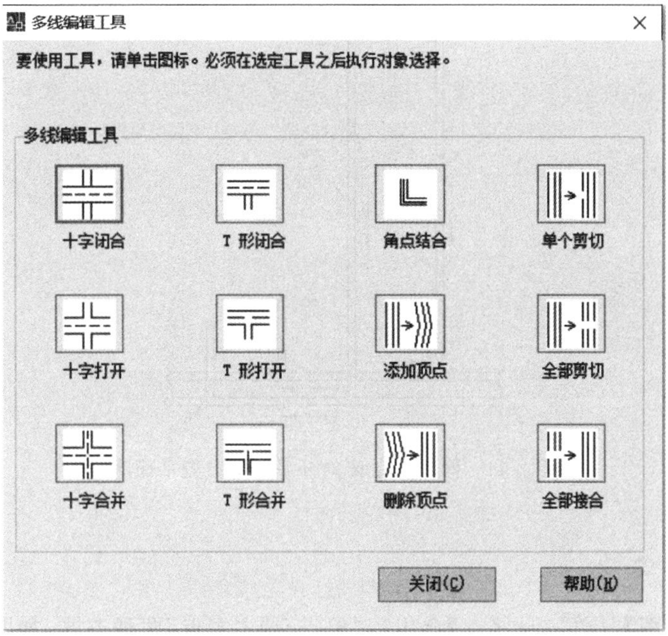

图 2-40　多线编辑对话框

⑤“T 形打开”按钮用于在两条多线之间创建打开的 T 形交点。

⑥“T 形合并”按钮用于在两条多线之间创建合并的 T 形交点。

⑦“角点结合”按钮用于使两条相交的多线形成一个角。

⑧“添加顶点”按钮用于在多线上增加顶点。

⑨“删除顶点”按钮用于在多线上删除顶点。

⑩“单个剪切”按钮用于将多线上所指定元素的两点之间的线段剪去。

⑪“全部剪切”按钮用于将多线上所指定两点之间的所有线段全部剪去。

⑫“全部接合”按钮用于将已被剪切的多线线段重新接合起来。

如果上述交点形式仍无法满足要求，那么可以通过分解多线后再编辑各直线段。

练　习　题

1. 通过创建多线样式，绘制如图 2-41 所示的倾斜长壁俯斜开采巷道布置平面图。

2.8　点

学习本节内容前，应先思考如下几个问题：

(1) 采矿工程专业图形中，很少使用单点。点的形式多出现在图案填充或一些特殊线型中。点大多数情况是作为辅助捕捉对象时使用，在【对象捕捉】对话框中哪个是捕捉“点”的呢？

(2) 绘制图形时，是否能够设置两种或两种以上样式的点？

(3) 如何灵活使用“定数等分”与“定距等分”绘制图形？

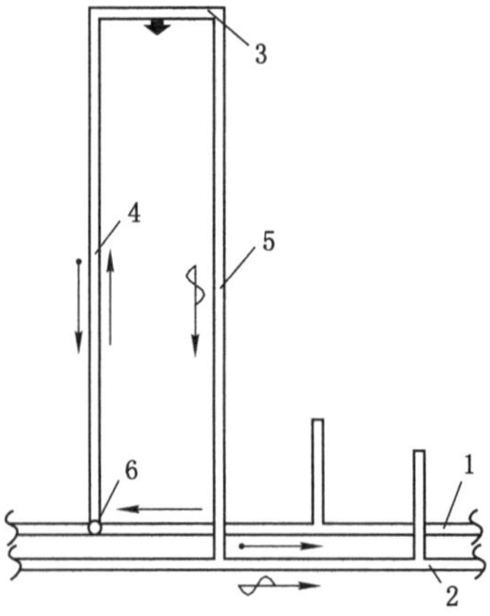

图 2-41　倾斜长壁俯斜开采巷道布置平面图

2.8.1　点启动命令

(1) 单击【绘图】菜单，选择【点】会出现"单点"或"多点"两种方式，如图 2-42 所示。

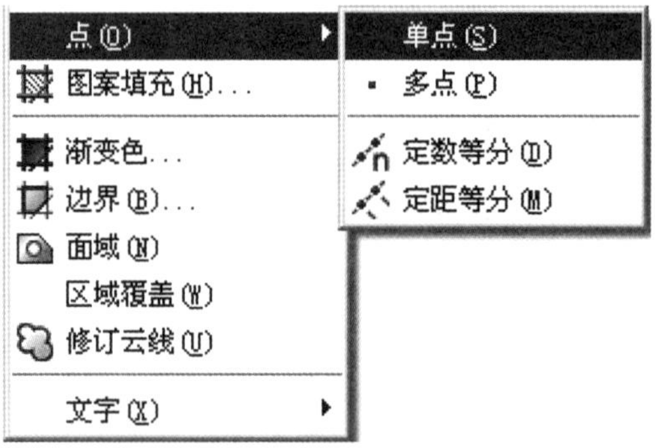

图 2-42　绘制点的几种方式

(2) 在"绘图"工具栏单击图标 · 。该方法可连续绘制多个点。

(3) 在"文本窗口"输入【Point】命令，简化命令为【po】。该方法用于绘制单点。

2.8.2　修改点样式

(1) 在"文本窗口"输入【Ddptype】命令。

(2) 单击菜单【格式】选择【点样式】，如图 2-43 所示。

2.8.3　定数等分与定距等分的使用

在使用定数等分与定距等分时首先应修改点样式，因为默认的点样式为"."，它会被对象所覆盖而不可见。下面以绘制"综合机械化采煤作业循环图表"中的采煤机割煤图例来说明这两种等分方法。其命令如下：

① 绘制长为 400 mm、角度为 75°的直线段(@400<75)。

② 修改点样式(不是默认值即可)。

③ 在【对象捕捉】对话框中勾选"节点"。

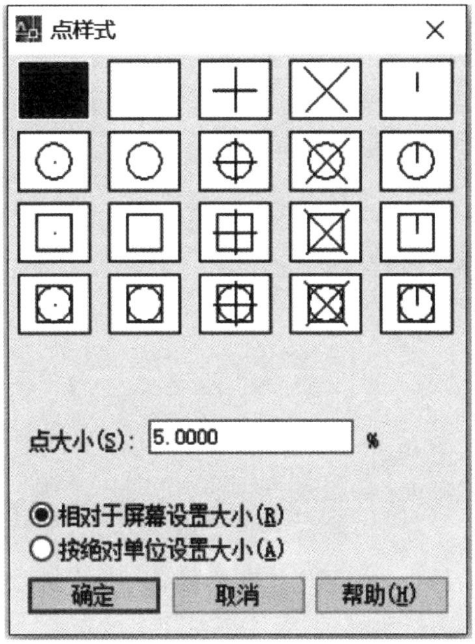

图 2-43　点样式对话框

④【定数等分】直线段为 4 等分。等分后的直线段如图 2-44 所示。

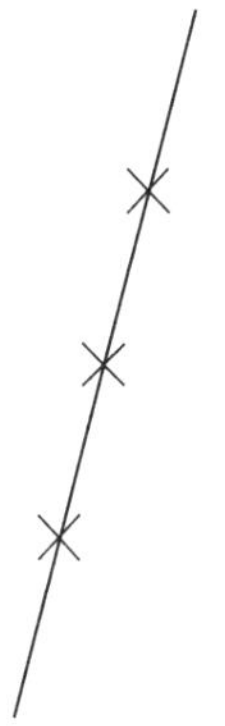

图 2-44　对象等分后的直线段

⑤ 在“文本窗口”中输入【di】命令，在屏幕中用光标指定两点，测量两点间距离，以获取“多段线起始线宽(箭头)”，这一步尤为重要。

⑥ 启动多段线命令。单击第一点(节点捕捉)。

⑦ 设置多段线起始线宽为 12，端点线宽为 36。

⑧ 按“Shift＋鼠标右键”后选择最近点。

⑨ 在直线段方向移动光标并输入 36 后确认。第一个箭头如图 2-45 所示。

⑩ 重复上述操作，绘制其他箭头。箭头全部绘制完成后删除点即可。

按照上述步骤绘制的图形如图 2-46 所示。

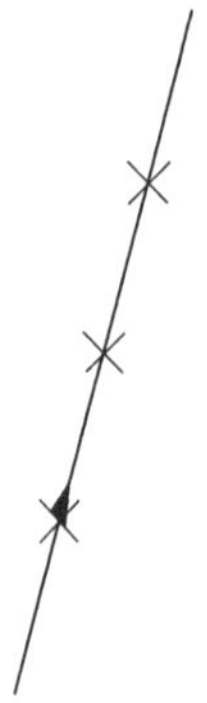

图 2-45　第一个箭头

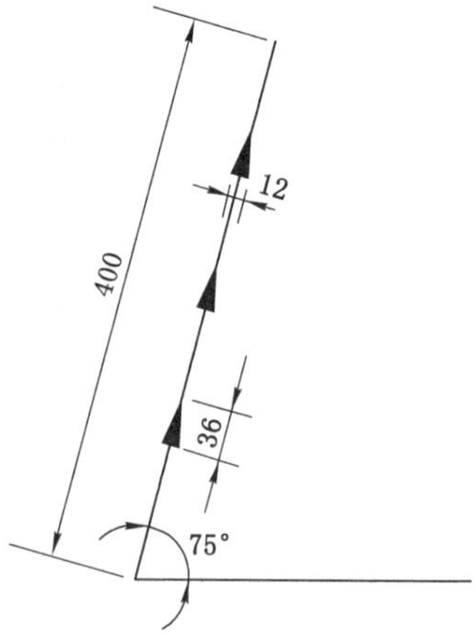

图 2-46　割煤图例

学到此处,本节刚开始的 3 个问题应该有了答案。在绘制类似图形时需要注意以下几点细节问题:

① 在【对象捕捉】对话框中勾选“节点”。

② 使用【di】命令测算多段线起始线宽。

③ 箭头长度约为多段线起始线宽的 3 倍。

④ 使用“最近点”捕捉确保箭头的端点落在直线上。

练　习　题

1. 根据所学内容,尝试画图 2-47。

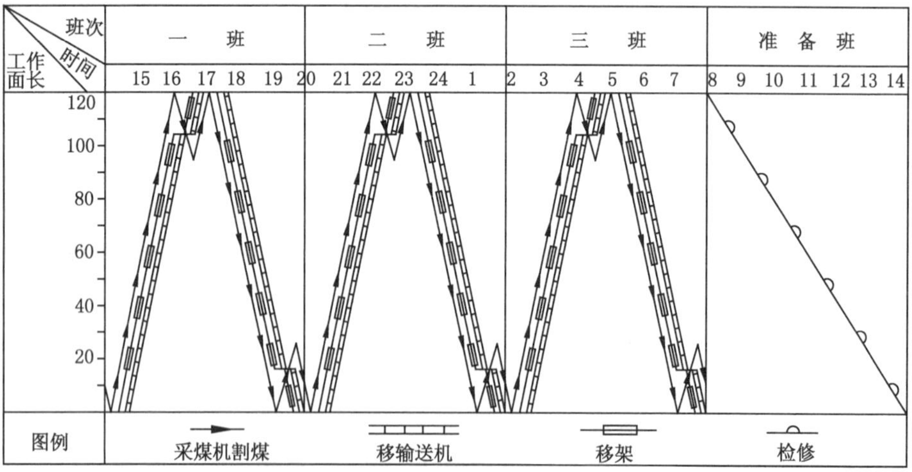

图 2-47　综合机械化采煤作业循环图表

第 3 章　二维图形编辑命令

3.1 复　　制

在使用复制、移动、旋转等命令时，Auto CAD 会提示我们“选择基点”。由此可见，理解基点的含义是学习这类命令使用方法的有效途径，也有利于灵活应用这些命令制图，提高绘图效率。因此强调要掌握命令的“原理”来学习。何为基点呢？基点可理解为图形的基准点。如用旋转命令时，图形将会以基点为中心进行旋转。如图 3-1 所示，复制圆时分别以圆心和象限点为基点会出现不同的两种效果。

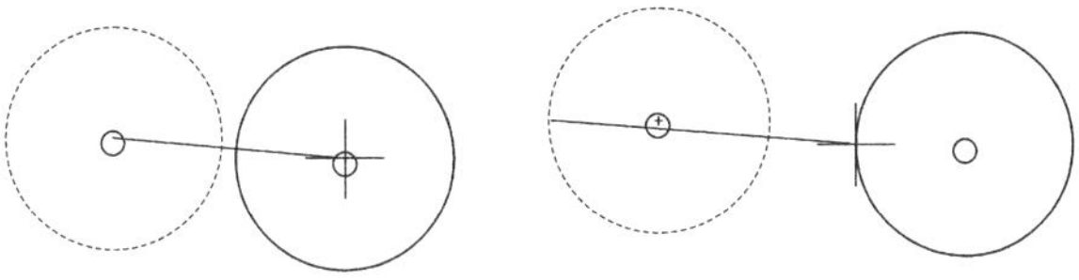

图 3-1　不同基点的复制效果

启动复制命令可以采用以下几种方法：

① 单击【修改】菜单中的【复制】命令。

② 在“修改”工具栏单击  图标。

③ 在“文本窗口”键入【copy】命令，简化命令为【cp】。

下面以绘制图 3-2 中机车为例说明复制命令的使用技巧。

(1) 图形分析。

① 该图形由直线对象、圆(或圆弧)对象、标注对象、图案填充对象组成。

② 绘图可以由外向内、由下向上绘制。

③ 绘制巷道轮廓后，可以采用“直线＋半径”绘制圆的方法确定对象位置。

④ 相同对象可以采用“复制”命令完成。例如轨道、机车、导电弓子等可采用复制命令完成。

(2) 绘制步骤。

绘制机车、导电弓子步骤如下(其他对象略)：

① 设置对象捕捉：端点、中点、象限点、交点。

② 绘制轨道并按图 3-2 尺寸移动到相关位置，如图 3-3 所示。

③ 机车高度为“自轨面起 1600 mm”。开启【正交】连接轨道后以连线中点为第一点向上绘制长为 1600 mm 直线段，如图 3-4 所示。

④ 以直线段端点为中心，采用“圆心＋直径”的方法绘制直径为 1060 mm 的圆(采用

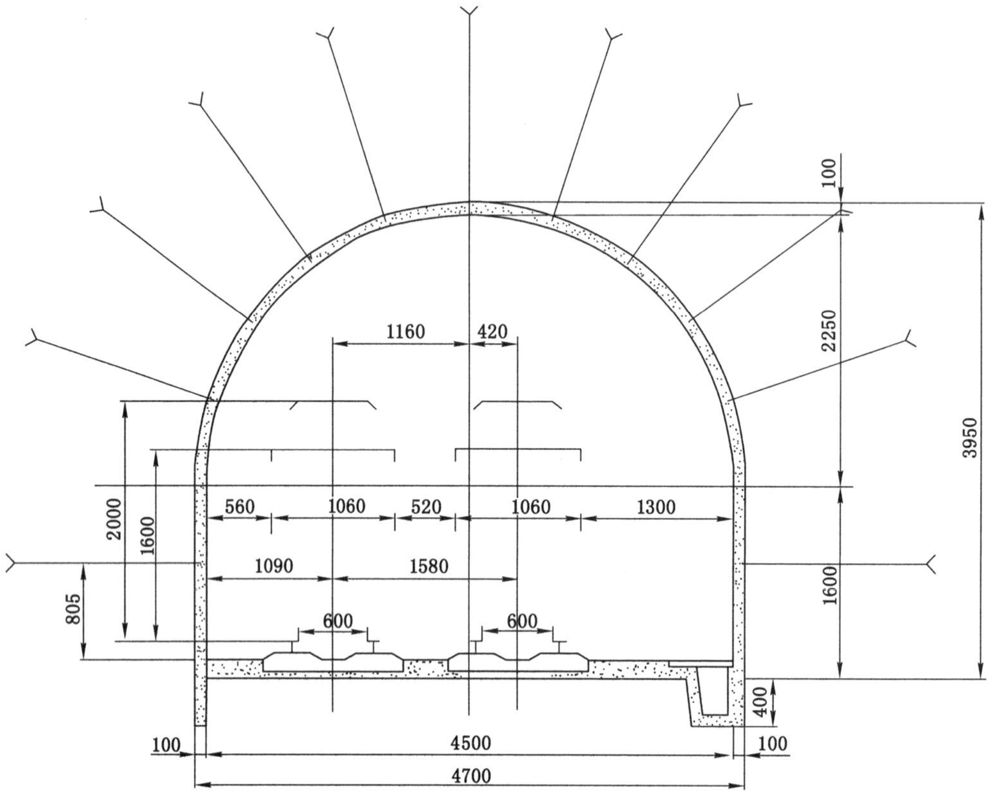

图 3-2 巷道断面图

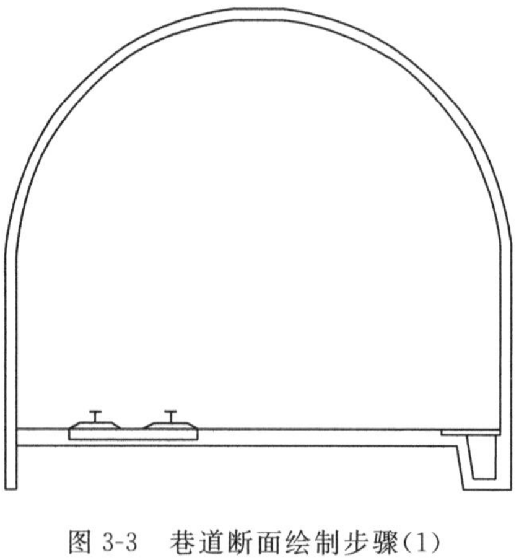

图 3-3 巷道断面绘制步骤(1)

"圆心＋直径"方式绘制圆,省去 1060/2 的计算过程),连接圆的两个象限点后再绘制机车,短线长度可取 200 mm,如图 3-5 所示。

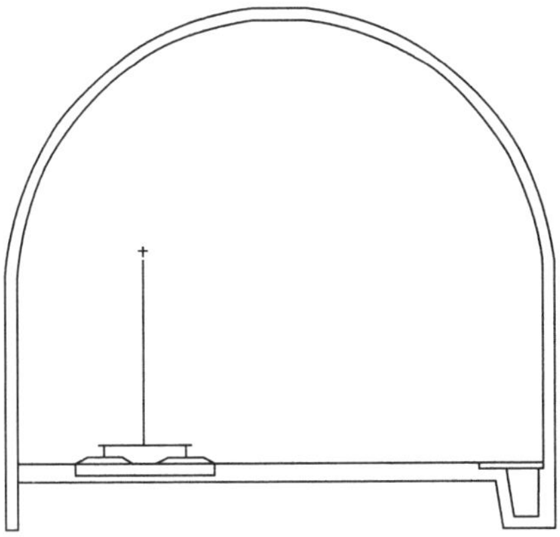

图 3-4　巷道断面绘制步骤(2)

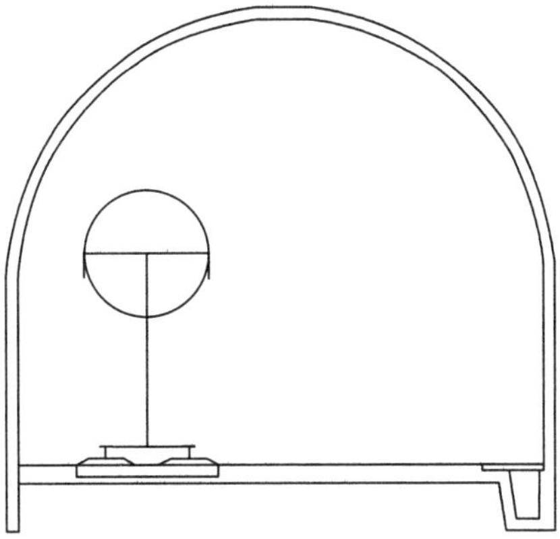

图 3-5　巷道断面绘制步骤(3)

⑤ 参考上述方法绘制导电弓子。

⑥ 轨道中心距为 1580 mm。以轨面辅助线中点为圆心绘制半径为 1580 mm 的圆,并以圆心为基点复制轨道、机车、导电弓子至圆象限点,如图 3-6 所示。

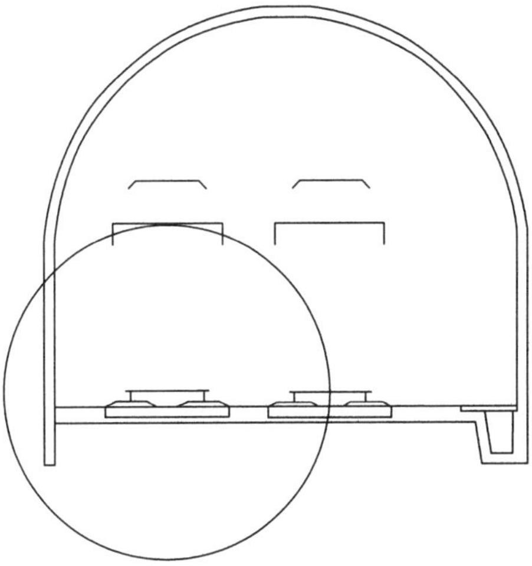

图 3-6　巷道断面绘制步骤(4)

⑦ 删除辅助线。

由上述示例可知:

① 应提前设置对象捕捉点或使用对象捕捉命令。

② 灵活选择基点可以提高绘图效率。

③ 配合开、关正交使用复制命令,能够获得意想不到的绘图效果。

练　习　题

1. 绘制方格网。

2. 试绘制采煤作业循环图表。

3.2 移　　动

使用移动命令可以指定的角度和方向移动对象。移动对象可以采用指定两点距离移动对象、使用相对坐标指定距离移动对象方式。

启动移动命令可以采用以下几种方法：

① 单击【修改】菜单中的【移动】命令。

② 在“修改”工具栏单击 图标。

③ 在“文本窗口”键入【move】命令，简化命令为【m】。

复制命令可帮助我们理解基点的概念。移动命令中基点与复制命令中基点的使用方法相似。可以通过以下方法移动对象。

(1) 指定两点距离移动对象

该方法由基点及后跟的第二点指定的距离和方向移动对象。通过光标指定方向后直接输入距离即可。其操作步骤如下：

① 选择对象并指定基点后移动光标指定移动方向(不需单击鼠标)。

② 输入移动距离。

如图 3-7 所示，AC 长为 500 mm，需以 A 点为基点将圆 O 移动至圆 O_1 位置，B 点距离 A 点 300 mm。以此为例说明移动命令的使用方法。该示例的操作步骤如下：

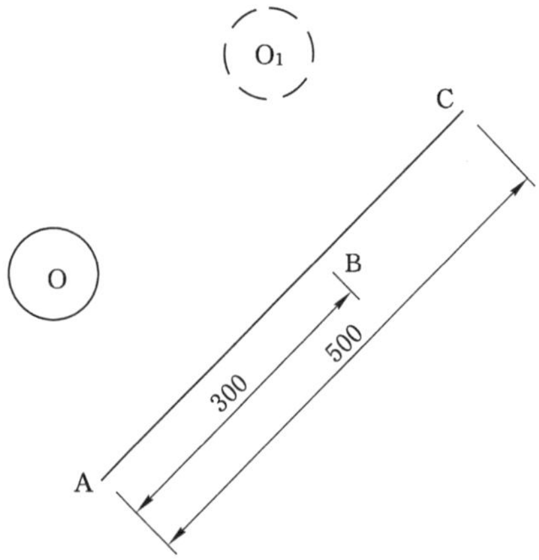

图 3-7　移动命令示例

绘制直线段 AC

绘制圆 O

启动移动命令

选择移动对象

选择基点 A

按“shift+鼠标右键”选择最近点

沿直线段 AC 移动光标

输入 300↙

(2) 使用相对坐标指定距离移动对象。

以图 3-7 示例说明该移动命令的使用方法。该示例的操作步骤如下：

选择移动对象并指定基点 A

输入@300<45↙

3.3 旋　　转

启动旋转命令可以采用以下几种方法：

① 单击【修改】菜单中的【旋转】。

② 在“修改”工具栏单击  按钮。

③ 在“文本窗口”键入【rotate】命令，简化命令为【ro】。

旋转命令的使用方法可以按启动命令、选择对象、指定基点、输入旋转角度(或鼠标指定)步骤完成操作。旋转命令较简单。但在应用时，灵活地设置旋转对象能收到意想不到的结果。锚杆已被广泛应用于井工煤矿巷道支护。图 3-8 所示为半圆拱形巷道。为了达到最佳支护效果，顶部锚杆的反向延长线应指向半圆拱的圆心，如图 3-8 所示。

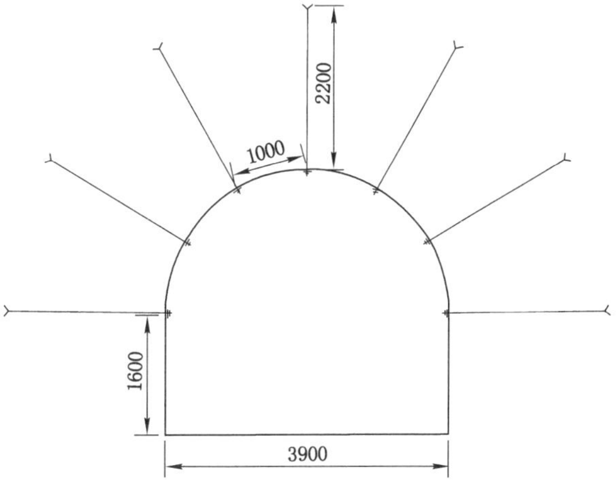

图 3-8　半圆拱形巷道锚杆支护图

如何按要求绘制这些锚杆？这个问题值得我们探讨，绘制该图形时，大体会从以下几下方向思考：

① 巷道宽为 3900 mm，墙高为 1600 mm，锚杆长度为 2200 mm，锚杆间距为 1000 mm。按照这个参数可以绘制巷道，可以无压力完成。

② 该图由直线段(或多段线)对象、圆弧(或经过编辑的圆)对象、标注对象组成。只要学过相关的知识，也可以无压力完成。

③ 各锚杆间距相等，如何处理？略有难度。

④ 应用旋转命令旋转锚杆时，如何使锚杆的反向延长线指向圆心？有难度。

在学习绘制圆的命令时，分析了圆的三个特点，这就可以解决锚杆间距相等的问题。其命令如下：

c↙

单击半圆的象限点

1000↙

↙//启动上一个命令，即绘制圆命令

单击该圆与半圆的交点

↙//上一个圆的半径为 1000 mm，系统会记录

以此法绘制第三个圆。

其结果如图 3-9 所示。

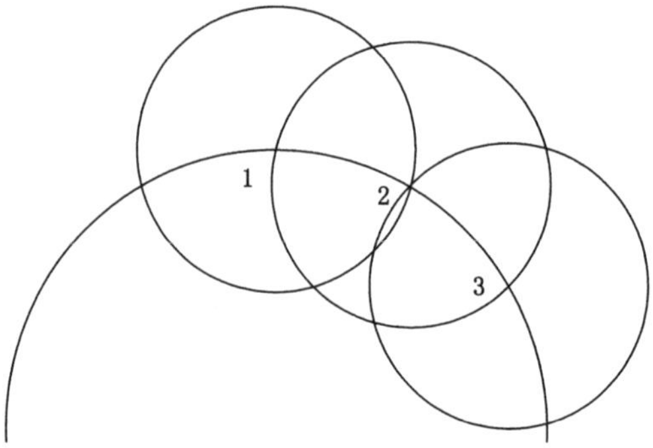

图 3-9　等距锚杆的处理方法

不难发现，利用圆的特点来定位是一种行之有效的方法。在绘制圆的过程中，系统会记录半径，我们可以利用这个特点实现等距定位锚杆。在应用旋转（可以采用阵列方法，请参照相关内容）命令并使锚杆的反向延长线指向半圆圆心时，会遇到图 3-10 所示的光标“无依无靠”的问题，通过“目测”显然是行不通的。

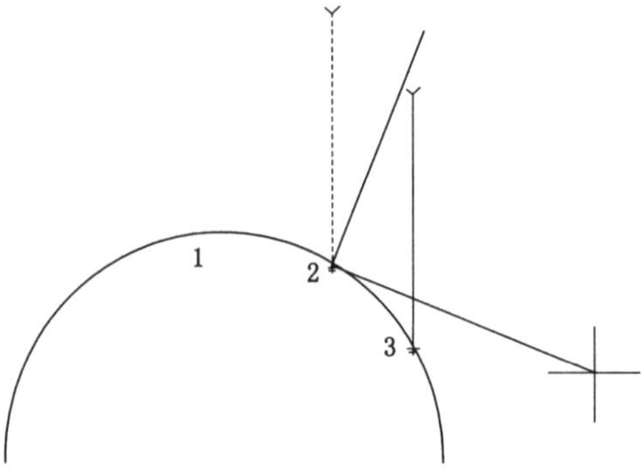

图 3-10　旋转锚杆的方法(1)

当把锚杆逆时针旋转 90°后再旋转时，问题迎刃而解。再旋转锚杆时，问题就变得简单而易操作，如图 3-11 所示。如图 3-12 所示，只要单击半圆圆心即可完成。

通过灵活设置对象往往能够取得意想不到的效果。当然，每个人绘图思路和习惯不同，

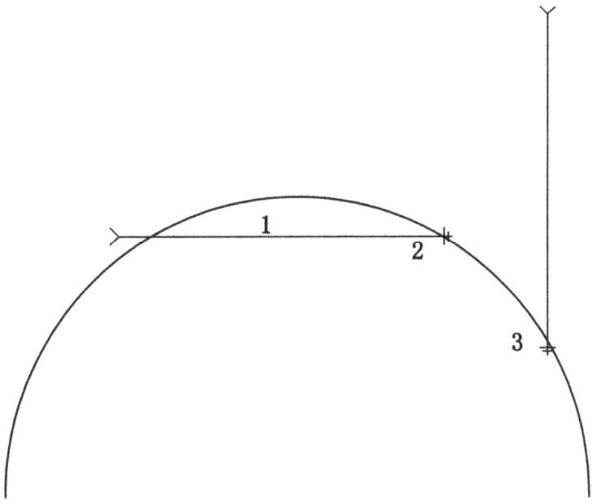

图 3-11　旋转锚杆的方法(2)

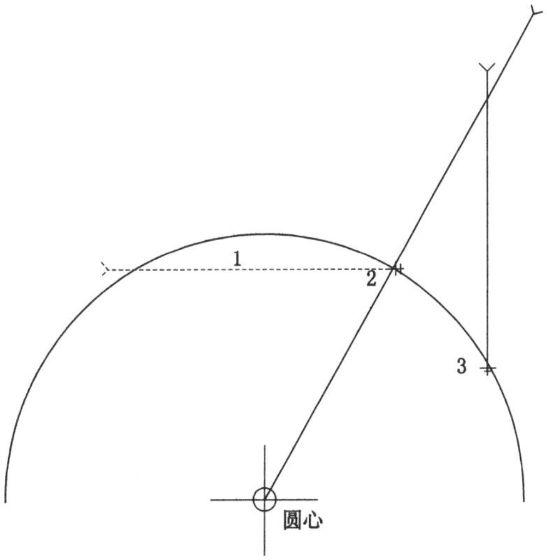

图 3-12　旋转锚杆的方法(3)

会有不同的制图方法。

3.4 镜　　像

镜像命令可以把这两个字拆开来理解。"镜"即镜子,"像"即对象通过这面镜子的成像。镜像后源对象可以【保留】或【删除】。保留与删除就是该命令的两个可执行选项。这样理解便于分析该命令的特点。

① 源对象与镜像对象以镜子为对称轴对称。

② 源对象与镜像对象尺寸相同、形状相反。

③ 镜子是一虚拟的直线段,实际为指定的两点。

④ 可以灵活使用正交来指定镜子的两个端点。

启动镜像命令可以采用以下几种方法:

① 单击【修改】菜单中的【镜像】命令。

② 在“修改”工具栏单击  按钮。

③ 在“文本窗口”键入【mirror】命令，简化命令为【mi】。

结合图 3-13 说明镜像命令的使用方法。通过镜像命令可以完成巷道右半部分的锚杆绘制，其步骤如下：

开启正交

启动镜像命令

选择对象↙

选择指定 A 点与 B 点作为“镜子”的两个端点//开启正交的用途

↙//默认情况下保留源对象

镜像结果如图 3-13 所示。

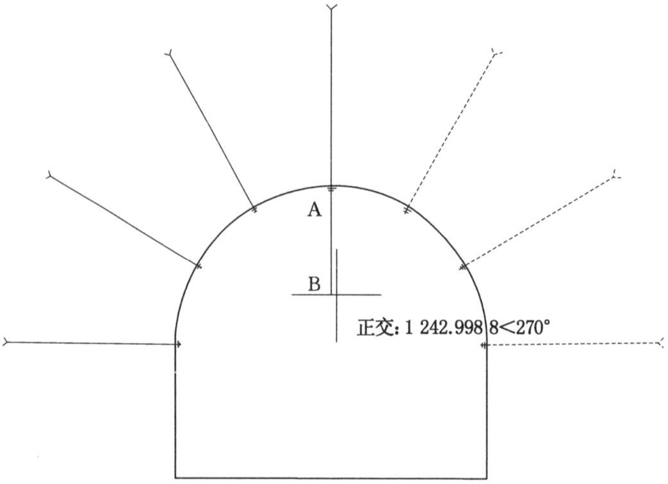

图 3-13　镜像锚杆的方法

在镜像文字时，可以通过系统变量“Mirrtext”的值来控制文字镜像后是否倒映。当系统变量“Mirrtext”的值为“0”时，镜像后的文字与源文字保持一致，即不发生倒映；当其值为“1”时，镜像后的文字则发生倒映。

练　习　题

1. 试绘制巷道断面图，在绘制过程中使用镜像命令。
2. 通过设置系统变量“Mirrtext”的值，查看镜像文字的效果。

3.5　修　　剪

对于制图者而言，修剪命令尤为重要，重要的不是这个命令难，而是使用频繁。初学者在使用修剪命令时易出现“修剪失败”。初学者应从该命令原理来理解。从修改工具图标

 可以这样理解：

① 修剪需要“一把刀”，用这把刀把对象“砍断”。

② 刀与修剪对象需要有交叉，否则“砍不到”对象，图标中的斜线即刀，水平线为修剪对象。

启动修剪命令有以下几种方法：

① 在【修改】菜单选择【修剪】命令。

② 在“修改”工具栏单击修剪图标 。

③ 在“文本窗口”输入命令【tr】。

启动修剪命令后选择刀并确认，再选择修剪对象即可完成对象修剪。如图 3-14 所示，通过正五边形绘制五角星介绍几种修剪命令常用的方法。

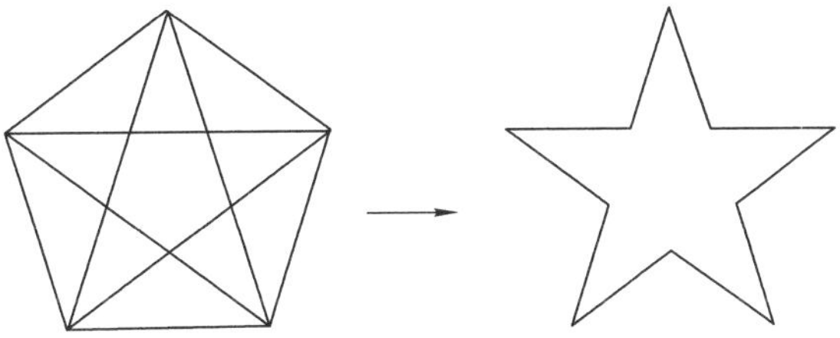

图 3-14　修剪命令的使用方法

(1) 方法 1

具体命令如下：

tr↙↙//两次回车

单击要修剪的线

(2) 方法 2

具体命令如下：

tr↙

all↙↙//两次回车

单击要修剪的线

上述两种方法中使用了两次回车确认，第一次回车确认刀，第二次回车则通知系统选择完毕，然后就可以根据需要选择修剪对象了。

在绘图过程中，可能遇到需要修剪“图案填充”中的填充图案。填充图案可以修剪么？不妨一探究竟。填充图案可以分为两类：第一类为“solid”图案；第二类为“除了 solid 的所有图案”。如图 3-15 所示，使用修剪命令修剪这两类填充图案。

(1) 方式 1

具体命令如下：

tr↙↙

选择图案

结论：失败，如图 3-16 所示。

(2) 方式 2

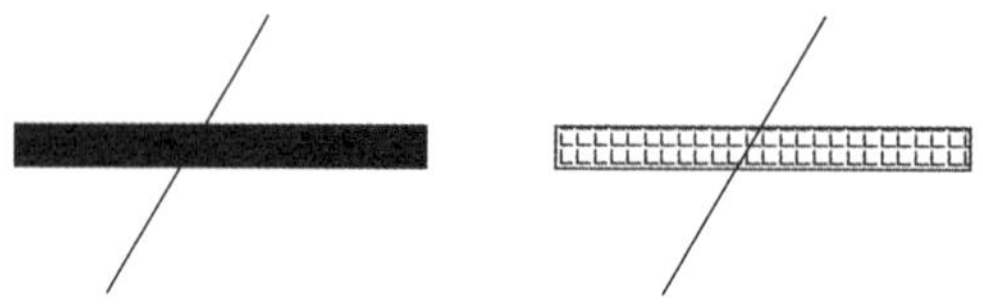

图 3-15 修剪填充图案(1)

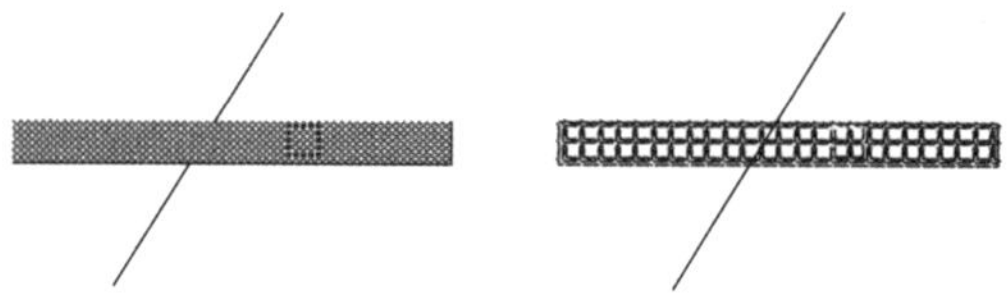

图 3-16 修剪填充图案(2)

具体命令如下：

tr↙

all↙↙

选择图案

结论：成功，如图 3-17 所示。

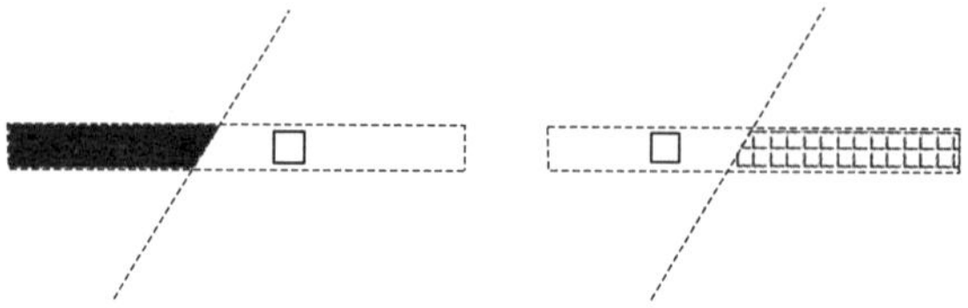

图 3-17 修剪填充图案(3)

(3) 方式 3

具体命令如下：

tr↙

选择刀(斜线)↙

选择图案

结论：成功(图形略)。

练习题

1. 试根据所学内容绘制图 3-18。
2. 试根据所学内容绘制图 3-19。

3.6 延伸

启动延伸命令可以采用以下几种方法：

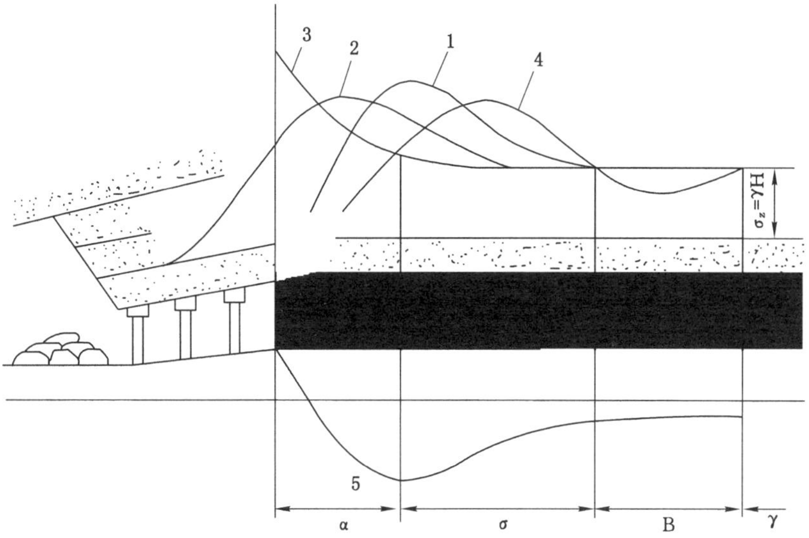

图 3-18　采煤工作前方支承压力分布图

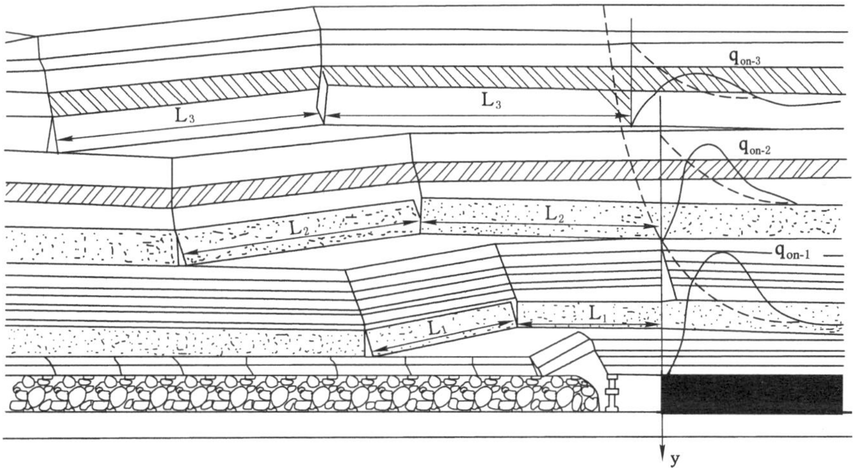

图 3-19　工作面中部截面(沿走向)前方支承压力分布图

① 在【修改】菜单中单击【延伸】命令。

② 在“修改”工具栏单击 图标。

③ 在“文本窗口”键入【extend】命令,简化命令为【ex】。

使用延伸命令时应注意以下几个问题:

① 启动延伸命令后,第一次选择的对象可以表达为“目的地”,即延伸到哪里;第二次选择的对象则为延伸对象。

② 圆弧与椭圆弧不能被延伸为完整的圆或椭圆。

③ 选择被延伸对象时,应在对象的被延伸侧拾取,否则无法完成延伸操作,如图 3-20 所示;选择延伸对象时,要在直线中点右侧(B 侧)拾取,否则无法完成延伸。

④ 使用“延伸”命令,在选择延伸对象时,如果按住“Shift”键,则执行“修剪”命令;使用

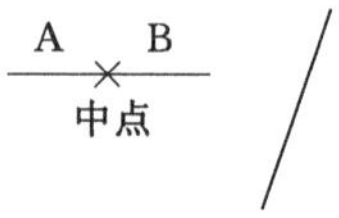

图 3-20　选择延伸对象的方法

“修剪”命令，在选择修剪对象时，如果按住“Shift”键，则执行“延伸”命令。

练　习　题

1. 根据所学内容，试绘制图 3-21 所示采区中部车场示意图。

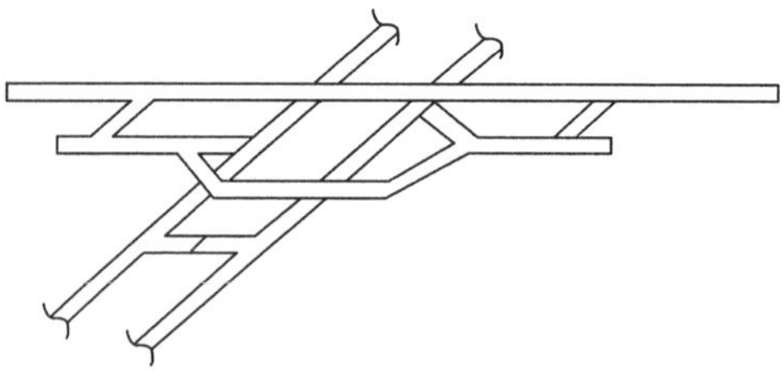

图 3-21　采区中部车场示意图

3.7　偏　　移

偏移命令用于创建与选定对象平行的新对象。偏移对象有以下几种：直线、圆弧、圆、椭圆和椭圆弧（形成椭圆形样条曲线）、二维多段线、构造线（参照线）和射线、样条曲线。

启动偏移命令可以采用以下几种方法：

① 在【修改】菜单中单击【偏移】命令。

② 在“修改”工具栏单击图标  。

③ 在“文本窗口”键入【offset】命令，简化命令为【o】。

在使用偏移命令时，有“指定偏移距离或［通过(T)/删除(E)/图层(L)］”可选项。

① 指定“偏移距离”是指在距现有对象指定的距离处创建对象。使用指定“偏移距离”选项时直接输入偏移距离后选择偏移对象并指定偏移方向即可完成操作。

② “通过”：指创建通过指定点的对象。

③ “删除”：偏移源对象后将源对象删除（具体操作时系统给出是否删除提示）。

④ “图层”：确定将偏移对象创建在当前图层上还是源对象所在的图层上。

采用偏移命令对多段线创建的闭合图形进行偏移时会导致线段间存在潜在的间隔。系统变量 Offsetgaptype 可控制这些潜在间隔的闭合方式。当 Offsetgaptype＝0 时，如图 3-22(a)所示；当 Offsetgaptype＝1 时，如图 3-22(b)所示；当 Offsetgaptype＝2 时，如图 3-22(c)所示。

(a)　　(b)　　(c)

图 3-22　偏移多段线潜在间隔的闭合方式

练　习　题

1. 使用偏移命令绘制方格网。

3.8　阵　　列

无论是矩形阵列还是环形(圆形)阵列,其实质是创建阵列对象的副本,这能够实现快速绘图的目标。

启动阵列命令可以采用以下几种方法:

① 在【修改】菜单中单击【阵列】命令。

② 在“修改”工具栏单击图标 。

③ 在“文本窗口”键入【array】命令,简化命令为【ar】。

启动阵列命令后,系统默认弹出矩形阵列对话框,如图 3-23 所示。

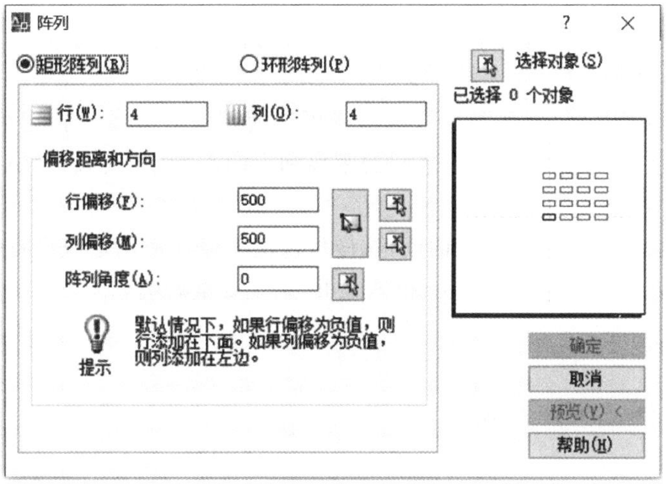

图 3-23　矩形阵列对话框

3.8.1　矩形阵列

3.8.1.1　行

该命令用于指定阵列中的行数。如果只指定了一行,则必须指定多列。在默认情况下,在一个命令中可以生成的阵列元素最大数目为 100000。该限值由注册表中的 Maxarray 设置。例如,要将上限重设为 200000,可在命令行提示下输入(setenv “Maxarray”

“200000”)。

阵列后的行数会把源对象计算其中。

3.8.1.2 列

该命令用于指定阵列中的列数。如果只指定了一列，则必须指定多行。在默认情况下，在一个命令中可以生成的阵列元素最大数目为100000。该限值由注册表中的Maxarray设置。例如，要将上限重设为200000，可在命令行提示下输入（setenv “Maxarray” “200000”）。

阵列后的列数会把源对象算入其中。

3.8.1.3 行偏移

该命令用于指定行间距(按单位)。要向下添加行，请指定负值。要使用定点设备指定行间距，请用“拾取两者偏移”按钮或“拾取行偏移”按钮。

3.8.1.4 列偏移

该命令用于指定列间距(按单位)。要向左边添加列，请指定负值。要使用定点设备指定列间距，请用“拾取两者偏移”按钮或“拾取列偏移”按钮。

3.8.1.5 阵列角度

该命令用于指定旋转角度。此角度通常为0，因此行和列与当前UCS的X和Y图形坐标轴正交。使用Units可以更改测量单位。阵列角度受Angbase和Angdir系统变量影响。

3.8.1.6 拾取行偏移

该命令用于临时关闭“阵列”对话框，这样可以使用定点设备来指定行间距。Array提示用户指定两个点，并使用这两个点之间的距离和方向来指定“行偏移”中的值。

3.8.1.7 拾取列偏移

该命令用于临时关闭“阵列”对话框，这样可以使用定点设备来指定列间距。Array提示用户指定两个点，并使用这两个点之间的距离和方向来指定“列偏移”中的值。

3.8.1.8 拾取阵列的角度

该命令用于临时关闭“阵列”对话框，这样可以输入值或使用定点设备指定两个点，从而指定旋转角度。阵列角度受Angbase和Angdir系统变量影响。

3.8.2 环形阵列

环形阵列对话框如图3-24所示。

3.8.2.1 中心点

该命令用于指定环形阵列的中心点。输入X和Y坐标值，或选择“拾取中心点”以使用定点设备指定中心点。

3.8.2.2 方法和值

① 项目总数。设置在结果阵列中显示的对象数目。

② 填充角度。通过定义阵列中第一个和最后一个元素的基点之间的包含角来设置阵列大小。正值指定逆时针旋转，负值指定顺时针旋转，默认值为360，不允许值为0。

③ 项目间角度。设置阵列对象的基点和阵列中心之间的包含角。默认方向值为90。

④ 拾取要填充的角度。临时关闭“阵列”对话框，这样可以定义阵列中第一个元素和最

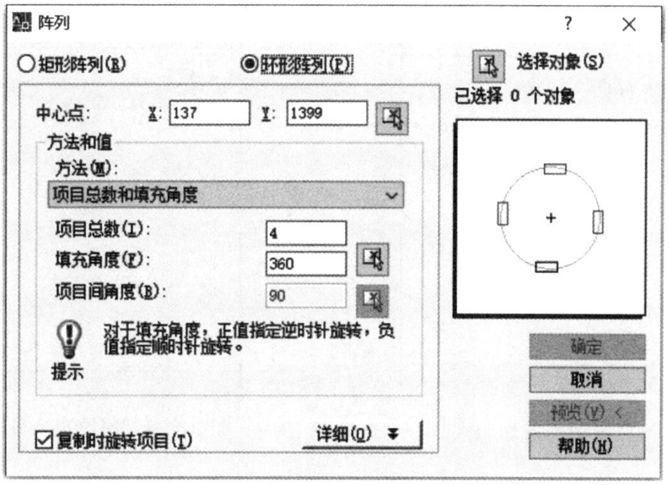

图 3-24　环形阵列对话框

后一个元素的基点之间的包含角。

⑤ 拾取项目间角度。临时关闭"阵列"对话框，这样可以定义阵列对象的基点和阵列中心点之间的包含角。

3.8.2.3　复制时旋转项目

该项指阵列对象与副本阵列后按输入角度旋转。如预览区域所示旋转阵列中的项目。

3.8.2.4　对象基点

相对选定对象指定新的参照(基准)点，这些选定对象将与阵列中心点保持不变的距离。对象类型与默认基点对应关系如下：

① 圆弧、圆、椭圆——圆心。

② 多边形、矩形——第一个角点。

③ 圆环、直线、多段线、三维多段线、射线、样条曲线——起点。

④ 块、段落文字、单行文字——插入点。

⑤ 构造线——中点。

⑥ 面域——栅格点。

使用环形阵列方法绘制图 3-25 所示的锚杆支护巷道俯视图。其主要步骤如下：

① 按尺寸绘图 3-26。

② 启动阵列命令。

③ 按图 3-27 输入参数。

④ 选择阵列对象后确认。

以某点为圆心、以圆心至某一对象的距离为半径，可以构成一个圆形。沿这个圆形按照一定的【方法和值】复制对象，这就是环形阵列。这个圆是虚拟的，在使用环形阵列时并不显示出来。

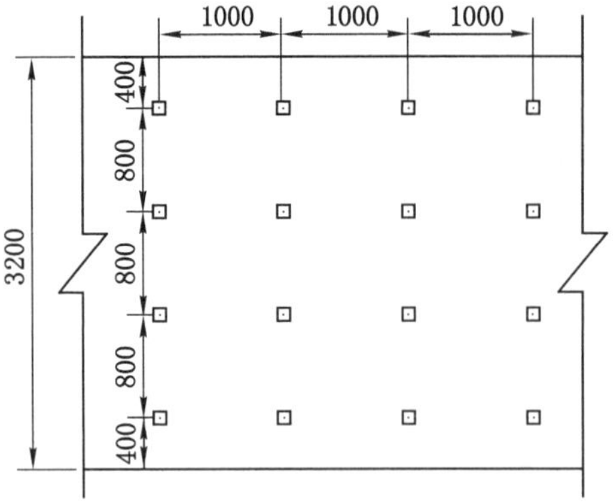

图 3-25　锚杆支护巷道俯视图

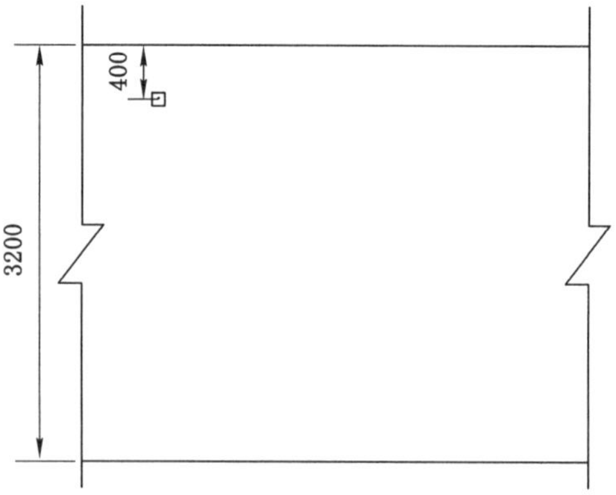

图 3-26　使用矩形阵列绘图(1)

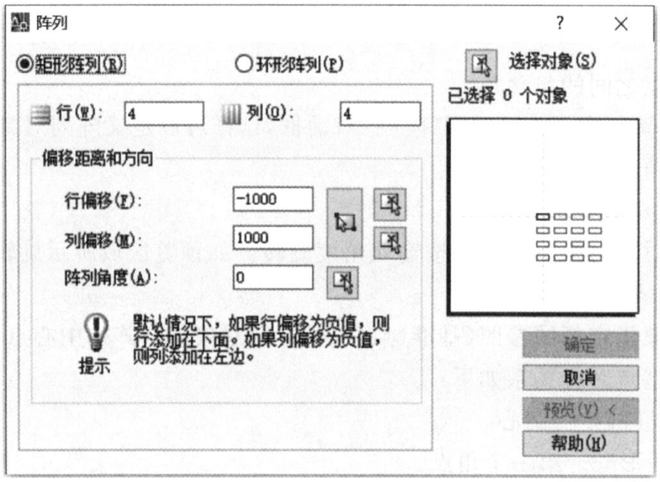

图 3-27　使用矩形阵列绘图(2)

如图 3-28 所示，可以用阵列命令绘制拱部锚杆吗？其答案是肯定的。

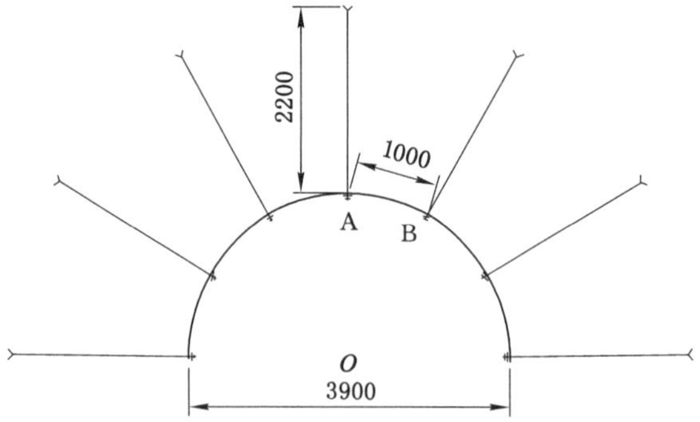

图 3-28　使用环形阵列绘图

采用阵列命令绘制拱部锚杆的步骤与分析过程如下：

① B 点的确定方法可参照旋转命令。

② 使用【di】命令查询圆心 O 与 B 点的距离，此时可以获得虚拟线 OB 的角度。查询结果如下：

XY 平面中的倾角＝60

③ 环形阵列命令为我们提供了以下三种方法。

(a) 项目总数和填充角度。

(b) 项目总数和项目间的角度。

(c) 填充角度和项目间的角度。

OB 的平面夹角为 60°，由此可知：项目间的角度为 30°。此时，已知的阵列参数为：项目间的角度＝30°，填充角度＝90°。

④ 项目总数未知的情况下只有使用【填充角度和项目间的角度】的方法完成绘图。其主要命令如下：

启动阵列命令

选择中心点【圆心 O】

选择阵列方法【填充角度和项目间的角度】

输入参数：填充角度【－90°】(顺时针阵列，逆时针为 90°)；项目间角度【30°】

选择阵列对象【锚杆】

↙

绘制结果分析：以 A 点为圆心、1000 mm 为半径画圆后发现，锚杆并未满足间距为 1000 mm 的要求，虚线圆中的两个点未重合(两点需重合)，如图 3-29 所示。

为什么会出现这样的问题呢？填充角度为－90°或 90°，没问题。项目间角度为 30°，可能是问题根源。打开【格式】菜单单击【单位】，系统弹出图形单位对话框，如图 3-30 所示。

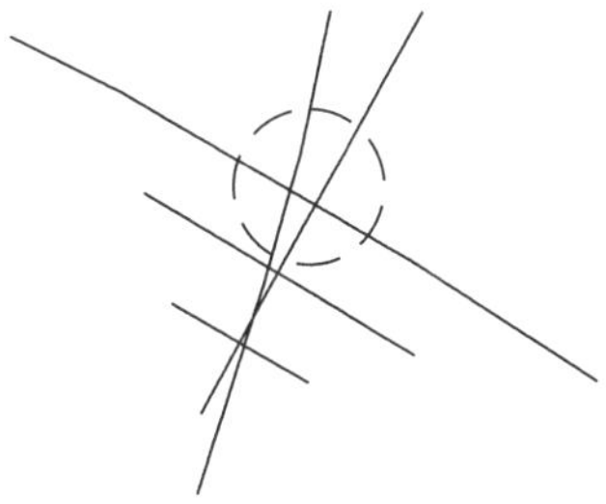

图 3-29　使用环形阵列绘图结果

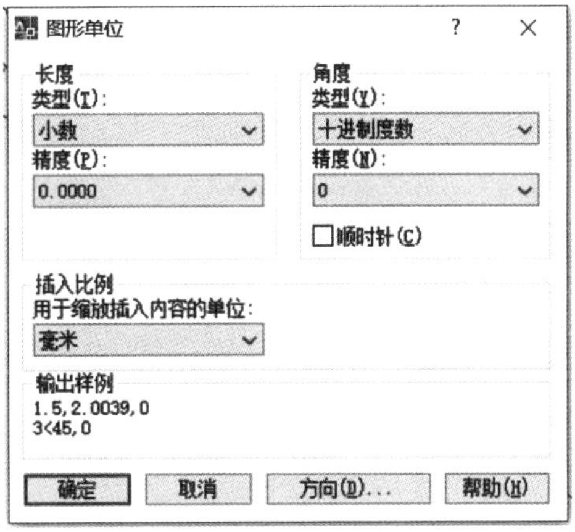

图 3-30　图形单位对话框

查看图中【角度】中的【精度】发现上述问题的原因。设置精度为“保留四位小数”后，再次应用【di】命令查询项目角度，其结果为 60.3718°。应用上述方法重新进行阵列，问题得以解决。

练 习 题

1. 试用阵列命令绘制综合机械化采煤工作面液压支架。

3.9 分　　解

启动分解命令可以采用以下几种方法：

① 在【修改】菜单中单击【分解】命令。

② 在“修改”工具栏单击图标  。

③ 在“文本窗口”键入【explode】命令，简化命令为【x】。

分解命令应用方法较简单。在使用分解命令时应注意以下问题：

① 标注对象分解后将成为独立的个体对象，不再具有标注属性，即不再随标注对象的改变而变化。可在绘制整幅图形后分解需要调整的个别标注对象进行修改。

② 多段线分解后将失去原有的多段线属性，变为独立的直线段或圆弧。

③ 当修改线宽而修改对象“无动于衷”时，可以尝试使用分解命令。当绘图者使用多段线设置线宽绘制具有宽度的线时，是无法通过修改线宽更改其宽度的，可以应用分解命令使其失去多段线属性后重新设置线宽。

第 4 章　文字与表格

文字和表格对象是 Auto CAD 图形中很重要的图形元素，是采矿工程制图中不可缺少的组成部分。在图形绘制过程中，井巷名称标注、设备型号表、劳动组织表、图例表等多种内容都需要文字和表格的应用。在 Auto CAD 中，使用表格功能可以创建不同类型的表格，还可以在其他软件中复制插入表格，以简化制图操作。本章介绍 Auto CAD 中文字和表格的相关知识，包括样式设置、创建文字、编辑文字、创建表格、编辑表格、典型图形绘制等。通过本章的学习，读者可以了解 Auto CAD 中文字和表格的使用方法，并要掌握它们在采矿工程制图中的应用。

4.1 文　　字

在采矿工程制图中，常常需要对图形进行文字说明。Auto CAD 从文字样式、文字输入到文字编辑、文字修改等，提供了一系列命令。

4.1.1 文字样式

在 Auto CAD 中，所有文字都有与之相关联的文字样式。在创建文字注释和标注时，通常使用当前的文字样式，用户也可以根据具体要求重新设置文字样式或者创建新的样式，文字样式包括“字体”“高度”“宽度比例”“倾斜角度”“反向”“颠倒”以及“垂直”等参数。

创建新的文字样式的方法：

(1) 单击“格式”菜单“文字样式”。

(2) 在命令行输入并执行“Style”命令。

利用弹出的“文字样式”对话框创建或者修改文字样式，并更改当前文字样式的设置，如图 4-1 所示。

4.1.1.1 样式名

在“文字样式”对话框的“样式名”选项组中，可以显示文字样式的名称、创建新的文字样式、为已有的文字样式重命名或删除文字样式。

(1) “样式名”下拉列表框：列出了当前可以使用的文字样式，其默认文字样式为 Standard。

(2) “新建(N)”按钮：单击该按钮可以打开“新建文字样式”对话框，如图 4-2 所示。在“样式名”文本框中输入新建文字样式名称后，单击“确定”按钮可以创建新的文字样式。新建文字样式将显示在样式名下拉列表框中。

(3) “重命名(R)”按钮：单击该按钮将打开“重命名文字样式”对话框，如图 4-3 所示。用户可以在“样式名”文本框中输入新的名字。

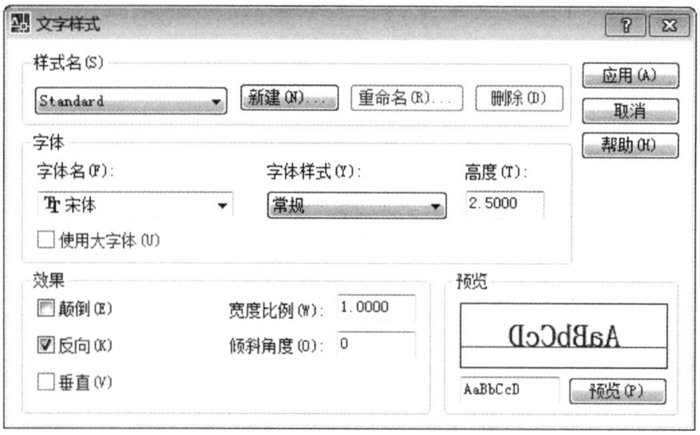

图 4-1 “文字样式”对话框

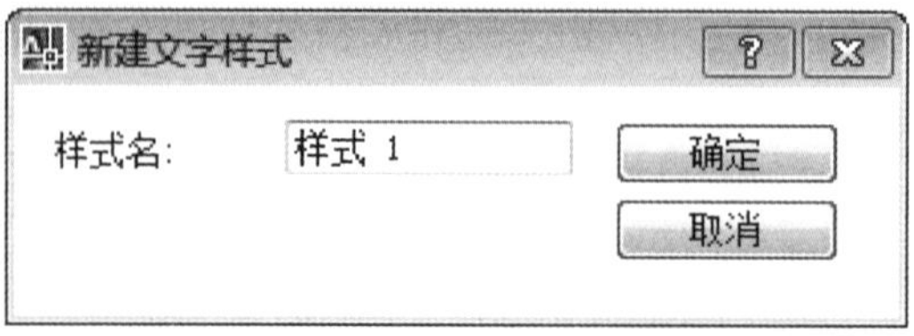

图 4-2 “新建文字样式”对话框

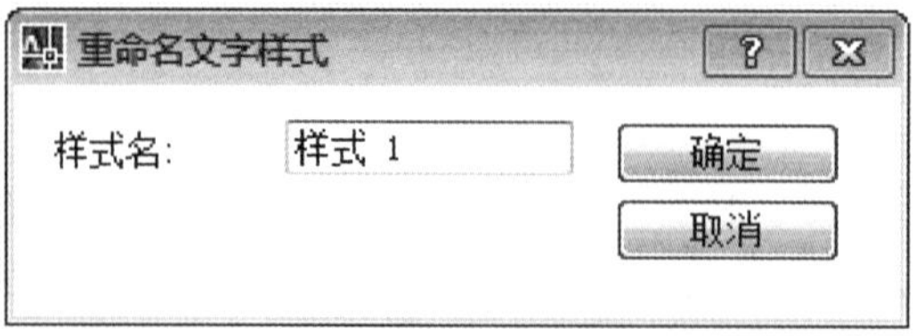

图 4-3 “重命名文字样式”对话框

(4)“删除(D)”按钮:单击该按钮可以删除某一个已经建立的文字样式,但是无法删除已经被绘图时使用过的文字样式以及系统默认的 Standard 样式。

4.1.1.2 设置字体

在“文字样式”对话框的“字体”选项组中,可以设置文字样式使用的字体和字体高度等属性,其中在“字体名(F)”下拉列表框中可以选择字体,在“高度(T)”文本框中可以设置文字的高度。当选中“使用大字体”复选框时,“字体样式(U)”下拉列表框变为“大字体”下拉列表框,此时可以用户选择大字体文件。

如果将文字样式中字高设为 0,那么在使用“text”命令注释文字时,命令行将提示用户指定文字的高度,其默认高度值为 2.5。如果在“高度”文本框中输入了文字高度,Auto CAD 将按此高度标注文字,而不再提示用户的指定文字高度。

Auto CAD 提供了符合标注要求的字体形文件:gbenor. shx 文件、gbeitc. shx 文件和 gbcbig. shx 文件。其中,gbenor. shx 文件、gbeitc. shx 文件分别用于标注直体和斜体字母与数字;gbcbig. shx 文件用于标注中文。

4.1.1.3　设置文字效果

在“文字样式”对话框中，使用“效果”选项组中的选项可以设置文字的颠倒、反向、垂直等显示效果，如图 4-4 所示。

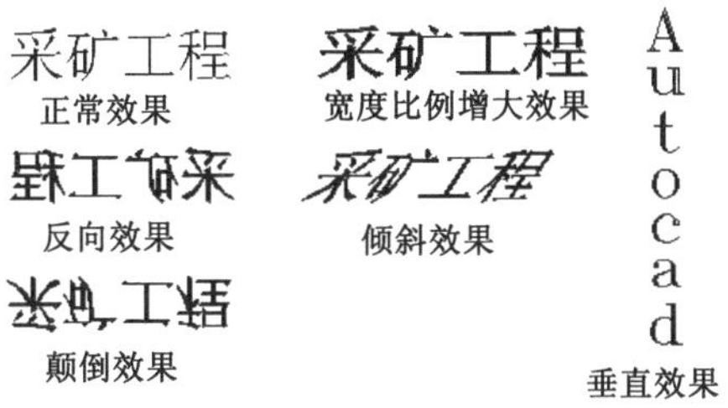

图 4-4　文字的各种效果

在“宽度比例”文本框中，可以设置文字字符的高度和宽度之比。当“宽度比例”值为 1 时，将按系统定义的高度比书写文字；当“宽度比例”小于 1 时，字符会变窄；当“宽度比例”大于 1 时，字符会变宽。

在“倾斜角度”文本框中，可以设置文字的倾斜角度。当文字的旋转方向为顺时针方向，角度为正值时，向右倾斜；当其为负值时，向左倾斜；当角度为 0°时，不倾斜。

4.1.1.4　预览与应用文字样式

在“文字样式”对话框的“预览”选项组中，可以预览所选择或者进行设置的文字样式效果。其中，在“预览”按钮左侧的文本框中输入要预览的字符，单击“预览”按钮，可以将输入的字符按当前文字样式显示在预览框中。

当设置好文字样式后，单击“应用”按钮即可应用文字样式，然后单击“关闭”按钮，关闭“文字样式”对话框。

4.1.2　文字创建

在 Auto CAD 中，可以使用“text”“mtext”“dtext”等命令对图形进行注释。用户通常可以创建两种类型的文字：一种是单行文字，另一种是多行文字。单行文字用于制作不需要使用多种字体的简短内容；多行文字主要用于制作一些复杂的说明性文字。

4.1.2.1　单行文字

对于一些简短文字的创建，Auto CAD 提供了创建单行文字的命令。该命令的调用方式如下。

(1) 菜单：依次单击选择“绘图”→“文字”→“单行文字”。

(2) 工具栏：依次单击“text(文字)”→“单行文字”。

(3) 命令行：输入 text、dtext。

调用该命令后，Auto CAD 将在命令行中显示当前文字设置，并提示用户指定文字的起始点。其具体命令如下：

命令：text

当前文字样式：stanard 当前文字高度：2.5000

指定文字的起点或[对正(J)/样式(S)]：

指定高度＜2.5000 ＞:＜正交 开＞

指定文字的旋转角度＜0 ＞:0

此时用户可以进行如下几种选择。

(1) 直接指定文字的起始点后,系统进一步提示用户指定文字的高度、旋转角度和文字内容。

注意:只有在当前文字样式没有固定高度时才提示用户指定文字高度。此外,用户可以连续输入多行文字。每行文字将自动放置在上一行文字的下方。但这种情况下每行文字均是一个独立的对象,其效果等同于连续使用多次“dtext”命令。

(2) 如果用户选择“样式”选项,那么系统将提示用户指定文字样式,并给出选项“输入样式名 or[?] ＜Standard＞:”。用户可选择“?”选项查看所有样式,并选择其中一种,然后返回上一层提示。

(3) 如果用户选择“对正”选项(缺省方式是左对齐),那么系统将给出选项“[对齐/调整/中心/中间/右/左上/中上/右上/左中/左下/右中/左下/中下/右下]:”。

① “对齐”:通过指定基线的两个端点来绘制文字。文字的方向与两点连线方向一致。文字的高度将自动调整,以使文字布满两点之间的部分,但文字的宽度比例保持不变。

② “调整”:通过指定基线的两个端点来绘制文字。文字的方向与两点连线方向一致。文字的高度由用户指定,系统将自动调整文字的宽度比例,以使文字充满两点之间的部分,但文字的高度保持不变。

③ “中心”“中间”和“右”:这三个选项均要求用户指定一点,并分别以该点作为基线水平中点、文字中央点或基线右端点,然后根据用户指定的文字高度和角度进行绘制。

④ 其余选项与③中所述类似,这里不再详细说明。

4.1.2.2 多行文字

在 Auto CAD 中,多行文字是由垂直方向任意数目的文字行或段落构成。用户可以指定文字行段落的水平宽度。用户可以对其进行移动、旋转、删除、复制、镜像或缩放操作。启用“多行文字”命令的方式如下。

(1) 菜单:依次单击选择“绘图”→“文字”→“多行文字”。

(2) 工具栏:单击“文字”面板中的“多行文字”按钮。

(3) 命令行:输入 mtext。

调用该命令后,在绘图窗口中指定一个用来放置多行文字的矩形区域,将打开“文字格式”工具栏和文字输入窗口,可以设置多行文字的样式、字体及大小等属性,如图 4-5 和图 4-6 所示。

“文字格式”工具栏中各主要选项的功能如下。

① “格式”下拉列表:向多行文字对象应用文字样式。当前样式保存在 Textstyle 系统变量中。如果将新样式应用到现有的多行文字对象中,那么用于字体、高度和粗体或斜体属性的字符格式将被替代。堆叠、下划线和颜色属性将保留在应用了新样式的字符中。如果在 Shx 字体中应用定义为垂直效果的样式,这些文字将在文字编辑器中水平显示。

② “字体”下拉列表:为新输入的文字指定字体或改变选定文字的字体。TrueType 字体按字体族的名称列出,Auto CAD 编译的形(Shx)字体按字体所在文件的名称列出,自定义字体和第三方字体在编辑器中显示为 Autodesk 提供的代理字体。Sample 目录中提供了

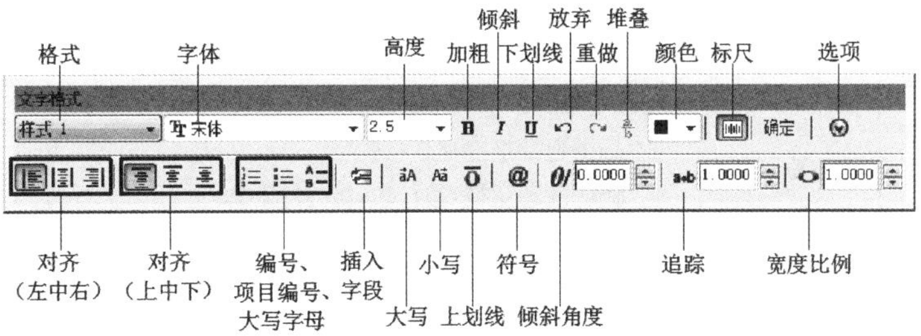

图 4-5　创建多行文字“文字格式”工具栏

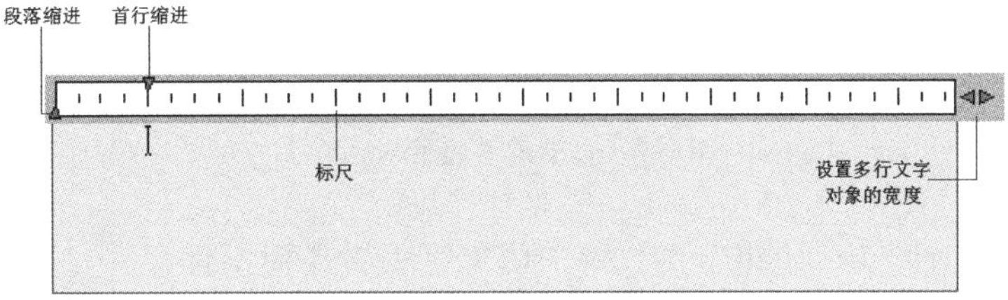

图 4-6　文字输入窗口

一个样例图形(TrueType.dwg),其中显示了每种字体。

③“高度”下拉列表:按图形单位设置新文字的字符高度或修改选定文字的高度。如果当前文字样式没有固定高度,那么文字高度是 Textsize 系统变量中存储的值。多行文字对象可以包含不同高度的字符。

④“加粗”“倾斜”和“下划线”按钮:与 Microsoft Word 中的功能相同,可以为新输入的文字或者选定的文字设置加粗、倾斜和下划线。

⑤“放弃”按钮:在文字编辑器中放弃操作,包括放弃对文字内容或文字格式所做的修改。也可以使用 Ctrl+Z 组合键。

⑥“堆叠”按钮:单击该按钮时,如果选定文字中包含堆叠字符,那么创建堆叠文字(例如分数)。如果选定堆叠文字,单击该按钮后取消堆叠文字。使用堆叠字符、插入符(^)、正向斜杠(/)和磅符号(#)时,堆叠字符左侧的文字将堆叠在字符右侧的文字之上。在默认情况下,包含插入符的文字转换为左对正的公差值。包含正斜杠(/)的文字转换为居中对正的分数值。斜杠被转换为一条同较长的字符串长度相同的水平线。包含磅符号(#)的文字转换为被斜线(高度与两个字符串高度相同)分开的分数。斜线上方的文字向右下对齐,斜线下方的文字向左上对齐。输入“1/20”后单击 Enter 键,此时将打开“自动堆叠特性”对话框。在该对话框中可以设置是否使用自动堆叠,是否删除前导空格或者设定转换为分数的形式等,如图 4-7 和图 4-8 所示。

⑦“文字颜色”下拉列表:为新输入的文字指定颜色或修改选定文字的颜色。用户可以为文字指定与被打开的图层相关联的颜色(随层)或所在块的颜色(随块),也可以从颜色列表中选择一种颜色,或单击“选择颜色”打开“选择颜色”对话框。

⑧“标尺”按钮:在编辑器顶部显示标尺。拖动标尺末尾的箭头可更改多行文字对象的宽度。

⑨“确定”按钮:关闭编辑器并保存所做的任何修改。其替代方法是:在编辑器外部的

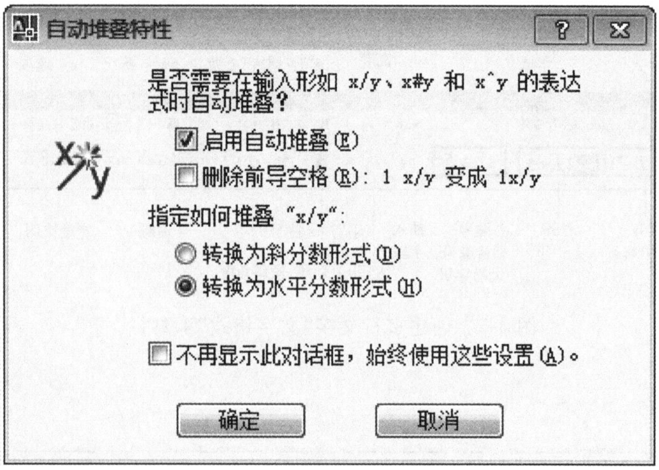

图 4-7　自动堆叠特性对话框

图形中单击或按 Ctrl＋Enter 组合键。要关闭文字编辑器而不保存更改，按 ESC 键。

⑩ “选项”按钮：显示选项菜单，如图 4-9 所示。在“选项”菜单中可以对多行文字进行更多的设置。

(a) “显示工具栏”命令：控制“文字格式”工具栏的显示。要恢复工具栏的显示，在编辑器中单击鼠标右键，然后单击“显示工具栏”。

(b) “显示选项”命令：展开“文字格式”工具栏以显示更多选项。

1/20	$\frac{1}{20}$
堆叠前	**堆叠后**

图 4-8　文字堆叠效果

图 4-9　“选项”菜单

(c)“不透明背景”命令:当选中此选项时,将使标记编辑器背景成为不透明。在默认情况下,编辑器是透明的(表格单元不能使用此选项)。

(d)“插入字段”命令:选择该命令将打开“字段”对话框,可以在其中选择需要插入的字段,如图 4-10 所示。

图 4-10　“字段”对话框

(e)“符号”命令:选择该命令的子命令,可以在实际设计绘图中插入一些特殊字符,如度数(°)、正负号(±)、平方(^{2})等符号.选择“其他”按钮,将打开“字符映射表”对话框,用户可以从中选择任意字符插入,如图 4-11 所示。

图 4-11　“字符映射表”对话框

(f)“输入文字”命令:显示“选择文件”对话框。选择任意 ASCII 或 RTF 格式的文件。输入的文字保留原始字符格式和样式特性,但可以在编辑器中编辑输入的文字并设置其格式。选择要输入的文本文件后,可以替换选定的文字或全部文字;或在文字边界内将插入的文字附加到选定的文字中。输入文字的文件大小必须小于 32 kB。

编辑器自动将文字颜色设置为“随层”。当插入黑色字符且背景色是黑色时,编辑器自动将其修改为白色或当前颜色。

注意:如果 Microsoft Excel 电子表格不是在 Office 2003 with Service Pack 2 中创建的,那么输入到图形中时电子表格将被截断为 72 行。当在安装有 Microsoft Office 早期版本的系统中打开包含 OLE 对象的图形时,也会出现这种限制:电子表格被截断。

(g)“项目符号和列表”命令:显示用于创建列表的选项(表格单元不能使用此选项)。缩进列表以与第一个选定的段落对齐。

(h)“背景遮罩”命令:选择该命令将打开“背景遮罩”对话框,可以设置是否使用背景遮罩,设置边界偏移因子,以及设计背景遮罩的填充颜色等,如图 4-12 所示。

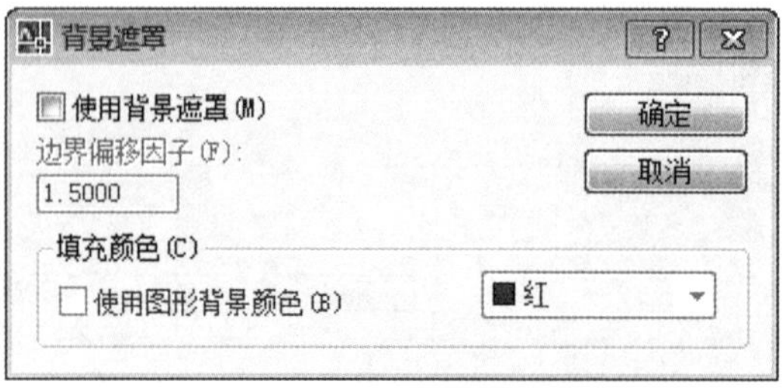

图 4-12 “背景遮罩”对话框

(i)“对正”命令:选择该子菜单,可以设置文字的对正方式,共有 9 个位置选项。

(j)“查找和替换”命令:该命令将打开“查找和替换”对话框,如图 4-13 所示。用户可以在界面中搜索或者同时替换指定的字符串,也可以设置查找的条件,如是否全字匹配、是否区分大小写等。此功能与 Microsoft Word 中的查找和替换功能相似。

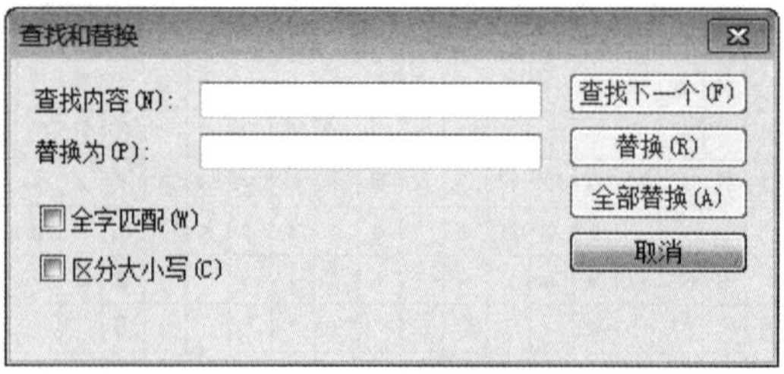

图 4-13 “查找和替换”对话框

(k)“全部选择”命令:可以选择多行文字对象中的所有文字。

(l)“改变大小写”命令:改变选定文字的大小写。可以选择“大写”和“小写”。

(m)“自动大写”命令:将所有新建文字和输入的文字转换为大写。自动大写不影响已有的文字。若要更改现有文字的大小写,则选择文字并单击鼠标右键,单击“改变大小写”命令。

(n)“删除格式”命令:将选定文字的字符属性重置为当前文字样式,并将颜色重置为多行文字对象的颜色。

(o)“合并段落”命令:将选定的段落合并为一段并用空格替换每段的回车。

(p)“字符集”命令:显示代码页菜单。选择一个代码页并将其应用到选定的文字。

(q)“缩进和制表位”命令:选择“缩进和制表位”命令,此时将打开“缩进和制表位”对话框,如图4-14所示。用户可以设置缩进和制表位位置。在“缩进和制表位”对话框中,用户可以通过“第一行”文本框和“段落”文本框设置首行和段落的缩进位置;在“制表位”文本框中可以设置制表符的位置,单击右侧的“设置”按钮可以设置新制表位,单击“清除”按钮可以清除“制表位”列表框中的所有设置。

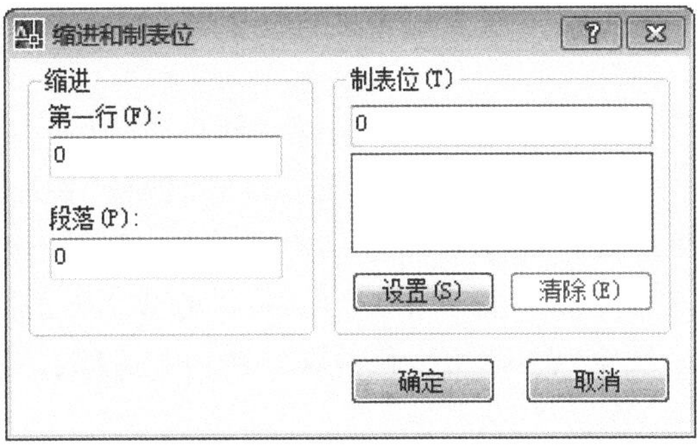

图4-14　“缩进和制表位”对话框

右键单击文字输入窗口的标尺,从弹出的快捷菜单中选择“设置多行文字宽度”命令,打开“设置多行文字宽度”对话框,此时可以在文本框中输入新的多行文字的宽度,如图4-15所示。

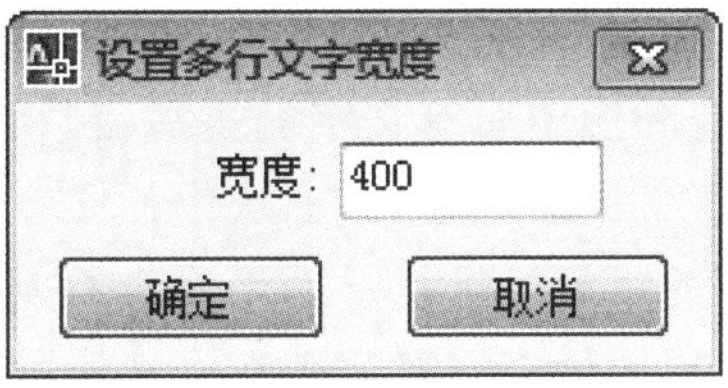

图4-15　“设置多行文字宽度”对话框

在多行文字的文字输入窗口中,用户可以直接输入多行文字。用户也可以在文字输入窗口中单击鼠标右键,从弹出的快捷菜单中选择“输入文字”,将已经在其他文字编辑器中创建的文字内容导入到当前图形中。

4.1.3　文字编辑

如果创建的文本不符合绘图的要求,就需要在原来的基础上进行修改。

4.1.3.1　编辑单行文本

单行文字可进行单独编辑。编辑单行文字包括编辑文字的内容,可以选择“修改”→“对象”→“文字”子菜单中的命令进行设置。各命令的功能如下。

(1)“编辑”(ddedit):选择该命令,然后在绘图窗口中单击需要编辑的单行文字,进入文字编辑状态,可以重新输入文本内容。

（2）"比例"(scaletext)：选择该命令，然后在绘图窗口中单击需要编辑的单行文字，此时需要输入缩放的基点以及指定新高度、匹配对象和缩放比例。

（3）"对正"(justifytext)：选择该命令，然后在绘图窗口中单击需要编辑的单行文字，可以重新设置文字的对正方式。

4.1.3.2 编辑多行文字

（1）修改文字内容。要编辑创建的多行文字，可选择"修改"→"对象"→"文字"→"编辑"命令(ddedit)，并单击创建的多行文字，打开多行文字编辑窗口，然后参照多行文字的设置方法，修改并编辑文字；也可以在绘图窗口中双击输入的多行文字，或在输入的多行文字上右击，从弹出的快捷菜单中选择"重复编辑多行文字"命令或"编辑多行文字"命令，打开多行文字编辑窗口。

（2）修改文字特性。如果需要修改文本的文字特性(如样式、位置、方向、大小、对正和其他特性时)，可以在"特性"选项板中进行编辑。打开"特性"选项板有两种方法：① 选择"修改"→"特性"命令；② 输入并执行"properties"命令。执行以上任意一种操作后，即可打开"特性"选项板，如图 4-16 所示。在"常规"栏中，可以修改文字的图层、颜色、线型、线性比例和线宽等对象特性；在"文字"栏中，可以修改文字的内容、样式、对正方式、文字高度、旋转和宽度比例等特性。

（3）缩放文字。使用"scaletext"命令，可以更改一个或多个文字对象的比例，而且不会改变其位置。

（4）查找和替换。在 Auto CAD 中，可以使用"find"命令对标注的文本进行查找和替换。选择"编辑"→"查找"命令，或者输入并执行"find"命令，将打开"查找和替换"对话框。

4.1.4 拼写检查

在 Auto CAD 中，可以检查图形中所有文字的拼写，包括单行文字、多行文字、属性值中的文字、块参照及其关联的块定义中的文字、嵌套块中的文字。

拼写检查只在当前选择集的对象中进行。如果在选择对象时输入了"所有"选项，拼写将在模型空间和所有布局的对象中检查。拼写不在未选定的块参照的块定义或标注的文字中检查。

启动拼写检查的步骤：

（1）从"工具"菜单中选择"拼写检查"。选择要检查的文字对象，或输入"all"命令选择所有文字对象。

（2）如果 Auto CAD 找到错误拼写，"拼写检查"对话框会标记出拼错的词语。

（3）更正或修改拼写错误的词语。要更正某个词语，可从"建议"列表中选择一个替换词语或在"建议"框中键入一个词语，然后选择"修改"或"全部修改"。要保留某个词语不改变，选择"忽略"或"全部忽略"。要保留某个词语不改变并将它添加到自定义的词典中，可选择"添加"(只有当指定了自定义词典时，此选项才有效)。

（4）对其他拼错的词语重复上述步骤。

（5）选择"确定"或"取消"退出拼写检查。

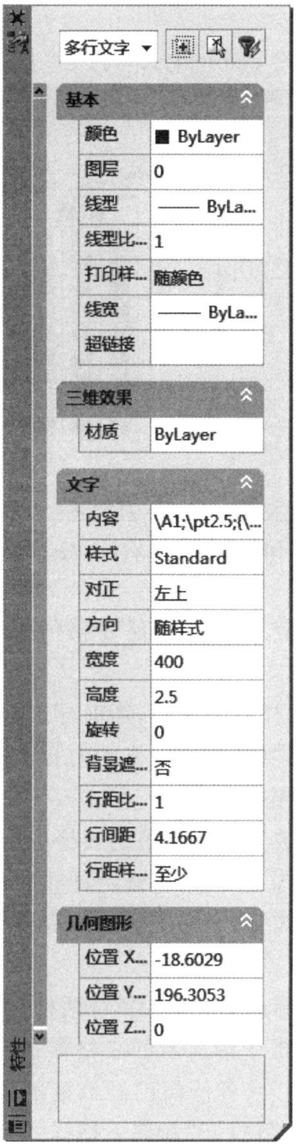

图 4-16　“特性”选项板

4.2　表　　格

4.2.1　表格样式

表格使用行和列以一种简洁清晰的形式提供信息，常用于一些组件的图形中。表格样式控制一个表格的外观，用于保证标准的字体、颜色、文本、高度和行距。用户可以使用默认的表格样式，也可以根据需要自定义表格样式。

4.2.1.1　新建表格样式

选择“格式”→“表格样式”命令(tablestyle),打开“表格样式”对话框,如图 4-17 所示。

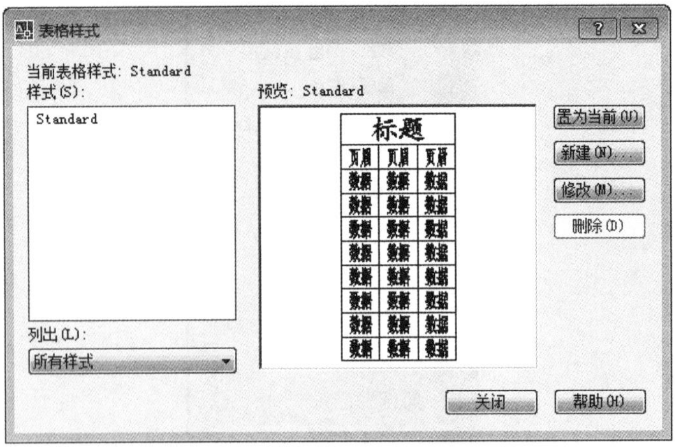

图 4-17　“表格样式”对话框

(1)“当前表格样式”:显示应用于所创建表格的表格样式的名称,默认表格样式为 Standard。

(2)“样式”列表框:显示表格样式列表格,当前样式被亮显。

(3)“列出”下拉列表框:控制“样式”列表格的内容。

① 所有样式:显示所有表格样式。

② 正在使用的样式:仅显示被当前图形中的表格引用的表格样式。

(4)“预览”文本框:显示“样式”列表格中选定样式的预览图像。

(5)“置为当前”按钮:将“样式”列表格中选定的表格样式设置为当前样式,所有新表格都将使用此表格样式创建。

(6)“新建”按钮:显示“创建新的表格样式”对话框(如图 4-18 所示),从中可以定义新的表格样式。在“新样式名”文本框中输入新的表格样式名,在“基础样式”下拉列表中选择默认的表格样式。选择“Standard”或者任何已经创建的样式,新样式将在该样式的基础上进行修改。然后单击“继续”按钮,将打开“新建表格样式”对话框,可以通过它指定表格的行格式、表格方向、边框特性和文本样式等内容。

图 4-18　“创建新的表格样式”对话框

4.2.1.2　管理表格样式

在 Auto CAD 中,可以使用“表格样式”对话框来管理图形中的表格样式。在该对话框的“当前表格样式”后面,显示当前使用的表格样式(默认为“Standard”);在“样式”列表中显示了当前图形所包含的表格样式;在“预览”窗口中显示了选中表格的样式;在“列出”下拉列表中,可以选择“样式”列表是显示图形中的所有样式,还是正在使用的样式。

此外,在“表格样式”对话框中,还可以单击“置为当前”按钮,将选中的表格样式设置为当前;单击“修改”按钮,在打开的“修改表格样式”对话框中修改选中的表格样式;单击“删除”按钮,删除选中的表格样式。

4.2.1.3 设置表格样式

在“新建表格样式”对话框中,可以使用“数据”“列标题”和“标题”选项卡分别设置表格的数据、列标题和标题对应的样式,如图4-19所示。

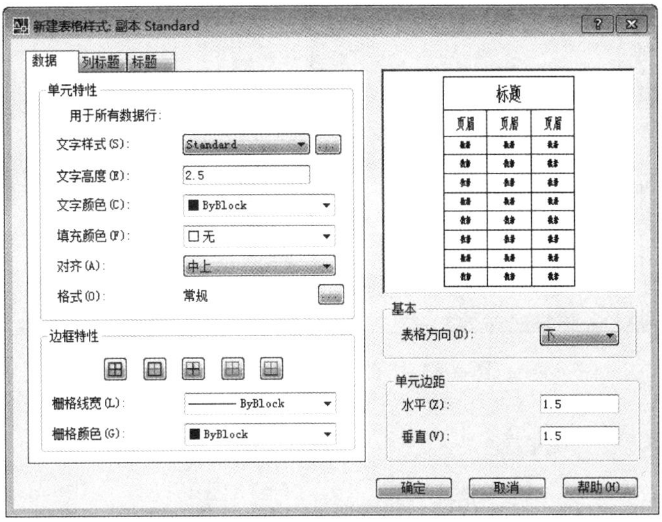

图4-19 “新建表格样式”对话框

(1)“数据”选项卡。

“数据”选项卡用于所有数据行,可用来设置表格中显示内容的文字样式。

①“单元特性”文本框。

(a)“文字样式”:默认为“Standard”,可以通过下拉列表框来选择用户自定义的文字样式。

(b)“文字高度”:设置文字的显示高度。

(c)“文字颜色”:设置文字的显示颜色。

(d)“填充颜色”:设置表格的填充颜色。

(e)“对齐”:设置文字在表格中的对齐方式,包括“左上”“中上”“右上”“左中”“正中”“右中”“左下”“中下”“右下”9种形式。

(f)“格式”:设置单元格中内容的格式,点击“格式”后弹出“表格单元格式”对话框,如图4-20所示。

②“边框特性”文本框。

“边框特性”文本框设置表格边框线条的可见性,如图4-21所示。

(a)“栅格线宽”:设置表格边框线条的宽度。

(b)“栅格颜色”:设置表格边框线条颜色。

图 4-20 “表格单元格式”对话框

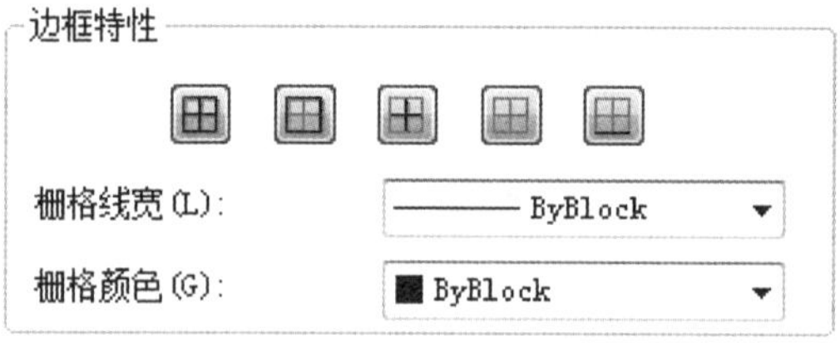

图 4-21 “边框特性”文本框

③“基本”文本框。

“表格方向”:设置表格方向。

(a)“下”:创建由上而下读取的表格,标题行和列标题行位于表格的顶部。单击“插入行”并单击“下”时,将在当前行的下面插入新行。

(b)“上”:创建由下而上读取的表格,标题行和列标题行位于表格的底部。单击“插入行”并单击“上”时,将在当前行的上面插入新行。

④“单元边距”文本框。

“单元边距”:控制单元边界和单元内容之间的间距。单元边距设置可应用于表格中的所有单元。单元边距的默认设置为 0.06(in)和 1.5(mm)。

(a)“水平”:设置单元中的文字或块与左右单元边界之间的距离。

(b)“垂直”:设置单元中的文字或块与上下单元边界之间的距离。

(2)“列标题”选项卡。

“列标题”选项卡如图 4-22 所示。“包含页眉行”,即为包含列标题。该文本框下面的文字样式、文字高度、文字颜色、填充颜色与“数据”选项卡的设置相类似，此处不再做详细介绍。

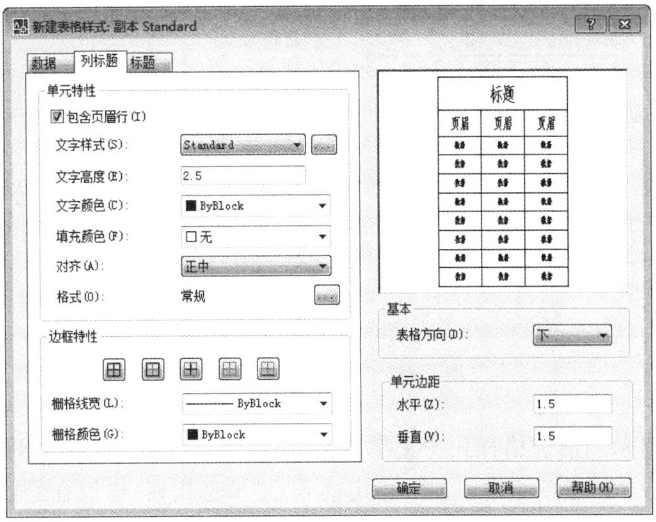

图 4-22　“列标题”选项卡

(3)“标题”选项卡。

“包含标题行”用于表格是否设置表头。该文本框下面各项参数用于设置表头内容，如图 4-23 所示。

图 4-23　“标题”选项卡

4.2.2　创建表格

选择“绘图”→“表格”命令，打开“插入表格”对话框，如图 4-24 所示。

(1) 在“表格样式设置”选项组中，可以从“表格样式名称”下拉列表框中选择表格样式，或单击其后的按钮，打开“表格样式”对话框，创建新的表格样式。在该选项组中，还可以在

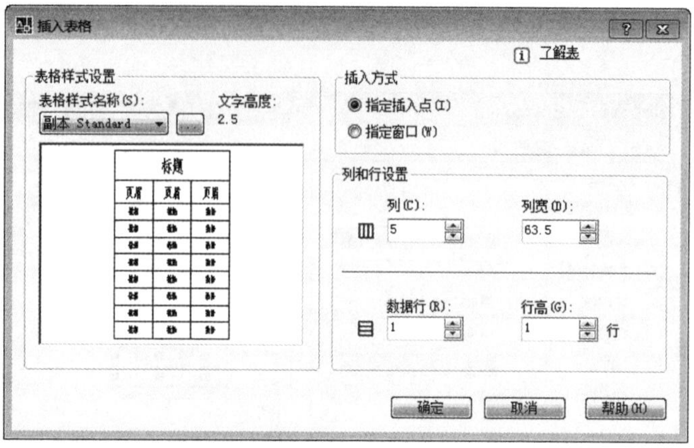

图 4-24 “插入表格”对话框

“文字高度”下面显示当前表格样式的文字高度，在预览窗口中显示表格的预览效果。

(2) 在“插入方式”选项组中，选择“指定插入点”单选按钮，可以在绘图窗口中的某点插入固定大小的表格；选择“指定窗口”单选按钮，可以在绘图窗口中通过拖动表格边框来创建任意大小的表格。

(3) 在“列和行设置”选项组中，可以通过改变“列”、“列宽”、“数据行”和“行高”文本框中的数值来调整表格的外观大小。

4.2.3 编辑表格和表格单元

在 Auto CAD 中，用户可以根据实际需要来编辑表格。当选中表格以后，在选中的表格上单击右键，此时弹出右键菜单，如图 4-25 和图 4-26 所示。

4.2.3.1 编辑整个表格

从图 4-25 可以看出，用户可以对整个表格进行剪切、复制、删除、缩放、移动等操作，还可以均匀调整表格的行列大小(与 Microsoft Word 中的平均分布表格各行或列功能相同)。当选择“输出”命令时，还可以打开“输出数据”对话框，系统默认将以.csv 的格式输出表格中的数据。

选中整个表格以后，在表的四周角点、标题行下部边界线上将会显示出 n+5 个夹点，其中 n 代表表格的列数，如图 4-27 所示。用户还可以利用这些夹点来编辑表格。

表格的各个夹点均能够对表格进行调整。左上部夹点可以实现表格的移动；右上角夹点可以调整列宽，即选择该夹点后向右移动会增加列宽，向左移动会减小列宽，但是垂直上、下移动不会改变表格大小；右下角夹点可以调整表格行高和列宽，即选中右下角夹点垂直向下移动会增加行高，垂直向上移动会减小行高，水平向左移动会减小列宽，水平向右移动会增加列宽；左下角夹点可以调整行高，即将该点向下(斜下方)移动会增加行高，向上(斜上方)移动会减小行高；夹点 1、2 均可以调整最左列的列宽，其方法为向左增大，向右减小；夹点 3 可以调整第二列的列宽，其方法同上；夹点 4 可以调整第三列列宽，其方法同上；夹点 1、2、3、4 垂直向上或者垂直向下对表格无影响。

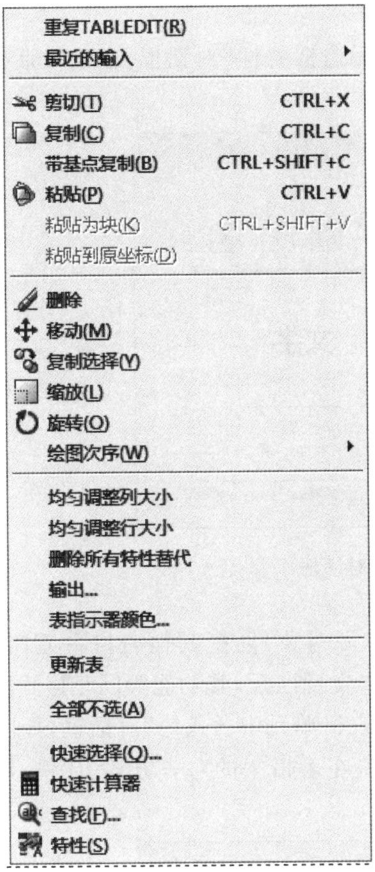

图 4-25　选中整个表格时右键菜单

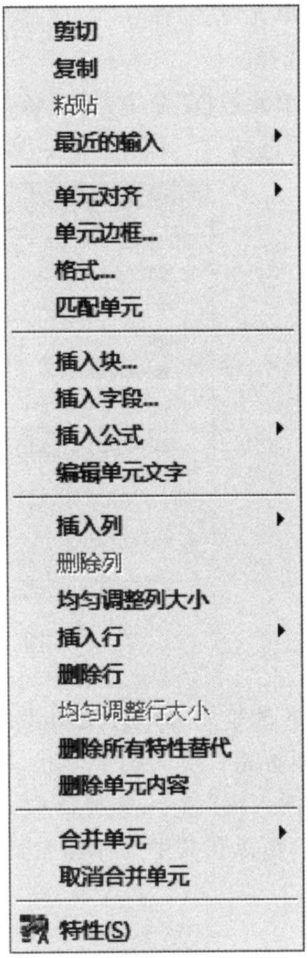

图 4-26　选中单元时右键菜单

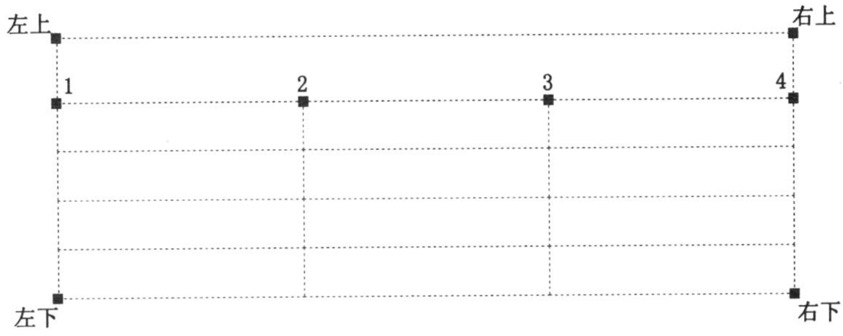

图 4-27　表格的夹点

4.2.3.2　编辑表格单元

用户可以使用表格单元右键菜单来实现对表格单元的编辑，如图 4-26 所示。其主要命令选项功能如下。

(1)“单元对齐”命令:在该命令子菜单中,可以选择表格单元对齐方式,可以从任意 9 种方式中选择。

(2)“单元边框”命令:选择该命令,可以打开“单元边框特性”对话框,在该对话框中可以设置边框的线宽、颜色等特性,如图 4-28 所示。

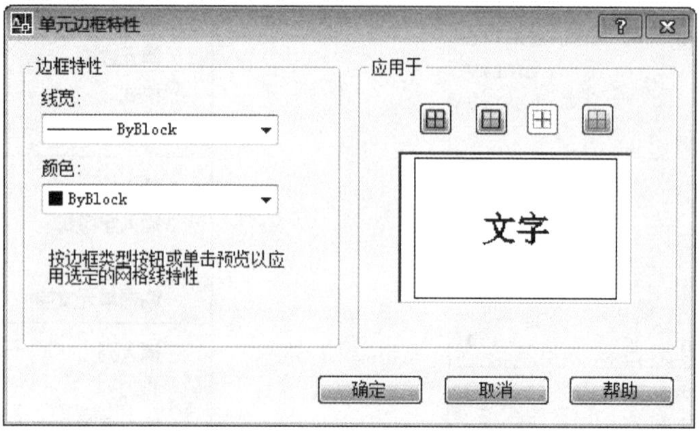

图 4-28 “单元边框特性”对话框

(3)“匹配单元”命令:使用当前选中的表格单元(源对象)匹配其他表格单元(目标对象),此时鼠标指针变为刷子形状,通过单击目标对象来实现匹配,其功能等同于格式刷。

(4)“插入块”命令:选择该命令后系统将打开“在表格单元中插入块”对话框,如图 4-29 所示。用户可以在其中选择插入到表中的块,并设置块在表格中的对齐方式、比例、旋转角度等特性。

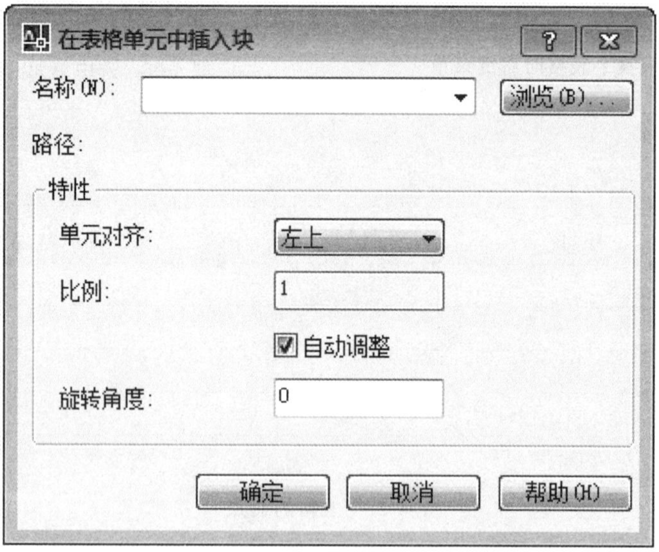

图 4-29 “在表格单元中插入块”对话框

(5)“合并单元”命令:当选中多个连续的表格单元后,使用该子菜单中的命令,可以全部、按列或者按行合并表格单元。

4.2.4　典型图形绘制

4.2.4.1　创建表格

创建如图 4-30 所示的表格内容。

工作面附近相关设备名称			
序号	设备名称	序号	设备名称
1	刮板溜子	6	破碎机
2	液压支架	7	端头支架
3	采煤机	8	乳化液泵站
4	胶带输送机	9	配电箱
5	转载机	10	变电站

图 4-30　采煤工作面设备名称表

(1) 选择菜单“绘图”→“表格”命令，或者在“绘图”工具栏中单击表格按钮，打开“插入表格”对话框。

(2) 在“表格样式设置”选项组中单击“表格样式名称”下拉列表框后面的按钮，打开“表格样式”对话框，并在“表格样式”中选择样式 Standard。

(3) 单击“修改”按钮，打开“修改表格样式 Standard”对话框，在“数据”选项卡的“单元特性”选项组中，单击“文字样式”下拉列表后面的按钮，打开“文字样式”对话框，将字体设置为仿宋，宽度比例为 0.6；文字高度为 7，对齐方式为正中。在“列标题”选项卡的“单元特性”选项组中，设置文字高度为 7，文字样式与“标题”选项组中相同；在“标题”选项卡的“单元特性”选项组中，单击“文字样式”下拉列表后面的按钮，打开“文字样式”对话框，创建一个新的文字样式，并设置字体名称为楷体，然后单击“关闭”按钮，返回“修改表格样式”对话框，在“文字样式”下拉列表中选中新创建的文字样式，并设置文字高度为 10。

(4) 依次单击“确定”按钮和“关闭”按钮，关闭“修改表格样式”和“表格样式”对话框，返回“插入表格”对话框。

(5) 在“插入方式”选项组中选择“制定插入点”单选按钮，在“列和行设置”选项组中分别设置列和数据行文本框中的数值为 7 和 4。

(6) 单击“确定”按钮，在绘图窗口中用鼠标指定表格插入点，此时表格最上面一行处于文字编辑状态，如图 4-31 所示。

(7) 在表格单元格中输入文字“工作面附近相关设备名称表”，其效果如图 4-32 所示。

(8) 单击其他单元格，按照上述方法输入相应的文字内容。

(9) 单击列标题栏，右键选择“单元边框”对话框，选择“所有边框”按钮，其最终效果如图 4-30 所示。

4.2.4.2　创建标题块

创建如图 4-33 所示的标题块。

(1) 选择菜单“绘图”→“表格”命令，打开“插入表格”对话框。

(2) 在“表格样式设置”选项组中单击“表格样式名称”下拉列表框后面的按钮，打开“表格样式”对话框，单击“修改”按钮，打开“修改表格样式 Standard”对话框，在“数据”选

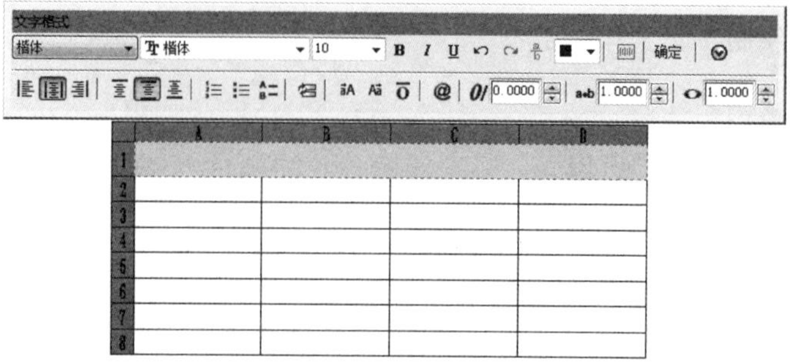

图 4-31　处于标记状态的表格

图 4-32　在表格单元格中输入文字

龙煤双鸭山矿业有限责任公司东荣二矿（东二）采区			
30煤层采掘工程平面图			
制　　图		矿　　长	
校　　对		制图日期	
科　　长		比 例 尺	
总工程师		编　　号	

图 4-33　标题块

项卡的“单元特性”选项组中，设置文字高度为 8，对齐方式为正中；在“列标题”选项卡的“单元特性”选项组中，单击“文字样式”下拉列表后面的按钮 [...]，创建一个字体为“黑体”的新文字样式，设置文字高度为 15，对齐方式为正中；在“标题”选项卡的“单元特性”选项组中，设置文字高度为 55，对齐方式为正中。

(3) 在“表格样式名称”选项组的“表格样式名称”下拉列表中选择创建的表格样式，在“插入方式”选项组中选择“制定插入点”单选按钮，在“列和行设置”选项组中设置列为 4，数据行为 6。

(4) 设置完毕，单击“确定”按钮，此时将在绘图窗口中插入一个 6 行 4 列的表格，如图 4-34 所示。

(5) 选择列标题所在行，然后单击鼠标右键，从弹出的快捷菜单中选择“合并单元格”→“全部”命令，如图 4-35 所示，将其合并为一个表格单元；选择合并后的列标题行和标题行，右键选择“单元边框”，单击“无边框”按钮，然后单击“外边框”按钮，如图 4-36 所示。

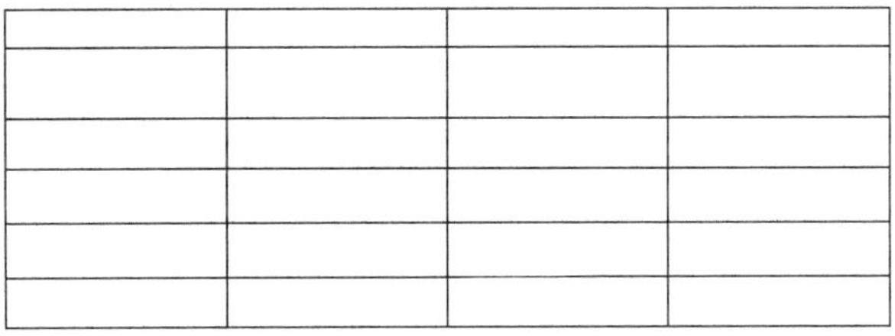

图 4-34　设置表格边框后的效果

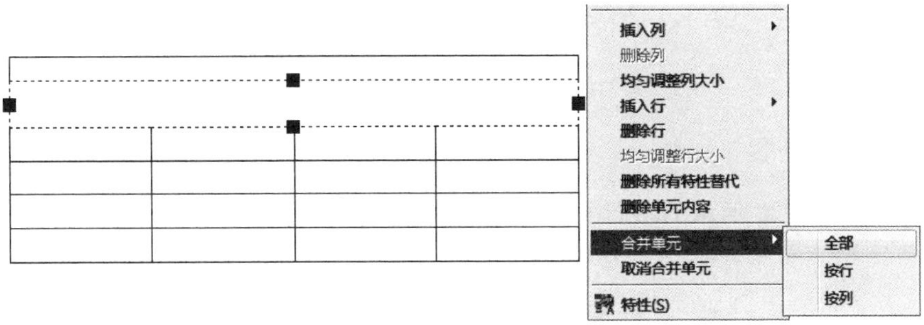

图 4-35　标题列“合并单元格”

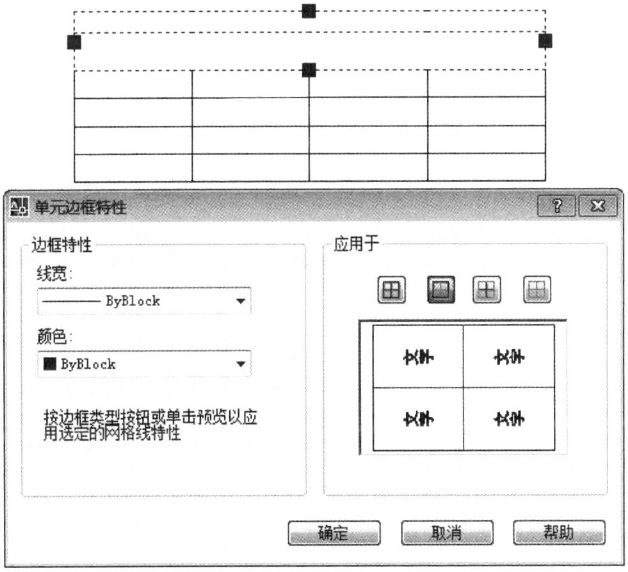

图 4-36　列标题行和标题行边框设置

(5) 右键单击标题行，在弹出的快捷菜单中选择“编辑单元文字”命令进入文字编辑模式，从中输入文字，使用同样的方法在列标题、数据行输入文字，如图 4-37 所示。

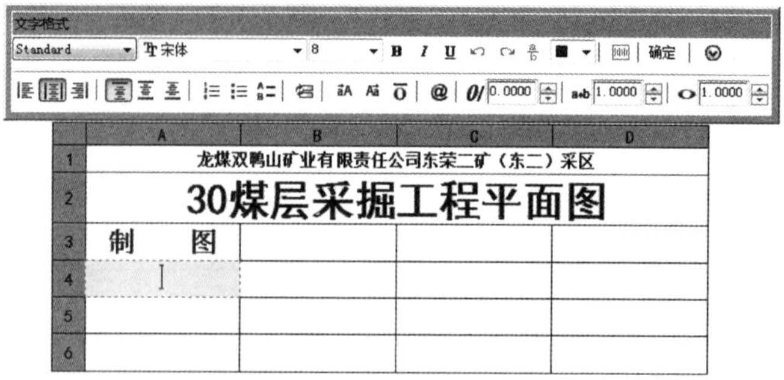

图 4-37　输入表格文字

练　习　题

1. 创建如图 4-38 所示的多行文字，字体为仿宋，文字高度为 12。

设计说明

1. 本设计针对缓倾斜中厚矿体开展设计
2. 设计矿量为25000t

图 4-38　练习题 1

2. 绘制如图 4-39 所示的巷道交叉点断面特征表。

巷道交叉点断面特征表

序号	断面号	净宽	大半径	小半径	拱高	墙高	巷道净高	墙厚

注：单位为mm。

图 4-39　练习题 2

第5章　图案填充

图案填充是一种使用指定线条图案、颜色来充满指定区域的操作，常常用于表达剖切面和不同类型物体对象的外观纹理等。在采矿工程图中常用到图案填充，如剖面图中岩石或煤的表达、巷道断面图中喷射混凝土或砌碹的表达、平面图中采空区的表达等。

通过本章学习，使读者能够掌握以下内容：编辑图案充填、设置边界和孤岛以及典型图形绘制。

5.1　命令调用及操作

要重复绘制某些图案以填充图形中的一个区域，从而表达该区域的特征，这种填充操作称为图案填充。采矿图形绘制时经常用到图案填充。

5.1.1　命令调用方式

① 菜单栏："绘图"→"图案填充"。

② 工具栏："绘图"→图案填充按钮  。

③ 命令行：Bhatch/Hatch(H)→按"Enter"键。

5.1.2　操作说明

选择下拉菜单"绘图"→"图案填充"，打开"图案填充和渐变色"对话框的"图案填充"选项卡，如图 5-1 所示。

在"图案填充"选项卡中，用户可以设置图案填充的类型、图案、角度和比例等内容。

(1) 在"类型和图案"选项组中，可以设置图案填充的类型和图案，其主要选项的功能如下。

① "类型"下拉列表框。设置填充的图案类型，包括"预定义"、"用户定义"和"自定义"3个选项。

a. "预定义"：选择该选项，表明将使用 Auto CAD 预定义图样进行图样填充。这些图样均保存在 acad. pat 和 acadiso. pat 两个系统文件中。

b. "用户定义"：选择该选项，可根据当前图形文件中所定义的线型来设置填充图样。Auto CAD 允许用户控制这些自定义填充图样的旋转角度和间隔比例。

c. "自定义"：选择该选项，表明将使用某个定制图样进行图样填充，这个图样必须已定义在 Auto CAD 搜索路径下的定制图样类型文件(* . pat)中。在该方式下，用户可以控制该定制图样的旋转角度。

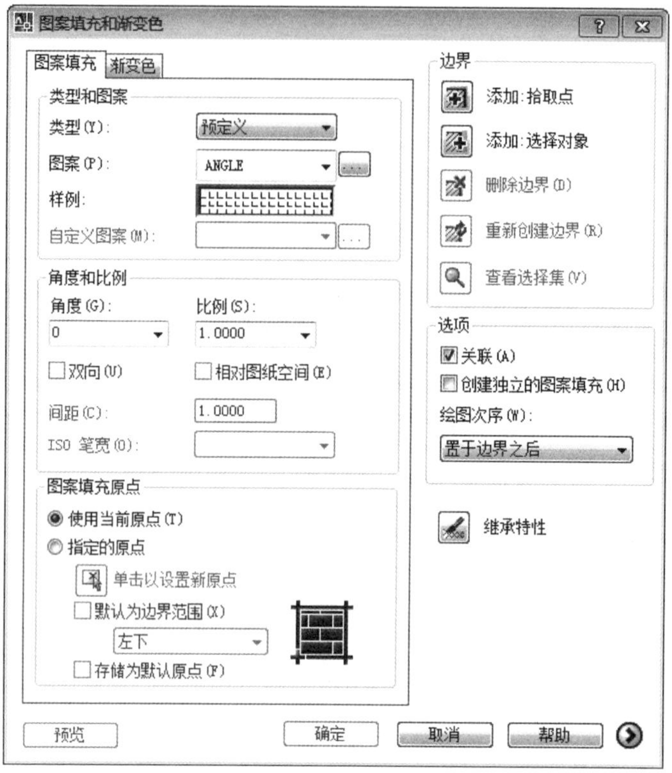

图 5-1 “图案充填和渐变色”对话框

② “图案”下拉列表框。设置填充的图案，当在“类型”下拉列表框中选择“预定义”时该选项可用。在该下拉列表框中可以根据图案名选择图案，也可以单击其后的按钮，在打开的“填充图案选项板”对话框中进行选择。该对话框有 4 个选项卡，分别对应 4 种类型的图案类型，如图 5-2 所示。

在图 5-2 中，“自定义”图案为用户自编或下载地质方面的填充图案文件。文件的后缀名为. pat。下面说明一下如何加载已有的填充图案文件。

a. 选中准备好的填充图案文件，点鼠标右键进行复制。

b. 将文件粘贴到 Auto CAD 系统安装文件夹下的“Surport”的文件夹下。例如：将名为“油页岩. pat”的文件复制粘贴到“系统安装盘(C:)/Program Files(x86)/Auto CAD 2007/Support”文件夹下，如图 5-3 所示。

此时，用户如果再对图形进行图案填充的话，调用“图案填充”命令后，在弹出的“图案填充和渐变色”对话框中“图案填充”区域点击“图案”列表框后面的  ，弹出“填充图案选项板”对话框，再单击其中的“自定义”标签，此时用户可以看到列表框中出现了加载的“油页岩. pat”文件，单击它，右侧可显示其预览图案，如图 5-4 所示。

③ “样例”预览窗口。显示当前选中的图案样例，单击所选的样例图案；也可打开“填充图案选项板”对话框选择图案。

④ “自定义图案”下拉列表框。选择自定义图案，在“类型”下拉列表框中选择“自定义”

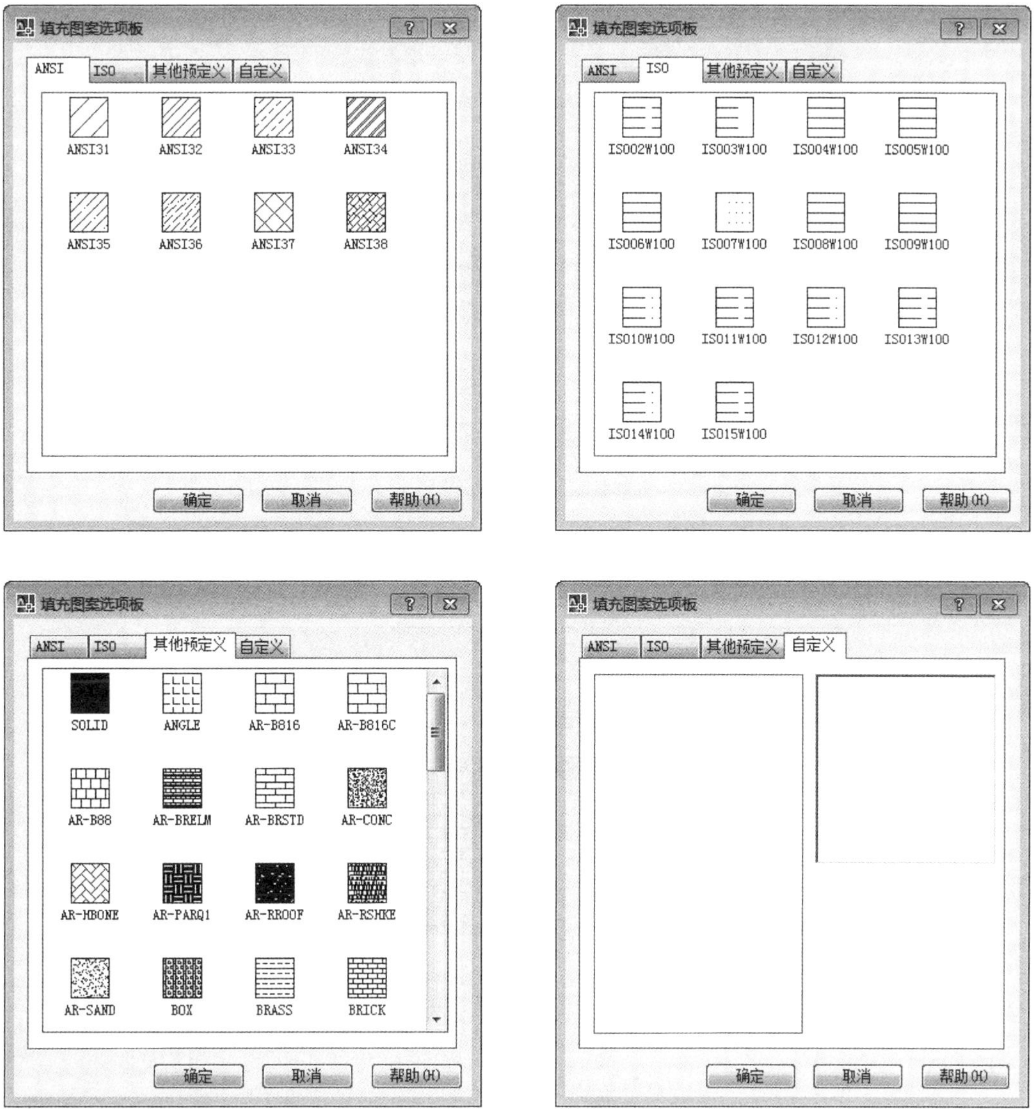

图 5-2　“填充图案选项板”对话框中的 4 个选项卡

类型时该选项可用。

(2) 在“角度和比例”选项组中,可以设置用户定义类型的图案填充的角度和比例等参数,其主要选项的功能如下。

① “角度”下拉列表框。设置填充图案旋转角度。每种图案在定义时的旋转角度都为零。

② “比例”下拉列表框。设置图案填充时的比例值。每种图案在定义时的初始比例为1,可以根据需要放大或缩小。当比例大于1时,图案中图形间距拉大,图案变得稀疏;当比例小于1时,图案中图形间距变小,图形变得比较密集。在“类型”下拉列表框中选择“用户自定义”时该选项不可用。

③ “双向”复选框。当在“图案填充”选项卡中的“类型”下拉列表框中选择“用户定义”

图 5-3　粘贴“油页岩.pat”文件到“Support”文件夹下

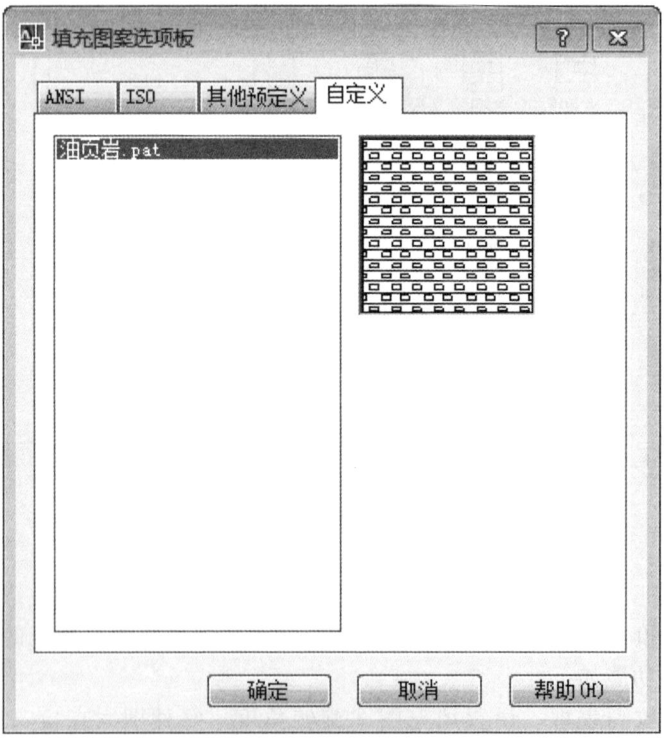

图 5-4　“填充图案选项板”对话框

选项时，可以使用相互垂直的两组平行线填充图形。

④“相对图纸空间”复选框。设置比例因子是否为相对图纸空间的比例。

⑤“间距”文本框。设置填充平行线之间的距离。当在“类型”下拉列表框中选择“用户自定义”时，该选项才可用。

⑥“ISO 笔宽”下拉列表框。设置笔的宽度。当填充图案采用 ISO 图案时，该选项才可用。

(3) 在“图案填充原点”选项组中，可以控制填充图案生成的起始位置。某些图案填充(例如砖块图案填充)需要与图案填充边界上的一点对齐。在默认情况下，所有图案填充原点都对应于当前的 UCS 原点。其主要选项的功能如下。

①“使用当前原点”选项：使用存储在 HporiginMode 系统变量中的设置。在默认情况下，原点设置为“0,0”。

②“指定的原点”：指定新的图案填充原点，单击此选项以下选项可用。

a.“单击以设置新原点”：直接指定新的图案填充原点。

b.“默认为边界范围”：根据图案填充对象边界的矩形范围计算新原点，可以选择该范围的四个角点及其中心。

c.“存储为默认原点”：将新图案填充原点的值存储在 Hporing 系统变量中，“原点预览”可显示原点的当前位置。

(4) 在“边界”选项组中，“添加：拾取点”、“添加：选择对象”等按钮的功能如下。

①“添加：拾取点”按钮：以添加拾取点的形式来指定填充区域的边界。单击该按钮切换到绘图窗口，可在需要填充的区域内任意指定点，系统会自动计算出包围该点的封闭填充边界，同时高亮显示该边界。如果在拾取点后系统不能形成封闭的填充边界，那么会显示错误提示信息。

拾取内部点时，单击要进行图案填充或填充的区域，可依次单击，多区域选择，或指定选项，输入 u 或 undo 放弃上一选择，或按 Enter 键返回相关对话框，如图 5-5 所示。

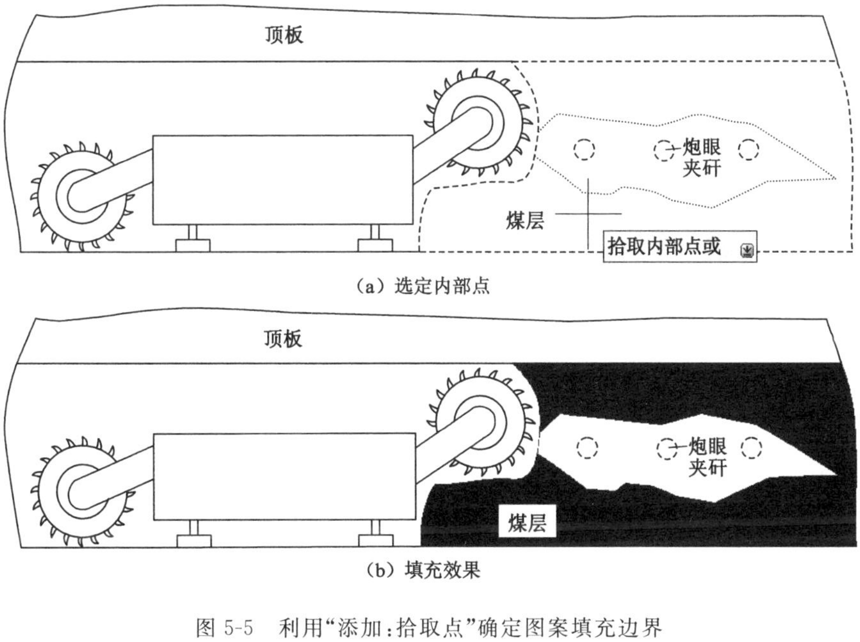

(a) 选定内部点

(b) 填充效果

图 5-5 利用“添加：拾取点”确定图案填充边界

注意：

拾取内部点时，可以随时在绘图区域单击鼠标右键以显示包含多个选项的快捷菜单。如果打开了“孤岛检测”，那么最外层边界内的封闭区域对象将被检测为孤岛。Hatch 使用此选项检测对象的方式取决于在对话框的“其他选项”区域中选择的孤岛检测方法。

② “添加：选择对象”按钮：单击该按钮，Auto CAD 界面将切换到绘图窗口，可以通过选择对象的方式来定义填充区域的边界，如图 5-6 所示。

选择对象时，选择定义要进行图案填充或填充的区域的对象，指定选项，输入 u 或 undo 放弃上一选择，或按 Enter 键返回对话框。

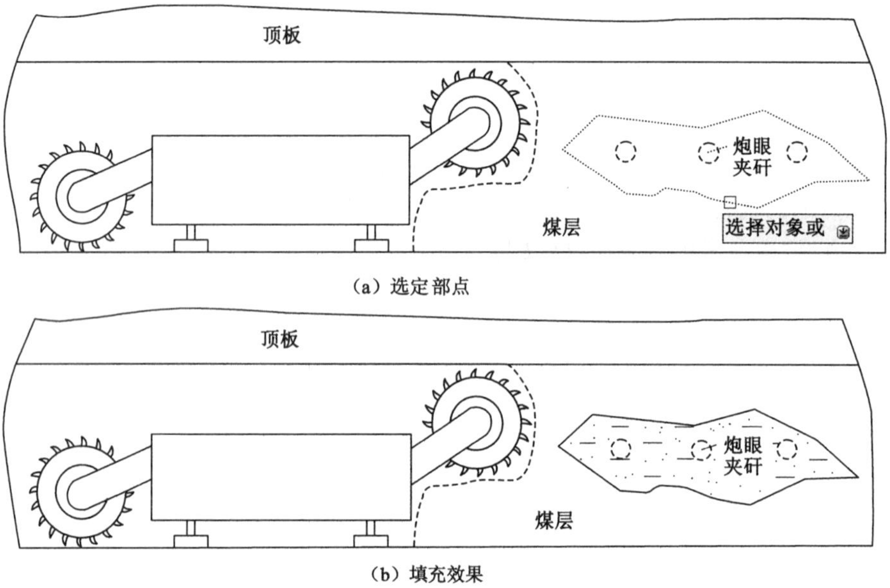

图 5-6　利用“添加：选择对象”确定图案填充边界

注意：

(a) 使用“添加：选择对象”选项时，Hatch 不自动检测内部对象。必须选择选定边界内的对象，按照当前孤岛检测样式才能填充这些对象。在图 5-6 中，除选择夹矸边界外，3 个炮眼、“夹矸”及“炮眼”文字都要选择，否则会被填充覆盖。

(b) 每次单击“添加：选择对象”时，Hatch 将清除上一选择集。

(c) 选择对象时，可随时在绘图区域单击鼠标右键显示快捷菜单，利用此快捷菜单可放弃最后一个所定对象、更改选择方式、更改孤岛检测样式或预览图案填充等。

③ “删除边界(D)”按钮：从边界定义中删除以前添加的任何对象。选择对象后，“删除边界(D)”按钮可用，单击“删除边界(D)”，对话框将暂时关闭，命令行将显示如下提示：

拾取内部点或［选择对象(S)/删除边界(B)］：B↙//执行删除边界

选择对象或［添加边界(A)］：//选择夹矸边界

选择对象或［添加边界(A)/放弃(U)］：//选择“夹矸”文字

选择对象或［添加边界(A)/放弃(U)］：↙//选择删除对象结束，返回对话框

选择要填充的“Solid”图案，单击“确定”完成填充，原夹矸区域也被填充，如图 5-7 所示。

④ “重新创建边界(R)”按钮：围绕选定的图案填充或填充对象创建多段线或面域，并使

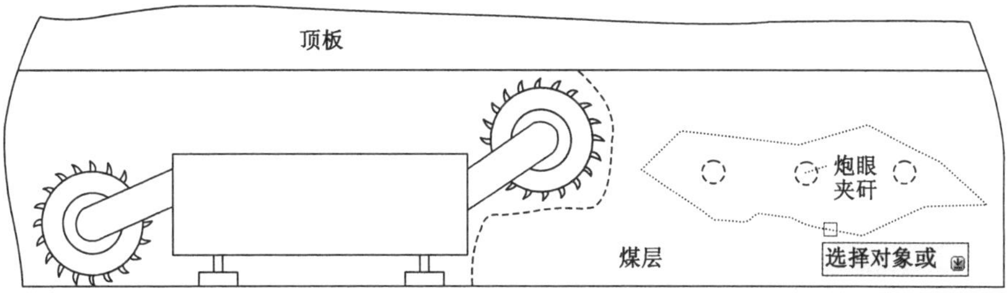

(a) 选定对象

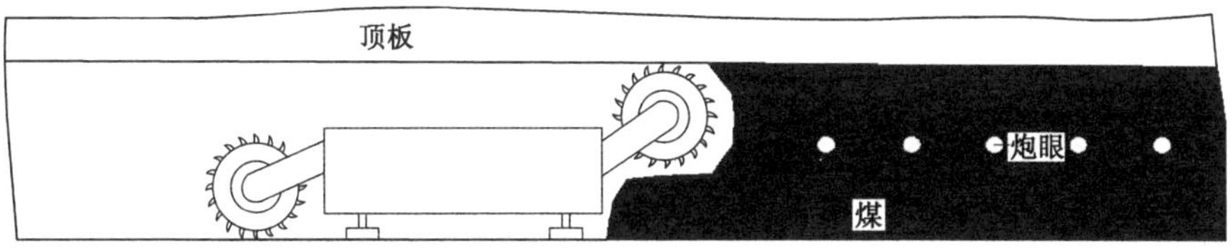

(b) 填充效果

图 5-7 利用“删除边界”控制图案填充

其与图案填充对象相关联(可选)。

单击“重新创建边界”时,对话框暂时关闭,命令行将显示如下提示:

输入边界对象类型[面域(R)/多段线(P)]<当前>://输入 r 创建面域或 p 创建多段线

是否将图案填充与新边界重新关联?[是(Y)/否(N)]<当前>://输入 y 或 n 选择是否关联

⑤“查看选择集(V)”按钮:暂时关闭对话框,并使用当前的图案填充或填充设置显示当前定义的边界。若未定义边界,则此选项不可用。

(5)在“选项”选项组中,“关联(A)”复选框用于创建其边界时随之更新的图案和填充;“创建独立的图案填充(H)”复选框用于创建独立的图案填充;“绘图次序(W)”下拉列表框用于指定图案填充的绘图顺序,图案填充可以放在图案填充边界及所有其他对象之后或之前。

①“关联(A)”选项卡:控制图案填充或填充的关联。关联的图案填充或填充在用户修改其边界时将会更新。如图 5-8 所示,选择两个圆为充填对象,当未“关联”或“关联”时,改变右侧圆边界会出现不同结果。

②“创建独立的图案填充(H)”选项卡:当指定了几个单独的闭合边界时,控制是创建单个图案填充对象,还是创建多个图案填充对象。如图 5-9 所示,选择两个圆为充填对象,未设置或设置独立充填效果时会出现不同结果。

③“绘图次序(W)”选项卡:为图案填充或填充指定绘图次序,图案填充可以放在所有其他对象之后、所有其他对象之前、图案填充边界之后或图案填充边界之前。

④“继承特性”按钮:从已有的图案填充对象设置将要填充的图案填充方式。使用选定图案填充对象的图案填充或填充特性,对指定的边界进行图案填充或填充。Hpinherit 控制是由 Hporigin 还是由源对象来决定生成的图案填充的图案填充原点。在选定图案填充要

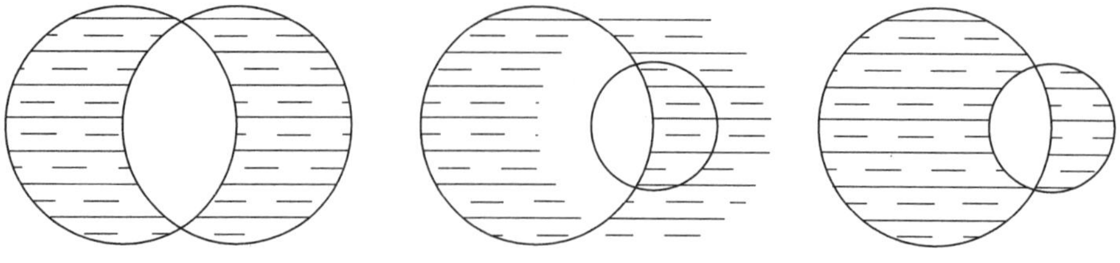

(a) 原图形　　(b) 未"关联"时改变右侧圆边界　　(c) "关联"时改变右侧圆边界

图 5-8 "关联"填充的图案更新效果

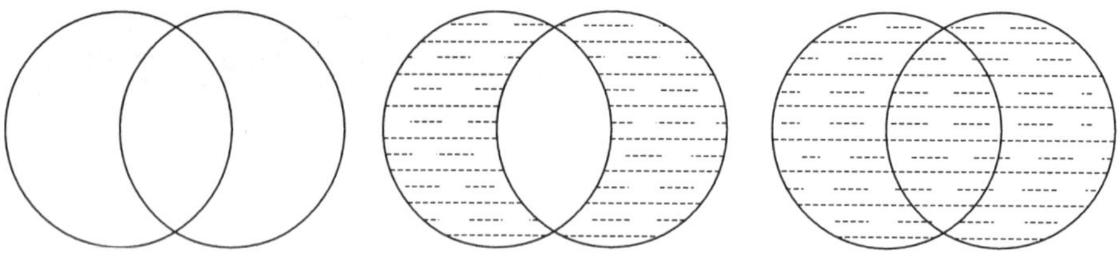

(a) 填充前　　(b) 未设置独立充填效果　　(c) 设置独立充填效果

图 5-9 设置"创建独立的图案填充"后的填充效果

继承其特性的图案填充对象之后，可以在绘图区域中单击鼠标右键，并使用快捷菜单在"选择对象"和"拾取内部点"选项之间进行切换以创建边界。

单击"继承特性"时，对话框将暂时关闭，命令行将显示提示。

5.2 自定义填充图案

系统自带的填充图案非常有限。所以，在大部分情况下，必须通过加载.pat文件得到想要的图案。如果加载的图案也没有我们想要的，就必须自己手动编写或者通过插件编写图案。下面以泥岩图案为例介绍如何通过插件自动编写图案。

图案是某个图形单位重复出现组成的。因此，首选分析泥岩的最小组成单位。最小组成单位向四周复制即能组成泥岩图案，如图 5-10 所示。

通过在命令行输入"APPLOAD(AP)"命令，单击"Enter"键后，出现"加载/卸载应用程序"对话框。通过对话框中的"查找范围"找到插件所在的位置。如图 5-11 所示，单击插件 YQMKPAT. VLX，然后点击对话框中的"加载"按钮。

在命令行出现"已成功加载 YQMKPAT. VLX。"的提示，如图 5-12 所示，这说明插件已成功加载到 Auto CAD 中，可以对其进行使用。

在命令行输入"MP"命令，单击"Enter 键"后，出现"新建一个填充图案.pat 文件"对话框。在对话框中，将文件名命名为"泥岩"，点击对话框中的"保存"按钮，将图案保存到"Support"文件夹里，如图 5-13 所示。命令窗口提示"选择对象"，用"窗口"或"窗交"对象选择方式将泥岩组成单位选中，按"Enter"键。命令窗口提示"图案基点"，选择泥岩组成单位四个角的某个角为图案基点后，命令窗口提示"图案横向重复间距"，选择泥岩组成单位的水

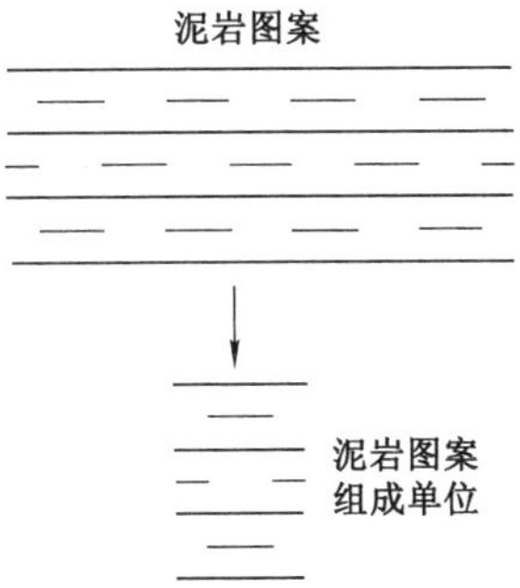

图 5-10　泥岩图案及组成单位

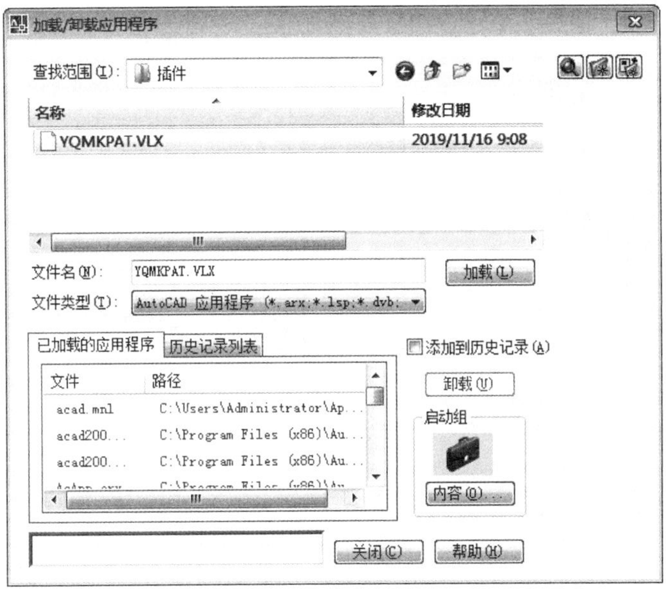

图 5-11　加载插件

图 5-12　命令行提示

平线上的最右点和最左点为横向重复间距。之后,命令窗口提示“图案竖向重复间距”,选择泥岩组成单位垂直线上最上点和最下点为竖向重复间距。命令行提示“完成”图案的定义。

这时,调用“图案填充” 命令后,在弹出的“图案填充和渐变色”对话框中“图案填充”区域点击“图案”列表框后面的 ... ,弹出“填充图案选项板”对话框,再单击其中的“自定义”标签,此时用户可以看到列表框中除了之前加载的“油页岩.pat”文件外还有用插件定义的泥岩图案,如图 5-14 所示。

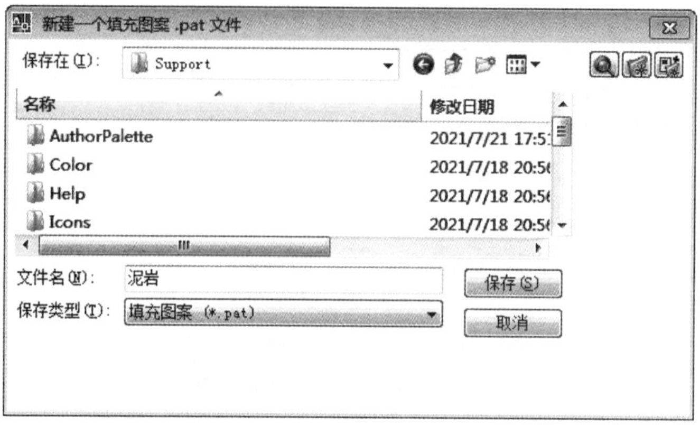

图 5-13　将自定义图案保存到“Support”文件夹

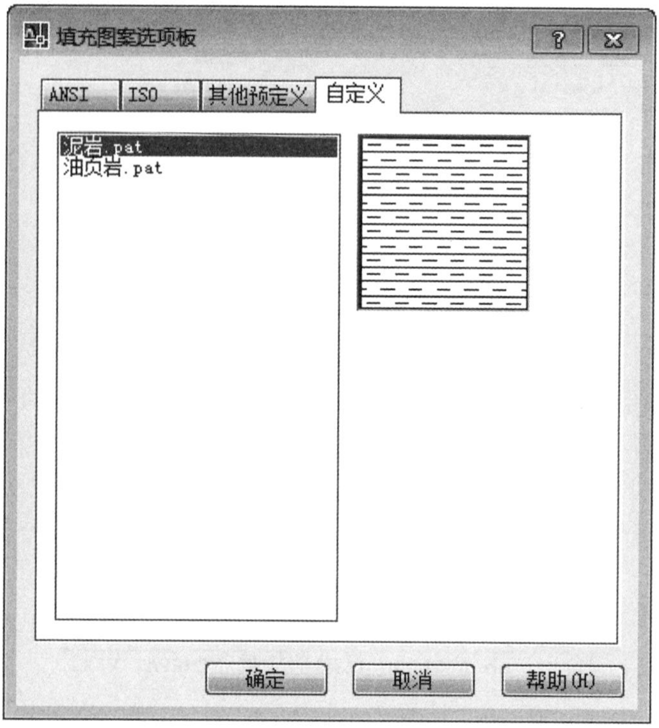

图 5-14　“自定义”中的泥岩图案

5.3　设置孤岛

在进行图案填充时，通常将位于一个已定义好的填充区域内的封闭区域称为孤岛，如图 5-15 所示。单击“图案填充和渐变色”对话框右下角的按钮 ，将显示更多选项，可以对孤岛和边界进行设置，如图 5-16 所示。

若不存在内部边界，则指定孤岛检测样式没有意义。因为可以定义精确的边界集，所以

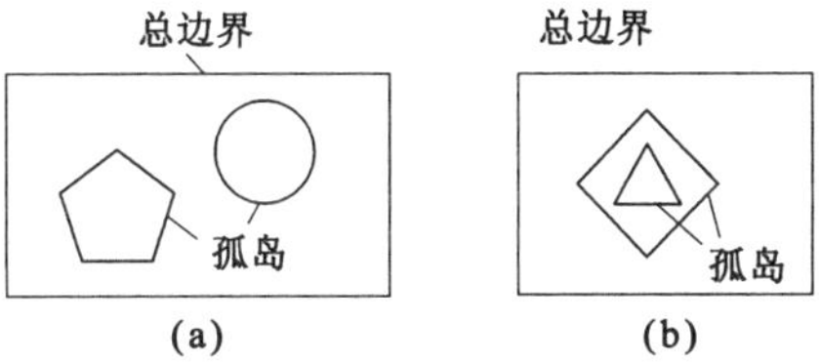

图 5-15　孤岛

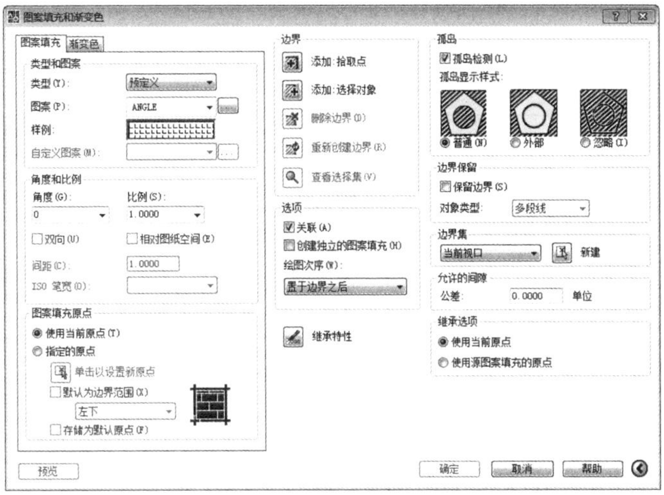

图 5-16　“图案充填”选项卡中的“孤岛”和“边界”选项

一般情况下最好使用“普通”样式。

在“孤岛”选项组中，主要选项的功能如下。

(1)“孤岛检测”选项组：主要是控制是否检测内部闭合边界(称为孤岛)，设置孤岛的填充方式。包括“普通”、“外部”和“忽略”3 种孤岛填充方式，其填充效果如图 5-17 所示。

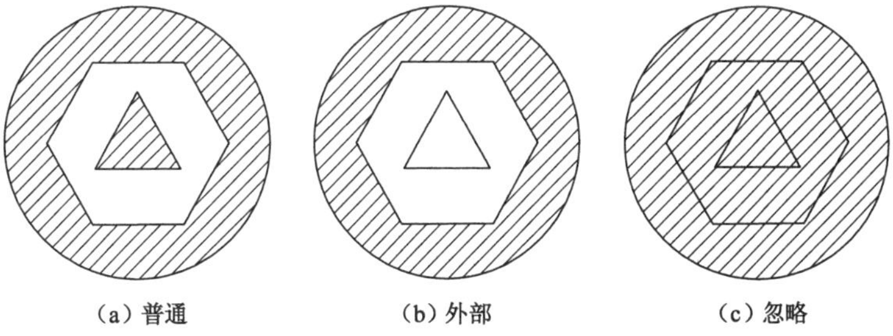

图 5-17　孤岛的 3 种填充效果

① “普通”方式：从最外边界向里画填充线，遇到与之相交的内部边界时断开填充线，遇到下一个内部边界时再继续绘制填充线。

② “外部”方式：从最外边界向里画填充线，遇到与之相交的内部边界时断开填充线，不再继续往里绘制填充线。

③ “忽略”方式：忽略边界内的对象，所有内部结构都被填充线覆盖。

注意：

① 在进行充填时，可以按照选择“添加：拾取点”或者“添加：选择对象”来确定边界。进行“添加：拾取点”操作时要在最大边界至次边界之间选取点，否则填充不成功；当“添加：选择对象”时应将所有边界都选取。

② 以普通方式填充时，如果填充边界内有文字、属性这样的特殊对象，而且在选择填充边界的时候将它们一起选择，填充图案对象会自动断开，就像在它们周围用保护膜覆盖起来一样，不影响这些对象的显示，如图 5-18 所示。

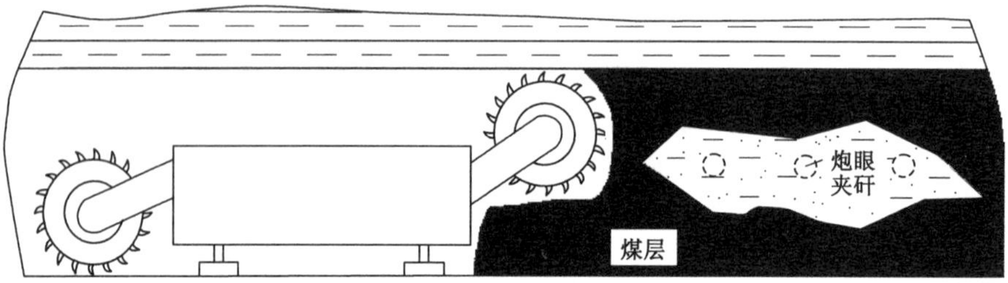

图 5-18　包含特殊对象的图案填充

（2）“边界保留”选项组：指定是否将边界保留为对象，并确定应用于这些对象的对象类型。

① “保留边界”：根据临时图案填充边界创建边界对象，并将它们添加到图形中。

② “对象类型”：控制新边界对象的类型。生成的边界对象可以是面域或多段线对象，仅当选中“保留边界”时，此选项才可用。

（3）“边界集”选项组：定义当从指定点定义边界时要分析的对象集。当使用“添加：选择对象”定义边界时，选定的边界集无效。使用“添加：拾取点”选项来定义边界时，Hatch 将分析当前视口范围内的所有对象。用户可以通过单击“新建”按钮，此时界面切换到绘图窗口，然后通过所指定的对象来定义边界集，此时“边界集”下拉列表中会出现“现有集合”选项。

① “当前视口”选项：根据当前视口范围中的所有对象定义边界集，选择此选项将放弃当前的任何边界集。

② “现有集合”选项：从使用“新建”选定的对象定义边界集。若没有用“新建”创建边界集，则“现有集合”选项不可用。

③ “新建”选项：提示用户选择用来定义边界集的对象。

（4）“允许的间隙”文本框：设置对象用作图案填充边界时可以忽略的最大间隙。在该参数范围内，可以将一个几乎封闭的区域看作一个闭合的填充边界。当默认值为 0 时，对象是完全封闭的区域。按图形单位输入一个值（从 0 到 5000），以设置对象用作图案填充边界时可以忽略的最大间隙。任何小于等于指定值的间隙都将被忽略，并将边界视为封闭。

（5）“继承选项”选项组：使用“继承特性”创建图案填充时，这些设置将控制图案填充原点的位置。

① “使用当前原点”选项：使用当前的图案填充原点。

② “使用源图案填充的原点”选项：使用源图案填充的图案填充原点。

5.4 编辑图案填充

创建了图案填充以后，如果需要对图案进行修改或者修改图案区域的边界，可以使用编辑图案填充。

5.4.1 命令调用方式

① 下拉菜单：“修改”→“对象”→“图案填充”。

② 工具栏：“修改Ⅱ”→编辑图案填充按钮  。

③ 命令行：输入 Hatchedit。

④ 快捷菜单：选择要编辑的图案填充对象，在绘图区域单击鼠标右键，选择“图案填充编辑”命令。

5.4.2 操作说明

“图案填充编辑”对话框，如图 5-19 所示。

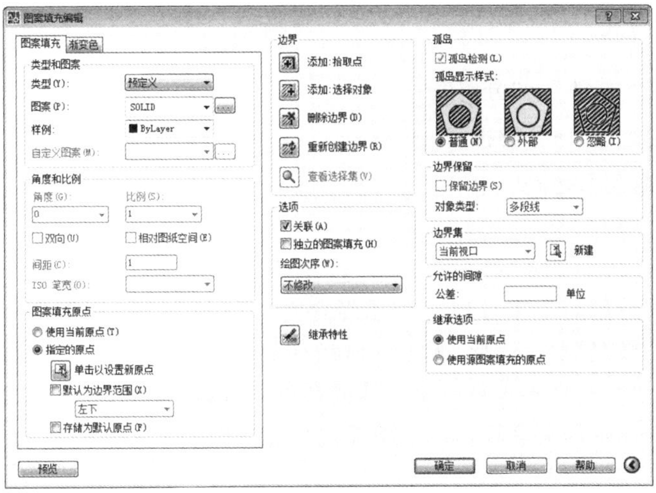

图 5-19 “图案填充编辑”对话框

图案填充编辑可修改图案、比例、角度和关联性、边界、孤岛等特性。

图 5-20(a)所示的顶底板图案的角度及比例均不符合要求，将顶底板砂岩填充角度重新编辑为“－62”及比例“0.7”，可得到图 5-20(b)所示的图形。

图案填充编辑选择图案时，系统变量 Pickstyle 起着很重要的作用。该变量有以下 4 种值。

(1) 0：禁止编组或关联图案选择，即当用户选择图案时仅仅选择图案的本身，并不会选择与之相关联的对象。

(2) 1：允许编组选择，即图案可以被加入到对象编组中，这是 Pickstyle 的默认设置。

(3) 2：允许关联的图案选择。

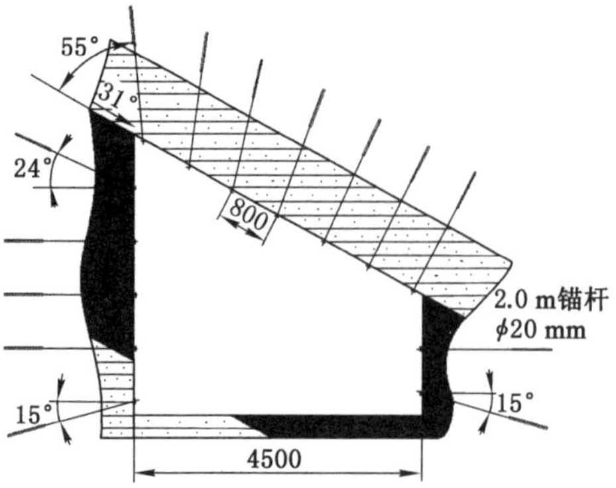

(a) 编辑前图形　　(b) 编辑后图形

图 5-20　图案填充编辑前后对比图

(4) 3:使用编组选择和关联填充选择。

5.5　分解图案

5.5.1　命令调用方式

(1) 下拉菜单:“修改”→“分解”。

(2) 工具栏:“修改”→分解按钮  。

(3) 命令行:输入 Explode。

5.5.2　操作说明

用户可以调用分解命令来分解一个已经存在的关联图案。图案实际上是一种特殊的块,这种块被称为“匿名”块。因此,无论其形状有多复杂,它都是一个单独的对象。

当图案被分解后,它将不再是一个整体或者单一对象,而是一组组成图案的线条。分解后的图案失去了与图形的关联性。用户将无法再使用“编辑图案填充”命令来编辑它,如图 5-21 所示。

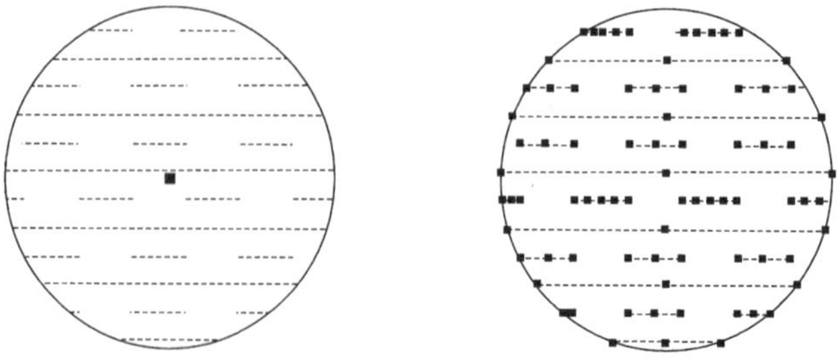

(a) 分解前的图案　　(b) 分解后的图案

图 5-21　填充图案分解前与分解后对比图

5.6 颜色填充

颜色填充主要用于填充具有渐变色的图形。图 5-22 所示为“图案填充和渐变色”对话框中的“渐变色”选项卡。

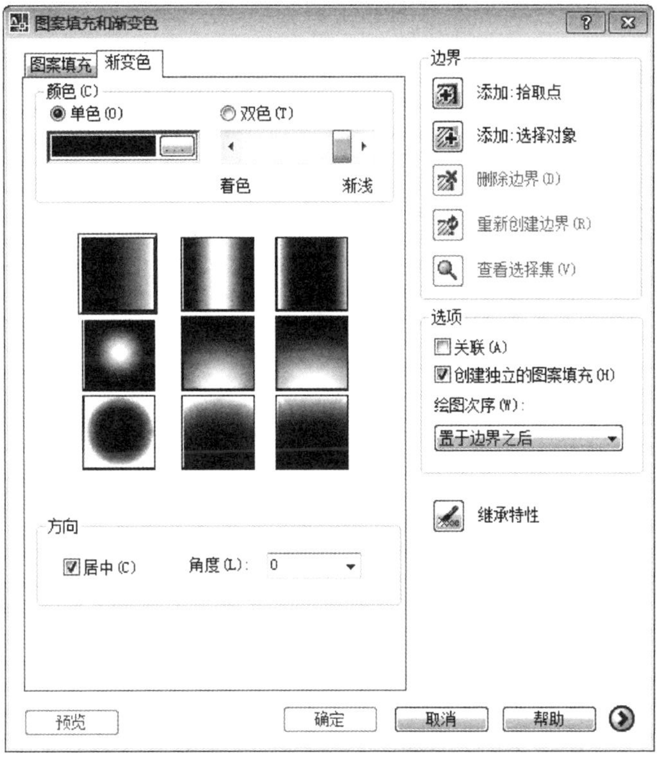

图 5-22 “渐变色”选项卡

(1)“单色”选项:指定使用从较深着色到较浅色调平滑过渡的单色填充。选中“单色”单选按钮时,Auto CAD 显示带浏览按钮和“着色”“色调”滑动条的颜色样本。单击颜色浏览按钮,可以选择在“索引颜色”“真彩色”“配色系统”中设置颜色。

(2)“双色”选项:指定在两种颜色之间平滑过渡的双色渐变填充。选中“双色”单选按钮时,Auto CAD 分别为颜色 1 和颜色 2 显示带浏览按钮的颜色样本。

(3)“居中”复选框:用于指定对称的渐变配置。如果没有选中此复选框,渐变填充将朝左上方变化,创建光源在对象左边的图案。

(4)“角度”下拉列表框:用于指定颜色渐变填充的角度,相对于当前 LCS 指定角度。此选项与指定图案填充的角度互不影响。

(5)渐变图案区域显示出渐变填充的 9 种固定图案。这些图案包括线性扫掠状、球状和抛物面状图案。其余边界和孤岛监测功能与图案填充功能一样。

5.7 图案填充常见问题

在使用图案填充命令制图时，常会遇到如下问题。

(1) 填充封闭图形时（“solid”图案除外），为什么有时不显示填充效果？

当填充边界尺寸（面积）较小时，这种情况时常发生。假如把“一整块砖”放进“粉笔盒”中会以失败告终，那么把“一整块砖”形容为“填充图案”、“粉笔盒”比作“填充边界”，这个问题就迎刃而解，其解决方案是“缩小砖块”至适合尺寸，即设置填充图案的“比例”。

(2) 使用图案填充命令时，需要构建填充边界，填充边界必须是封闭图形吗？

由于图形复杂、对象多且相互重叠，在使用图案填充时，当填充边界不闭合时会出现如图 5-23 所示的信息。填充边界必须是封闭图形吗？通过几下几种情况加以验证。

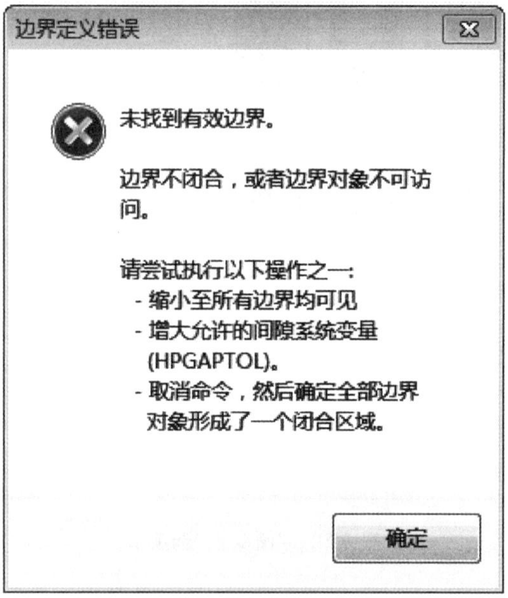

图 5-23　边界错误提示信息

① 拾取点方式添加边界。

如图 5-24 所示，图形边界不闭合，通过拾取点获取边界，填充任一图案（如 solid 图案）。其结果是：无法填充。

② 选择对象添加边界。

(a) 图形边界不闭合，通过选择对象获取边界，填充 solid 图案。其结果时：无法填充。

(b) 图形边界不闭合，通过选择对象获取边界，填充非 solid 图案（如“ar-hbone”图案）。其结果是：可以填充（如图 5-25 所示）。

(3) 为了满足特定要求，常需编辑填充图案，填充图案是否可以“修剪”？

使用修剪命令可以修剪填充图案，只是需要选择正确的修剪方式。

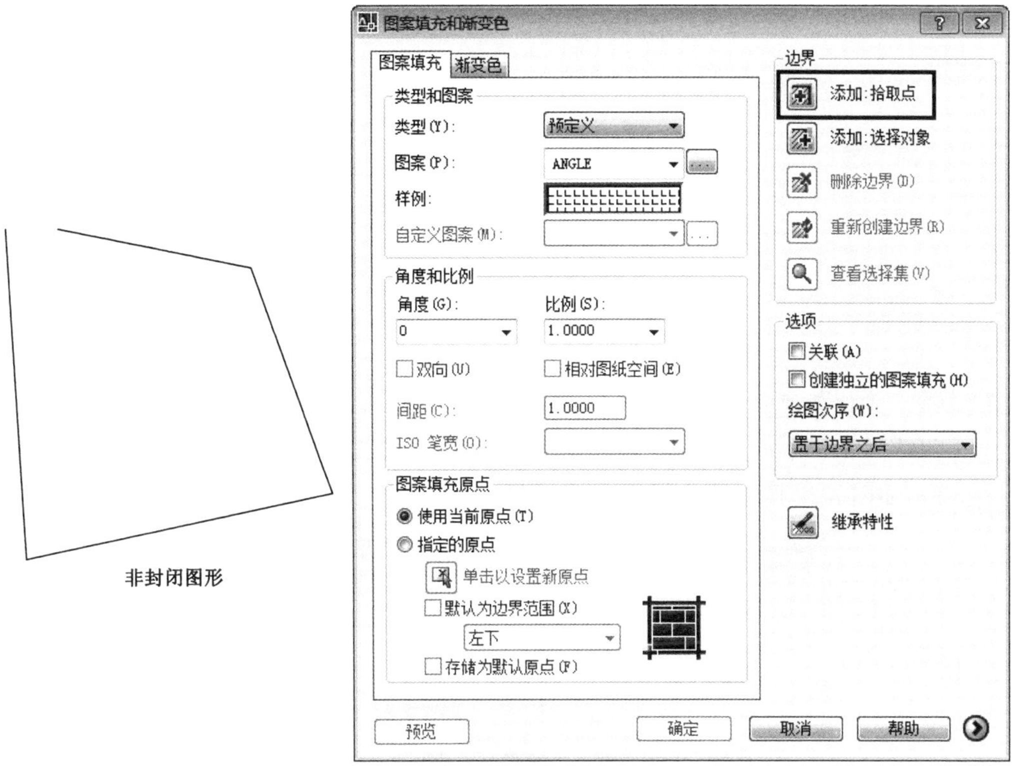

图 5-24　拾取点方式添加非封闭图形

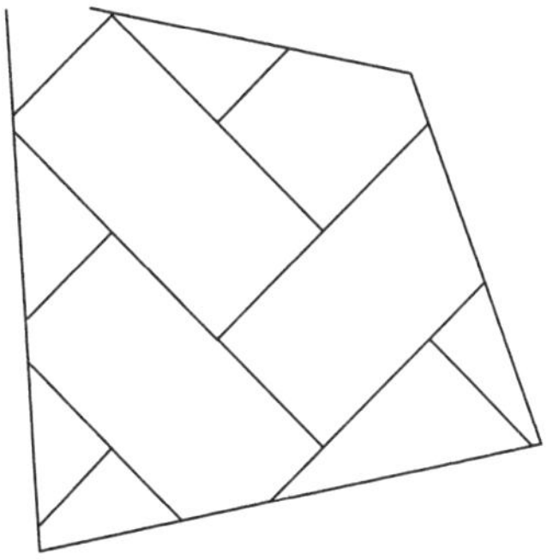

图 5-25　选择对象方式填充非封闭图形

5.8 实　　例

5.8.1 利用图案填充建立石灰岩的岩性花纹图例

操作过程如下：

(1) 绘制长 15 mm、宽 8 mm 的矩形，线宽为 0.25 mm，如图 5-26 所示。

(2) 单击“绘图”工具栏中的 图标或菜单栏中“绘图”选项，在下拉菜单中选择“图案

图 5-26　矩形

填充”命令。弹出如前面 5.1 节中图 5-1 所示的“图案填充和渐变色”对话框。

(3) 在“图案填充和渐变色”对话框中的“图案填充”区域点击“图案”列表框后面的  ,弹出如图 5-27 所示的“填充图案选项板”对话框。

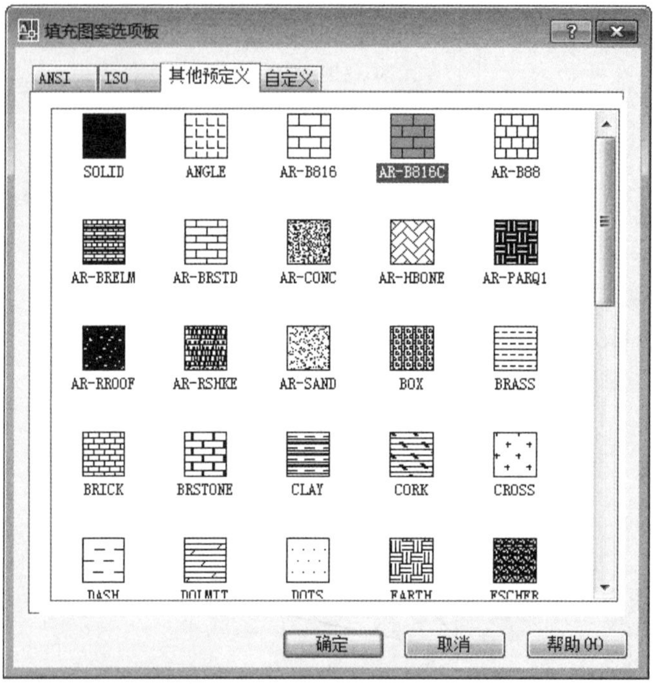

图 5-27　“填充图案选项板”对话框

(4) 在“填充图案选项板”对话框中“其他预定义”标签下选择“AR-B816C”图案后,单击“确定”按钮。

(5) 单击“图案填充和渐变色”对话框“边界”区域的  图标后在矩形内部任意一点单击右键或选择  图标后选中矩形按“回车”键。

(6) 在弹出的快捷菜单中,选择“预览”,此时界面显示填充后的效果图形。用户如果认为填充效果符合要求的话,那么可以直接按“回车”键确认。

(7) 对填充效果,尤其是对填充图案进行"角度"和"比例"设置。将比例值修改为0.01,如图5-28所示。然后,单击"图案填充和渐变色"对话框中的"预览"按钮。如果符合用户要求,那么按"回车"键确认即可;否则,可对填充效果再次进行修改。如此反复,直到符合用户要求为止。填充完成后的石灰岩岩性花纹图例如图5-29所示。

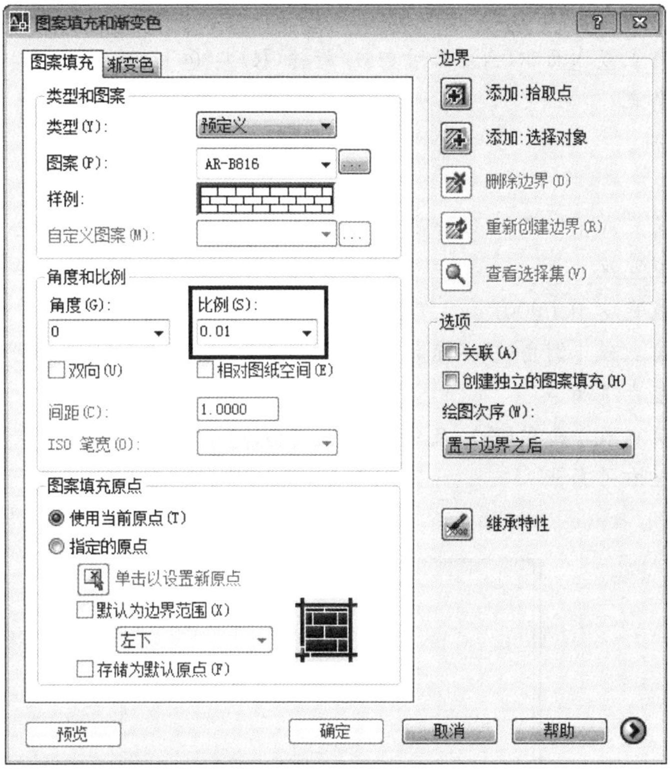

图5-28　修改充填图案的"比例"

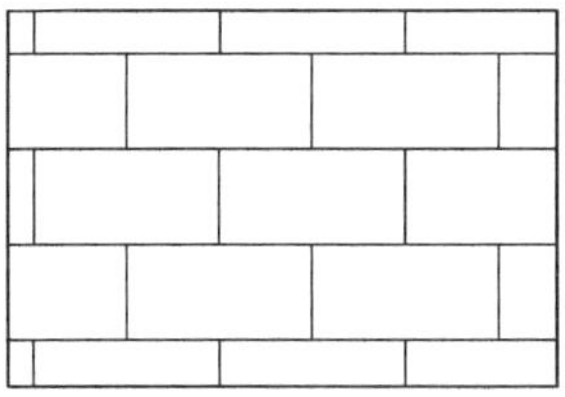

图5-29　填充完成后的石灰岩岩性花纹图例

5.8.2　利用图案填充快速绘制经纬网

在进行采矿图形绘制过程时,经常需要绘制经纬网。利用直线绘制经纬网时线条多,操作环节多,绘制速度慢。在此主要介绍利用图案填充方法快速绘制经纬网,其具体过程如下。

(1) 绘制边框。

绘制边框可采用矩形命令并通过坐标控制的方法来实现。先绘制一个外边框,外边框的左下角点在坐标系原点上；再绘制内边框，如图 5-30 所示。具体过程如下：

① 绘制外边框。

命令：_rectang

指定第一个角点或［倒角(C)/标高(E)/圆角(F)/厚度(T)/宽度(W)］：0,0↙

//指定原点

指定另一个角点或［面积(A)/尺寸(D)/旋转(R)］：@1500,1000↙

//指定右上角点

② 绘制内边框。

命令：_rectang

指定第一个角点或［倒角(C)/标高(E)/圆角(F)/厚度(T)/宽度(W)］：w↙

//设定内边框宽度

指定矩形的线宽 ＜0.0000＞：1.0↙

指定第一个角点或［倒角(C)/标高(E)/圆角(F)/厚度(T)/宽度(W)］：25,10↙

//指定内边框左下角点

指定另一个角点或［面积(A)/尺寸(D)/旋转(R)］：1490,990↙

//指定内边框右上角点

③ 边框绘制完毕。

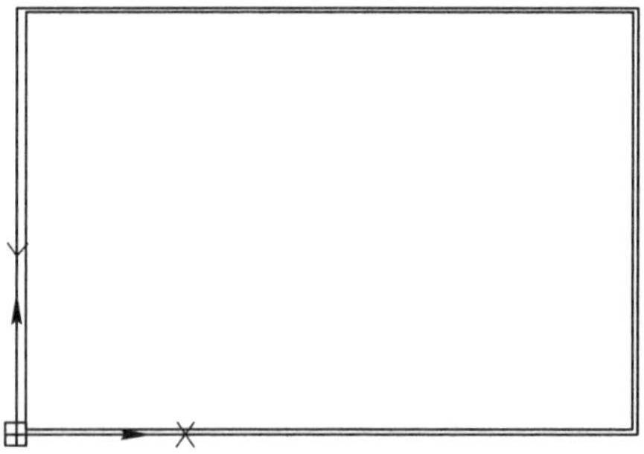

图 5-30　内外边框

(2) 图案填充。

① 图案填充设置。

a. 选择菜单“绘图”→“图案填充”命令，或在绘图工具栏中单击图案填充按钮，打开“图案填充”选项卡。

b. 将“类型”设置为“预定义”；图案选择“NET”；在“角度和比例”选项组中，角度值设置为 30，比例值设置为 40，如图 5-31 所示。

c. 在“图案填充原点”选项组中选择“指定的原点”，单击“单击以设置新原点”，界面返回至绘图界面，此时单击内边框左下角点，之后弹出“图案填充和渐变色”对话框，在“边界”选项组中单击“添加：选择对象”，选中内边框。界面再次弹出“图案填充和渐变色”对话框，单击“确定”，经纬网绘制完毕，如图 5-32 所示。

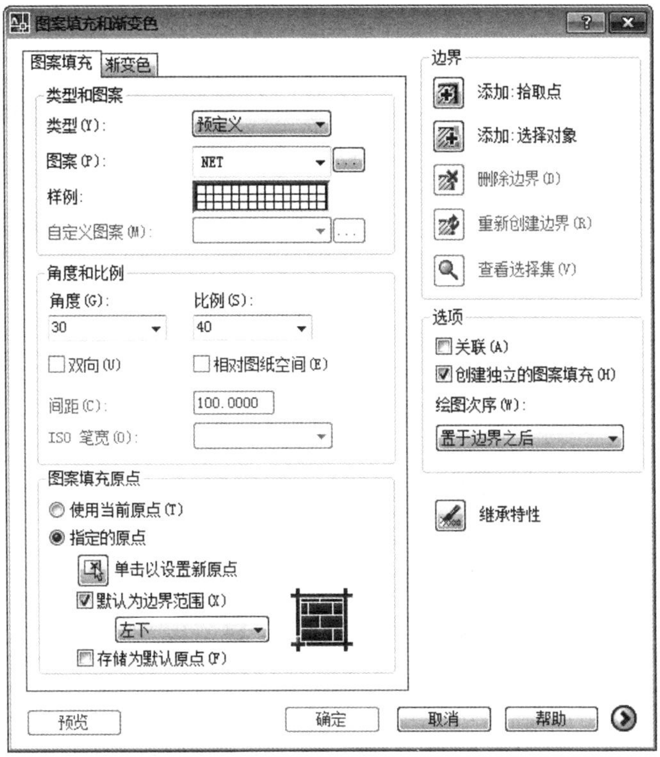

图 5-31　图案填充参数设置

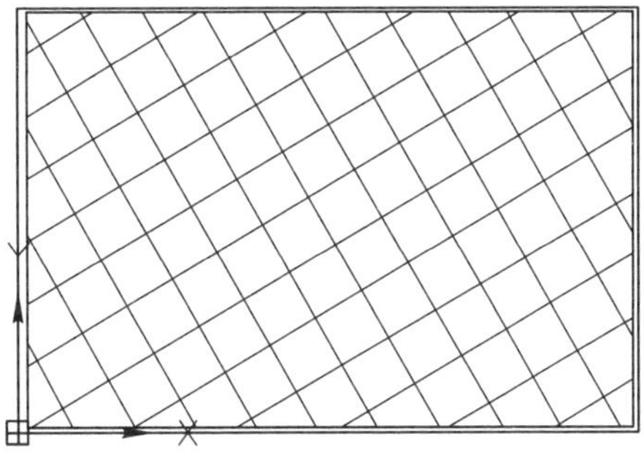

图 5-32　利用图案填充绘制经纬网

练　习　题

1. 试绘制如图 5-33 所示图形。
2. 按图 5-34 所示尺寸要求绘图。
3. 绘制“采煤作业循环图表”时，尝试使用【图案填充】命令绘制“推移输送机”。

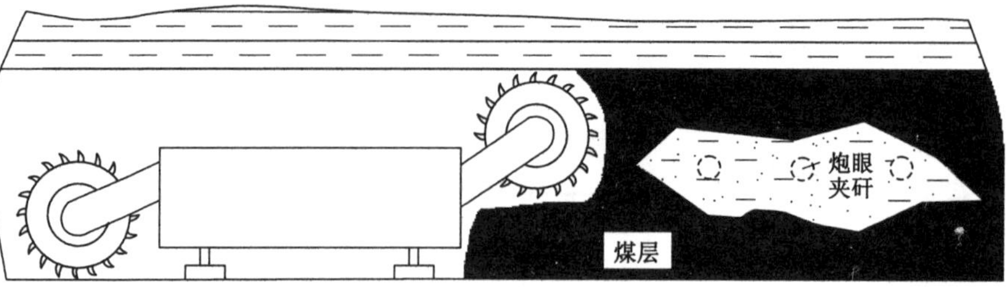

图 5-33 采煤机割煤示意图

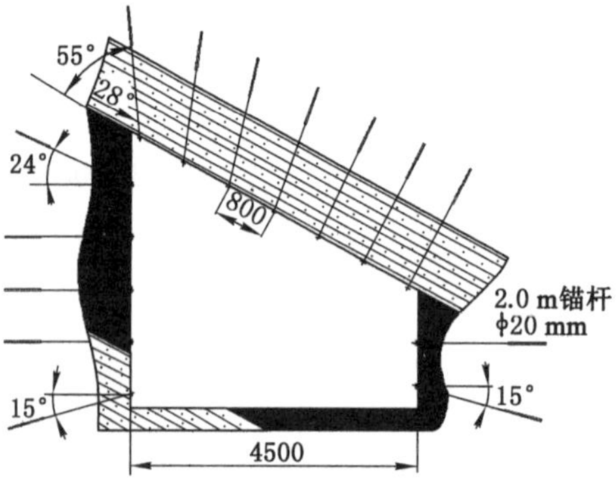

图 5-34 巷道断面图

第6章 尺寸标注

在采矿工程制图中，巷道、采煤工作面等的宽度、高度以及相互之间的距离、位置和结构只能通过尺寸标注来显示。Auto CAD包含了一套完整的尺寸标注命令和实用程序。用户使用它们足以完成图纸中要求的尺寸标注。本章主要介绍尺寸标注样式设置、标注图形、编辑标注、采矿工程图纸中的标注要求等。通过本章学习，熟练掌握和使用尺寸标注命令，可以有效地提高绘图质量和绘图效率。

6.1 尺寸标注的组成部分

6.1.1 尺寸标注的规则

在Auto CAD中对图形进行标注时，应遵循以下规则：

(1) 图形对象的尺寸以尺寸标注的数值为准，而与其他因素无关。

(2) 在通常情况下，图形中的尺寸以毫米为单位，此时不需要标注计量单位的代号或名称；若采用其他单位，则必须注明。

(3) 尺寸标注是在图形绘制结束后进行的。因此标注的尺寸应为图形的最后尺寸，否则应另外注明。

(4) 图形中的每个对象尺寸一般只标注一次，并清晰地显示在图形上。

6.1.2 尺寸标注的组成

尺寸标注的基本元素包括标注文字、尺寸线、箭头和尺寸界线，如图6-1所示。

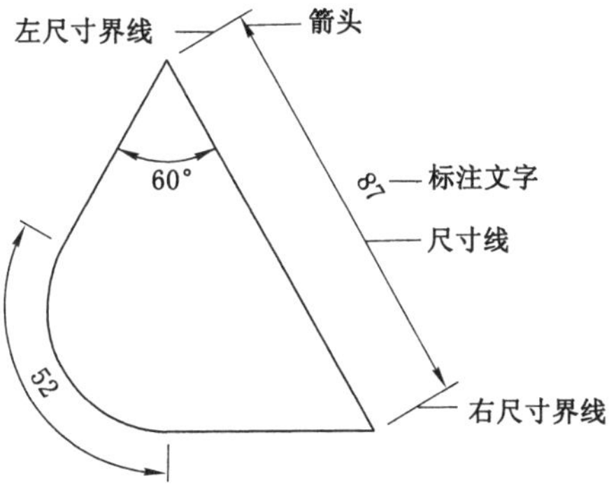

图6-1 尺寸标注的基本元素

(1) 标注文字:是用于指示测量值的文本字符串。文字还可以包括前缀、后缀和公差。

(2) 尺寸线:用于指示标注的方向和范围。对于角度标注,尺寸线是一段圆弧。

(3) 箭头:显示在尺寸线的两端。可以对箭头或标记指定不同的尺寸和形状。

(4) 尺寸界线:分为左右尺寸界线,从对象始、终点延伸到尺寸线。

6.2 设置尺寸标注样式

在进行尺寸标注之前,首先应该创建所需的标注样式,用于控制标注的格式和外观。在 Auto CAD 中,用户可通过"标注样式管理器"来创建、修改和管理标注样式。在没有修改尺寸标注样式时,当前尺寸标注样式将作为预设的标注样式。系统预设的标注样式为"Standard"。

6.2.1 尺寸标注样式

打开"标注样式管理器"对话框(见图 6-2)有两种方式:单击"标注"面板中的"标注样式"按钮,或者在命令行中输入"D"命令。

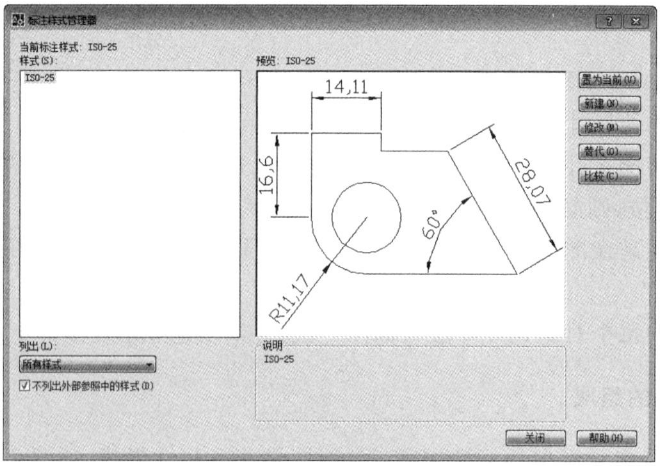

图 6-2 "标注样式管理器"对话框

6.2.2 创建新的标注样式

单击"标注样式管理器"对话框中的"新建"按钮,打开"创建新标注样式"对话框,如图 6-3 所示。"创建新标注样式"对话框中各选项的含义如下。

① "新样式名":可设置新样式的名称。

② "基础样式":在基础样式上进行修改,从而建立新的样式。

③ "用于":在下拉列表中可以限定所选标注样式只用于可选择的标注形式。

④ "继续":打开"新建标注样式"对话框。

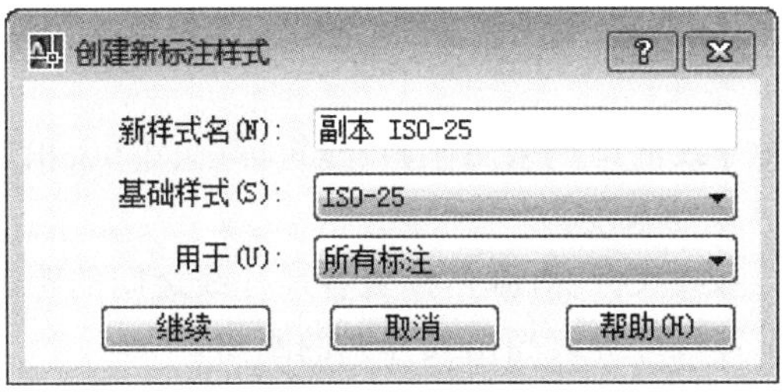

图 6-3 “创建新标注样式”对话框

6.2.3 编辑标注样式

在“新建标注样式”对话框中，可以设置新的尺寸标注样式。可以设置以下内容：尺寸线、尺寸界线、箭头和圆心标记的格式和位置，标注文字的外观、位置和对齐方式，AutoCAD 放置文字和尺寸线的管理规则，文字位置，全局标注比例，主单位、换算单位和角度标注单位的格式和精度，公差值的格式和精度。

6.2.3.1 “直线”选项卡

在“直线”选项卡中(如图 6-4 所示)，可以设置尺寸线、尺寸界线的颜色、线型、线宽、超出标记及基线间距等属性。“直线”选项卡中主要选项的含义如下。

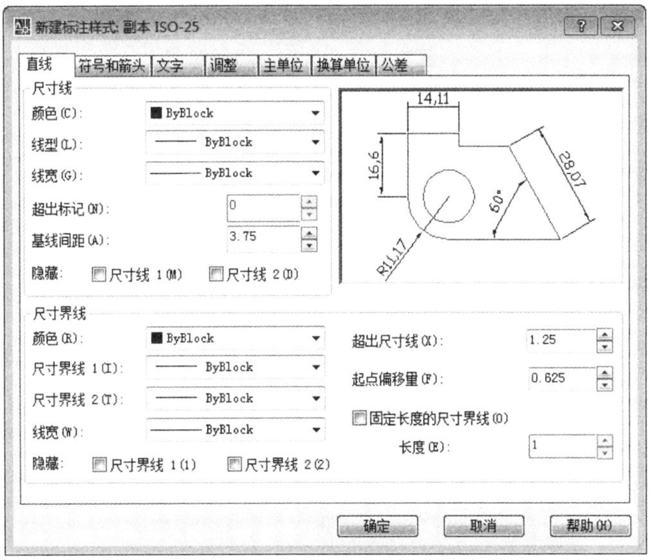

图 6-4 “直线”选项卡

① “颜色”：设置尺寸线或尺寸界线的颜色。在默认的情况下，尺寸线颜色随块。同时也可以在下拉菜单中选择任意颜色。

② “线型”：设置尺寸线的线型。尺寸界线的线型通过“尺寸界线 1”和“尺寸界线 2”选择。在默认的情况下，尺寸线线型随块。同时也可以在下拉菜单中选择任意线型。

③ “线宽”：设置尺寸线或尺寸界线的线宽。在默认的情况下，尺寸线线宽随块。同时也可以在下拉菜单中选择任意线宽。

④“隐藏”:通过选择“尺寸线 1”“尺寸线 2”或“尺寸界线 1”“尺寸界线 2”复选框,可以隐藏相应的尺寸线或尺寸界线。

⑤“超出标记”:当尺寸线的终端采用倾斜、建筑标记、小点、积分或无标记等样式时,可以微调尺寸线超出尺寸界线的长度。

⑥“基线间距”:进行基线尺寸标注时,设置各尺寸线之间的距离。

⑦“超出尺寸线”:设置尺寸界线超出尺寸线的距离。

⑧“起点偏移量”:用于设置尺寸界线的起点与标注定义点的距离。

6.2.3.2 “符号和箭头”选项卡

在“符号和箭头”选项卡中(如图 6-5 所示),有若干选项区,可以设置符号和箭头的大小与样式,以及圆心标记的大小、弧长符号、半径与线性折弯标注等。下面介绍主要选项区的含义。

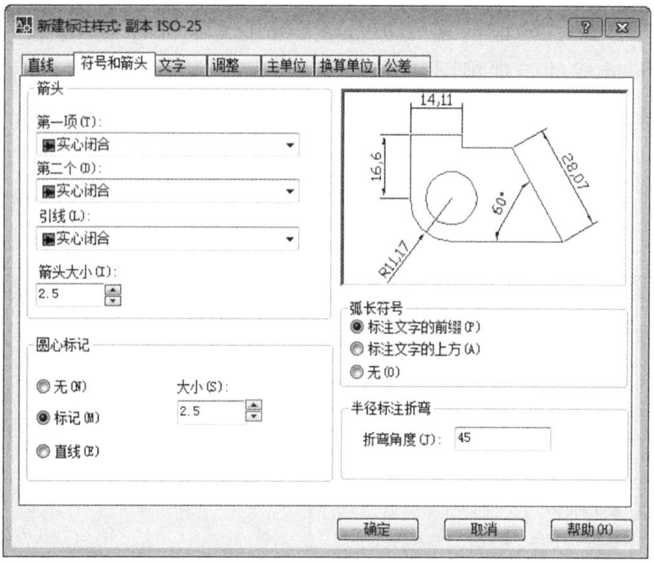

图 6-5 “符号和箭头”选项卡

① 在“箭头”选项区中,可以设置箭头的类型及大小。在一般情况下,尺寸线的箭头应一致。“箭头”选项区中重要选项的含义如下。

(a)“第一项(T)”:选择第一条尺寸线的箭头。

(b)“第二个(D)”:选择第二条尺寸线的箭头。

(c)“引线(L)”:选择引线箭头。

(d)“箭头的大小(I)”:显示和设置箭头的大小。

② 在“圆心标记”选项区中,可以设置圆心标记的类型和大小。“圆心标记”选项区中重要选项的含义如下。

(a)“无(N)”:不创建“圆心标记”。

(b)“标记(M)”:对圆或圆弧绘制圆心标记。

(c)“直线(E)”:对圆或圆弧绘制中心线。

③ 在“弧长符号”选项区,控制弧长标注中圆弧符号位置的显示。

(a)“标注文字的前缀(P)”:将圆弧符号放在标注文字的前面。

(b)“标注文字的上方(A)”:将圆弧符号放在标注文字的上方。

(c)“无(O)”:不显示圆弧符号。

6.2.3.3 “文字”选项卡

在“文字”选项卡中,可以设置文字外观、文字位置和文字对齐方式,如图 6-6 所示。下面介绍“文字”选项中选项区的含义。

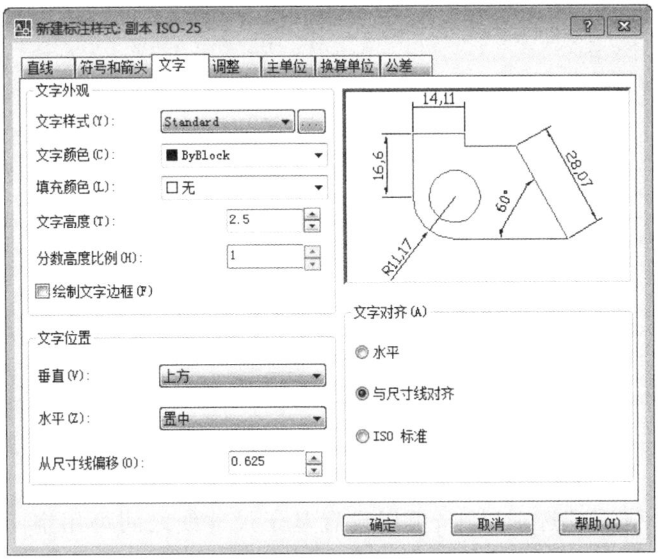

图 6-6 “文字”选项卡

① 在“文字外观”选项区中,可以设置标注文字的格式和大小。

(a)“文字样式”:显示和设置当前标注文字样式。

(b)“文字颜色”:设置标注文字的颜色,可以通过下拉菜单选择。

(c)“填充颜色”:设置标注文字背景的颜色,可以通过下拉菜单选择。

(d)“文字高度”:设置当前标注文字的高度。

(e)“分数高度比例”:设置相对标注文字的分数比例。

(f)“绘制文字边框”:在标注文字周围添加一个边框。

② 在“文字位置”选项区中,可以设置标注文字的位置。

(a)“垂直”:控制标注文字相对尺寸线的垂直位置。

(b)“水平”:控制标注文字相对尺寸线的水平位置。

(c)“从尺寸线偏移”:控制文字偏移尺寸线的距离。在 Auto CAD 绘图过程中,对图形进行尺寸标注时,设置一定的文字偏移距离,有利于更清晰地显示文字内容。

③ 在“文字对齐”选项区中,可以设置标注文字放在尺寸线外边或里边时的方向是保持水平还是与尺寸线平行,如图 6-7 所示。

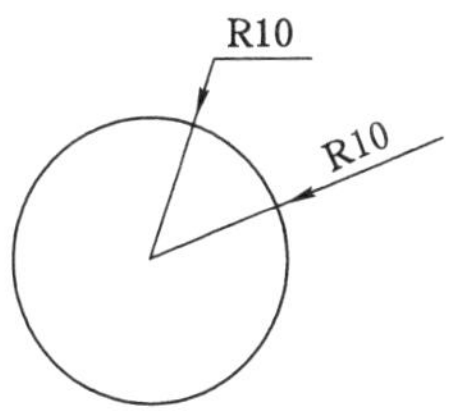

图 6-7 文字对齐

6.2.3.4 “调整”选项卡

在“调整”选项卡中(如图 6-8 所示),有若干选项区,可以设置尺寸的尺寸线与箭头的位置、尺寸线与文字的位置、标注特征比例以及优化等。下面介绍主要选项区的含义。

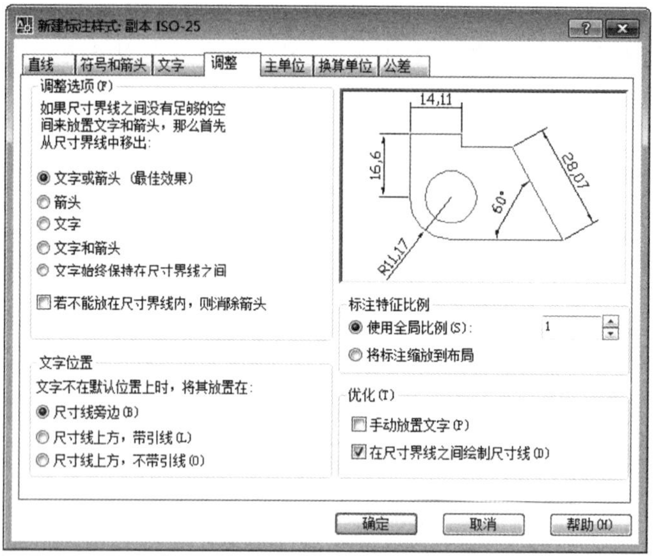

图 6-8 “调整”选项卡

① 在“调整选项(F)”选项区中,可以设置基于尺寸线之间可用空间的文字和箭头的位置。

a. “文字或箭头(最佳效果)”:当尺寸界线间距不足以放下文字或箭头时,软件会根据最佳效果,先将箭头或文字移动到尺寸线外部。

(a) “箭头”:先将箭头移到尺寸线外部,然后移动文字。

(b) “文字”:与上相反。先将文字移到尺寸线外部,然后移动箭头。

(c) “文字和箭头”:当尺寸界线间距不足以放下文字和箭头时,文字和箭头都将移动到尺寸界线外。

b. “在尺寸界线之间绘制尺寸线”:选中该复选框后,当尺寸箭头放置在尺寸界线之外时,也可在尺寸界线之内绘制出尺寸线。

6.2.3.5 “主单位”选项卡

在“主单位”选项卡中(如图 6-9 所示),可以设置线性标注与角度标注的单位与精度。线性标注包括单位格式、精度、舍入、测量单位比例、消零等。角度标注包括单位格式、精度、消零。将主单位的精度设置在 1 位小数内,有利于在标注中更清楚地观看数字内容。

完成尺寸标注各个选项卡的特性参数设置后,单击“确定”按钮,回到“标注样式管理器”对话框。将创建的样式设置为当前标注样式,单击“关闭”按钮,结束尺寸标注样式的设置。这样,用户就建立起一个新的尺寸标注样式。

创建好新的标注样式后,单击“标注”面板中“标注样式”列表左侧的下拉按钮,可以在下拉列表中查看并选择创建好的新的标注样式。

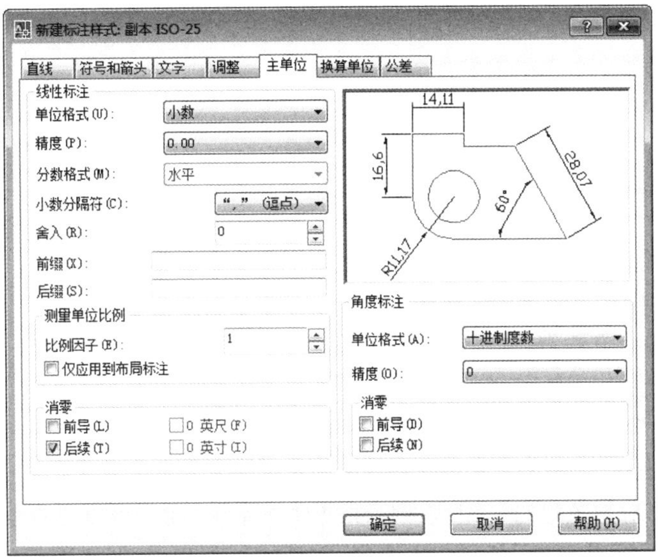

图 6-9　"主单位"选项卡

6.3　标注直线型图形

在 Auto CAD 中，直线型尺寸标注是绘图中最常见的标注方式，其中包括线性标注、对齐标注、基线标注、坐标标注和快速标注。

6.3.1　线性标注

线性标注可以标注长度类型的尺寸，可以水平、垂直或对齐放置，如图 6-10 所示。创建线性标注时，可以标注文字内容、文字角度和尺寸线的角度。启动线性标注的方法有：

① 选择菜单栏中"标注"→"线性"命令。

② 单击"标注"面板中的"线性"按钮。

③ 在命令行中输入并执行"dimlinear(DLI)"命令。

选定所标注的对象、选择尺寸界线的端点就可进行线性标注。

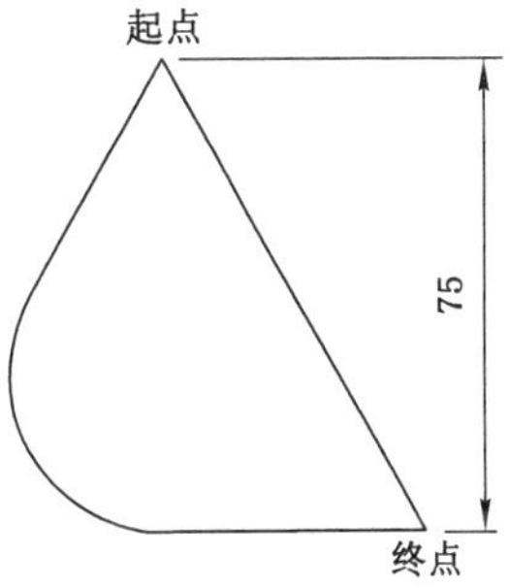

图 6-10　线性标注

6.3.2　对齐标注

对齐标注是线性标注的一种，是指尺寸线始终与标注的对象保持平行，如图 6-11 所示。若是标注圆弧，则对齐标注的尺寸线与圆弧两个端点所连接的弦保持平行。

启动对齐标注的方法有：

① 选择菜单栏中"标注"→"对齐"命令。

② 单击"标注"面板中的"对齐"按钮。

③ 在命令行中输入并执行"dimaligned"命令。

执行以上命令，参照线性标注的步骤，就可以进行对齐标注。

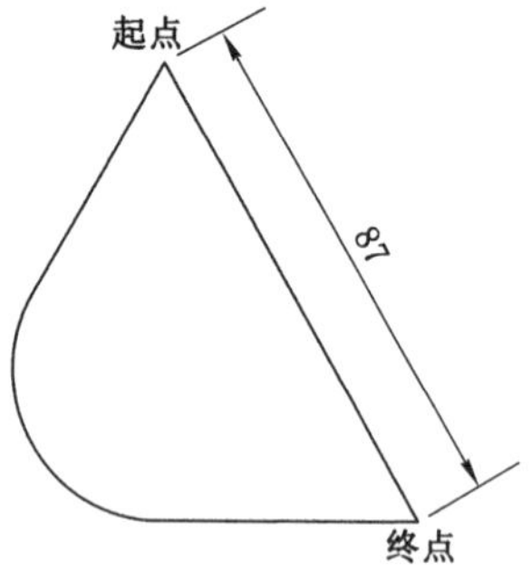

图 6-11　对齐标注

6.3.3　基线标注

基线标注是以某一点、线、面作为基准，其他的尺寸按照此基准进行定位。基线标注的图形中有一个共同基准的线性或角度尺寸。在进行基线标注之前，需要对图形进行一次标注操作，以确定基准点，否则无法进行基线标注。

启动基线标注的方法有：

① 选择菜单栏中“标注”→“基线”命令。

② 单击“标注”面板中的“基线”按钮。

③ 在命令行中输入并执行“dimbaseline(BDA)”命令。

先在绘图区中对对象进行一组线性标注或对齐标注，接着再以已存在的线性标注或对齐标注作为基准执行基线标注。通过变量 DIMDLI 可以调整基线标注的尺寸间距，如图 6-12 所示。

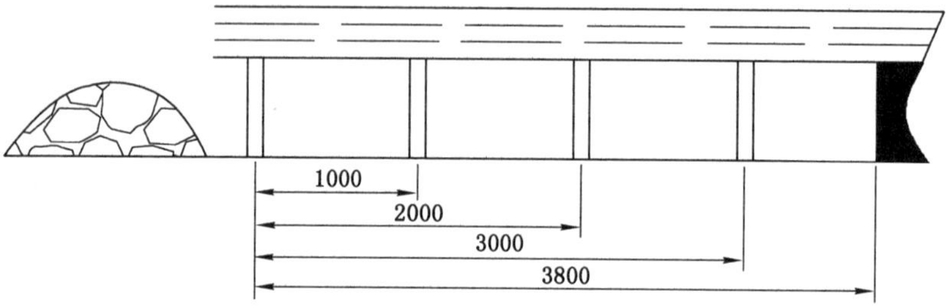

(a)

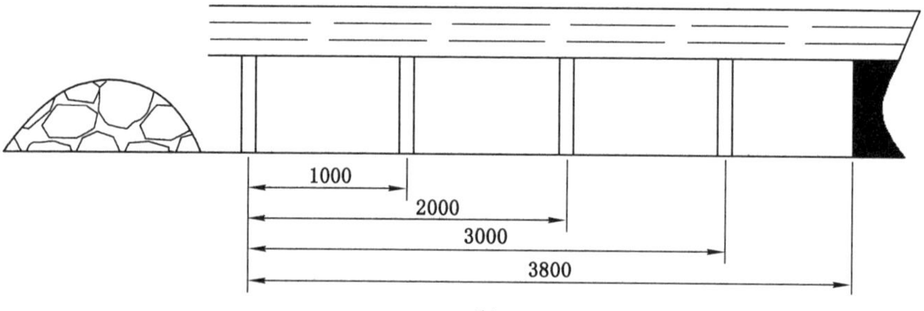

(b)

图 6-12　基线标注

6.3.4　连续标注

连续标注用于在同一方向上标注连续的线性和角度尺寸。连续标注如图 6-13 所示。

启动连续标注的方法有：

① 选择菜单栏中“标注”→“连续”命令。

② 在命令行中输入并执行“dimcontinue(DCO)”命令。

连续标注和基线标注类似，先在绘图区中对对象进行第一组线性标注或对齐标注，接着

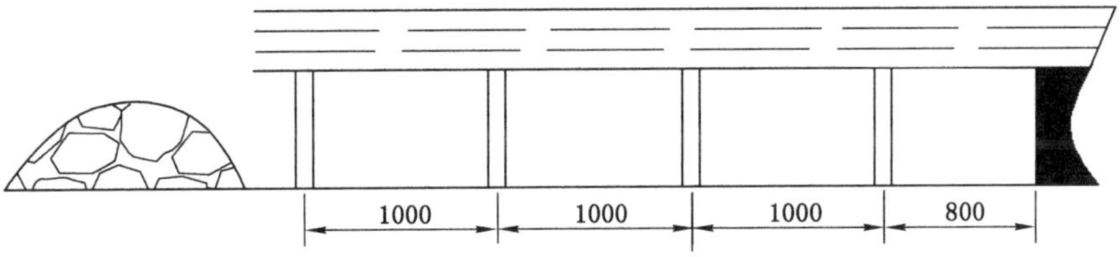

图 6-13 连续标注

再以已存在的线性标注或对齐标注作为基准进行连续标注。

6.4 标注曲线型图形

在 Auto CAD 中,除了常见的直线型尺寸标注外,还包括曲线型尺寸标注,其包括半径标注、角度标注、折弯标注和坐标标注等。

6.4.1 半径标注

半径标注用于标注圆或圆弧的半径。半径标注由一条具有指向圆或圆弧的箭头的半径尺寸线组成。如果系统变量 DIMCEN 未设置为零,那么 Auto CAD 将绘制一个圆心标记。

启动半径标注的方法有:

① 选择菜单栏中"标注"→"半径"命令。

② 单击"标注"面板中的"半径"按钮。

③ 在命令行中输入并执行"dimradius(DRA)"命令。

半径标注如图 6-14 所示。

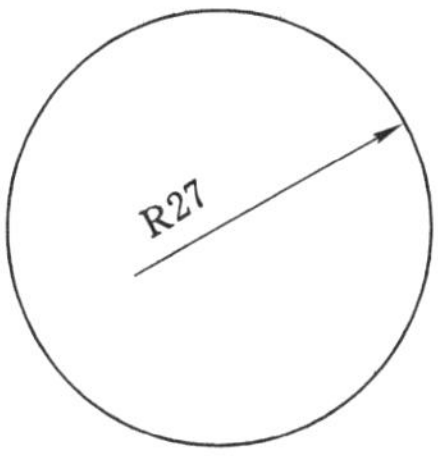

图 6-14 半径标注

6.4.2 直径标注

直径标注用于标注圆或圆弧的直径。直径标注由一条具有指向圆或圆弧的箭头的直径尺寸线组成。如果系统变量 DIMCEN 未设置为零,那么 Auto CAD 将绘制一个圆心标记。

启动直径标注的方法有:

① 选择菜单栏中"标注"→"直径"命令。

② 单击"标注"面板中的"直径"按钮。

③ 在命令行中输入并执行"dimdiameter(DDT)"命令。

直径标注如图 6-15 所示。

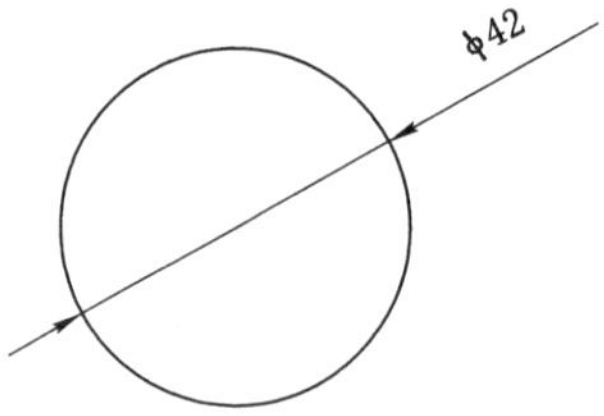

图 6-15 直径标注

在非圆视图上标注直径时，只能用“dimlinear”命令，并加上前缀符号“ϕ”，在提示“指定尺寸线位置：”时，可直接拖动鼠标，屏幕将显示其变化，以确定尺寸线的位置。

6.4.3 角度标注

角度标注用于准确地标注对象之间的夹角或圆弧之间的夹角。

启动角度标注的方法有：

① 选择菜单栏中“标注”→“角度”命令。

② 单击“标注”面板中的“角度”按钮。

③ 在命令行中输入并执行“dimangular(DAN)”命令。

角度标注如图 6-16 所示。

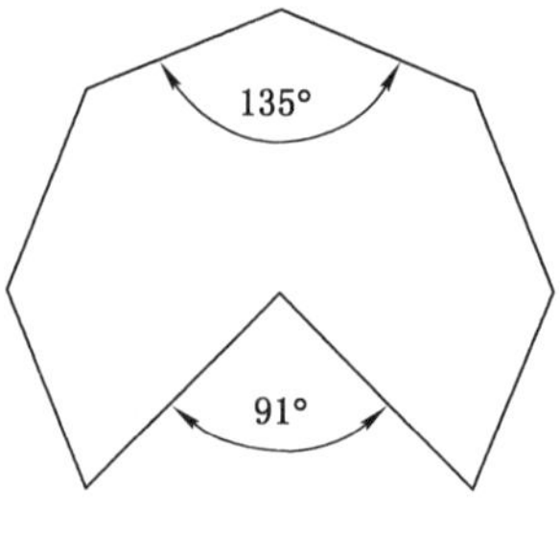

图 6-16 角度标注

使用角度标注命令对圆弧进行角度标注时，系统会自动计算并标注圆弧的角度，若选择圆、直线或按下空格键，则会继续提示选择目标和尺寸线位置。角度标注尺寸线为弧线。

6.4.4 圆心标注

圆心标注用于标注圆或圆弧的圆心点。

启动圆心标注的方法有：

① 选择菜单栏中“标注”→“圆心标记”命令。

② 单击“标注”面板中的“圆心标记”按钮。

③ 在命令行中输入并执行“dimcenter(DCE)”命令。

圆心标注如图 6-17 所示。

圆心标记可以是小十字也可以是中心线，其具体样式由系统变量 DIMCEN 确定。当

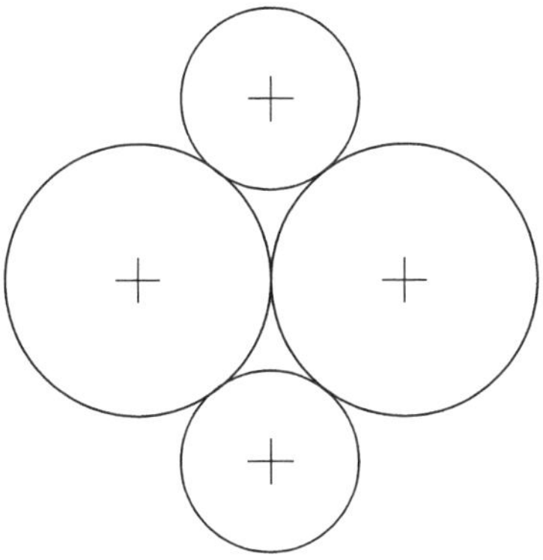

图 6-17　圆心标性

DIMCEN＝0 时,没有圆心标记;当 DIMCEN＞0 时,圆心标记为微小十字;当 DIMCEN＜0 时,圆心标记为中心线。数值绝对值的大小决定标记符号的大小。

6.4.5　坐标标注

坐标标注也称基准标注。坐标标注时沿一条简单的引线显示指定点的坐标值,包括 X 或 Y 坐标。

启动坐标标注的方法有:

① 选择菜单栏中“标注”→“坐标标注”命令。

② 单击“标注”面板中的“坐标标注”按钮。

③ 在命令行中输入并执行“dimordinate(DOR)”命令。

执行以上任意一种操作后,命令行中将提示“指定坐标点:”,在该提示下指定需要进行坐标标注的点对象。选择点对象后,系统将会提示“指定引线端点或[X 基准(X)/Y 基准(Y)/多行文字(M)/文字(T)/角度(A)]:”。

① 指定“引线端点”:使用点对象位置和引线端点的坐标差可以确定它是 X 坐标标注还是 Y 坐标标注。

② “X 基准”:用于测量 X 坐标并确定引线和标注文字方向。

③ “Y 基准”:用于测量 Y 坐标并确定引线和标注文字方向。

④ “多行文字”:用于改变多行标注文字,或者为多行标注文字添加前缀或后缀。

⑤ “文字”:用于改变当前标注文字,或者给标注文字添加前缀或后缀。

⑥ “角度”:用于修改标注文字的角度。

坐标标注如图 6-18 所示。

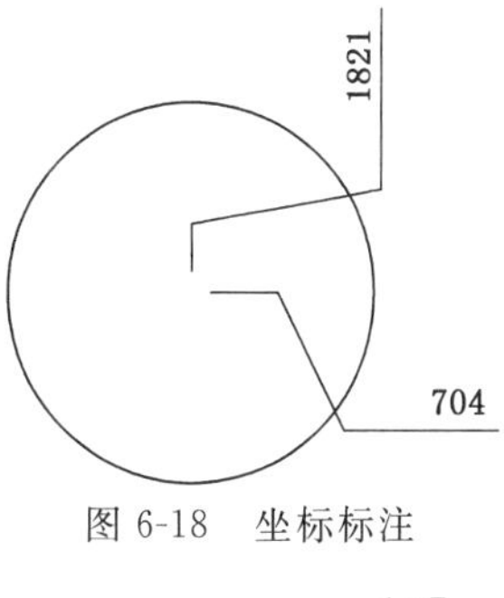

图 6-18　坐标标注

6.4.6　折弯标注

折弯标注(也称为缩放半径标注)为圆和圆弧创建折弯标注。使用折弯标注测量选定对象的半径,并显示前面带有一个半径符号的标注文字;可以在任意合适的位置指定尺寸线的原点。当圆弧或圆的中心位于布局之外并且无法在其实际位置显示时,将创建折弯半径标注,以在更方便的位置指定标注的原点。

启动折弯标注的方法有：

① 单击“标注”菜单中的“折弯”选项。

② 在命令行中输入并执行“dimjogged”命令。

折弯标注，如图 6-19 所示。

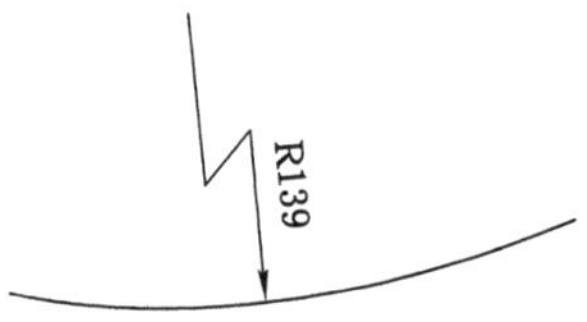

图 6-19　折弯标注

在 Auto CAD 新版本中新增了“折弯线性标注”，可以在线性标注或对齐标注中添加或删除折弯线。

6.5　快速标注

快速标注用于选定对象后快速创建一系列标注，其中包含了创建基线标注、连续尺寸标注、半径和直径标注等。尤其是创建系列基线或连续标注，或为一系列圆或圆弧创建标注时，此命令特别有用。

启动快速标注的方法有：

① 选择菜单栏中“标注”→“快速标注”命令。

② 单击“标注”面板中的“快速标注”按钮。

③ 在命令行中输入并执行“qdim”命令。

在执行快速标注命令的过程中，各选项含义如下。

① “选择要标注的几何图形”：选择要标注的对象或要编辑的标注。

② “指定尺寸线的位置”：指定尺寸线的位置。

③ “连续”：创建一系列连续标注，其中线性标注线端对端地沿同一条直线排列。

④ “并列”：创建一系列并列标注，其中线性尺寸线以恒定的增量相互偏移。

⑤ “基线”：创建一系列基线标注，其中线性标注共享一条公用尺寸界线。

⑥ “坐标”：创建一系列坐标标注，其中元素将以单个尺寸界线以及 X 或 Y 值进行注释。

⑦ “半径”：创建一系列半径标注，其中将显示选定圆弧和圆的半径值。

⑧ “直径”：创建一系列直径标注，其中将显示选定圆弧和圆的直径值。

⑨ “基准点”：为基线和坐标标注设置新的基准点。

⑩ “编辑”：在生成标注之前，删除因各种考虑而选定的点位置。

⑪ “设置”：为指定尺寸界线原点（交点或端点）设置对象捕捉优先级。

6.6　编辑标注

在创建尺寸标注后，如果需要对其进行修改，那么可以使用标注样式对所有标注进行修改，也可以单独修改图形中部分标注对象。使用“标注”面板中的相应工具可以对标注进行相应的编辑修改。

6.6.1　修改标注样式

在进行尺寸标注后，若发现标注的样式不适合当前的图形，则可以对当前的标注样式进行修改。修改标注样式的操作过程如下。

(1) 在命令行输入并执行“dimstyle”命令，打开“标注样式管理器”对话框，如图 6-20 所示。

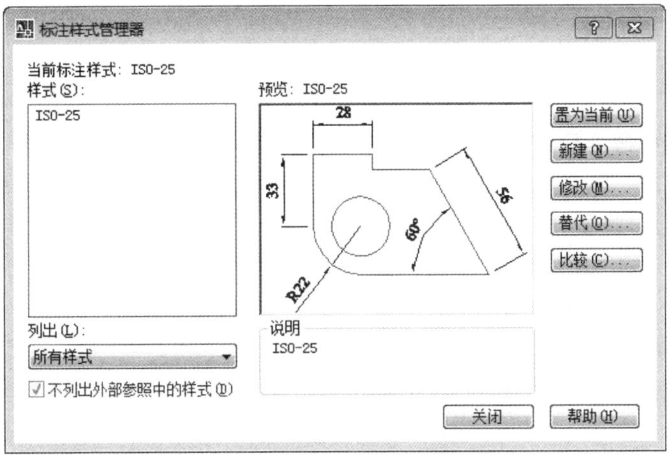

图 6-20 “标注样式管理器”对话框

(2) 在“标注样式管理器”对话框中选中需要修改的标注样式，然后单击“修改”按钮，将打开“修改标注样式”对话框，即可在该对话框中对标注的各部分的样式进行修改，如图 6-21 所示。

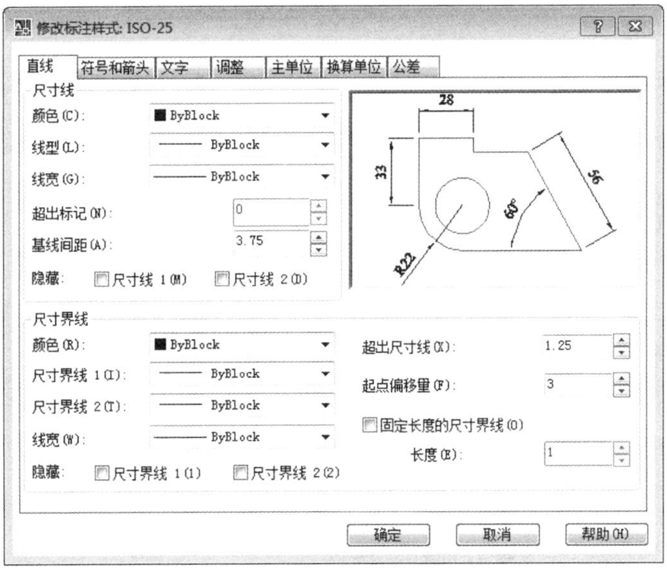

图 6-21 “修改标注样式”对话框

(3) 修改好标注样式后，按“确定”按钮即可。

6.6.2 编辑尺寸标注

“dimedit”命令用于修改一个或多个标注对象上的文字标注和尺寸界线。其命令执行过程如下：

命令：dimedit

输入标注编辑类型[默认(H)/新建(N)/旋转(R)/倾斜(O)]＜默认＞：r

指定标注文字的角度：50

选择对象：找到 1 个

选择对象：(回车)

执行“dimedit”命令后，系统将提示“输入标注编辑类型[默认(H)/新建(N)/旋转(R)/倾斜(O)]＜默认＞：”。各选项的含义如下。

① “默认(H)”：将旋转标注文字移回默认位置。

② “新建(N)”：使用“多行文字编辑器”修改编辑标注文字。

③ “旋转(R)”：旋转标注文字。

④ “倾斜(O)”：调整线性标注尺寸界线的倾斜角度。

调用“dimedit”命令，对尺寸界线倾斜 45°，其结果如图 6-22 所示。

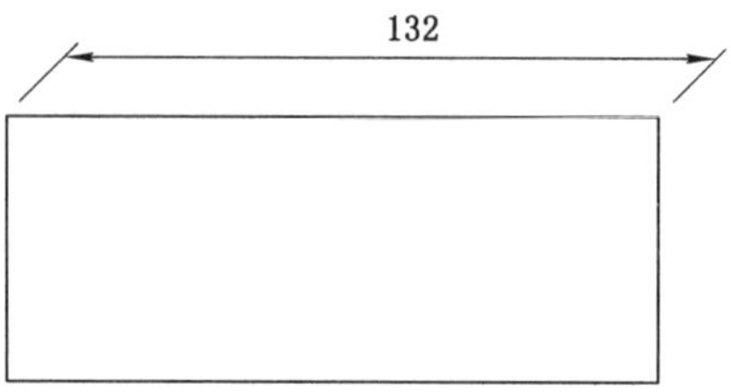

图 6-22　旋转标注文字结果

6.6.3　编辑标注文字

“dimtedit”命令用于移动和旋转标注文字。执行“dimtedit”命令后，命令行中出现以下提示：

命令：dimtedit

选择标注：

指定标注文字的新位置或[左(L)/右(R)/中心(C)/默认(H)/角度(A)]：

上述各标注文字编辑类型的含义如下。

① “新位置”：拖拽时动态更新标注文字的位置。

② “左(L)”：沿尺寸界线左对正标注文字。

③ “右(R)”：沿尺寸界线右对正标注文字。

④ “中心(C)”：将标注文字放在尺寸线的中间。

⑤ “默认(H)”：将标注文字移回默认位置。

⑥ “角度(A)”：修改标注文字的角度。

6.6.4　更新标注

“dimstyle”命令用于更新标注的样式。执行“dimstyle”命令后，命令行中出现以下提示：

命令：dimstyle

当前标注样式:ISO－25　注释性:否

输入标注样式选项

[注释性(AN)/保存(S)/恢复(R)/状态(ST)/变量(V)/应用(A)/?]＜恢复＞:

输入标注样式名、[?]或＜选择标注＞:

选择标注:

上述各标注文字编辑类型的含义如下。

① "保存(S)":将标注系统变量的当前设置保存到标注样式。

② "恢复(R)":将标注系统变量设置恢复为选定标注样式的设置。

③ "状态(ST)":显示所有标注系统变量的当前值。列出变最后,"dimstyle"命令结束。

④ "变量(V)":列出某个标注样式或选定标注的标注系统变量值设置,但不修改当前设置。

⑤ "应用(A)":将当前尺寸标注系统变量设置应用到所选定的标注对象,永久替代应用于这些对象的任何现有标注样式。

6.7 采矿工程图纸中的标注要求

(1) 坐标值、标高、方向等,应根据计算结果填写。在计算坐标过程中,角度精确到秒,角度函数值一般精确到小数点后 6～8 位。计算结果的坐标值以 m 为单位,精确到小数点后 3 位。

(2) 除井(硐)口及简单图纸外,坐标值一般不直接标注在图线上,而应填入图旁的坐标表中。若坐标点多,占用图幅面积大,则可另用图纸附坐标表。

(3) 凡是与方向有关的采矿及井建工程图都必须标注指北针。例如,井筒断面图、马头门平面图、井底车场图、阶段平面图、坑内外复合平面图、露天开采设计平面图等必须标准指南针。地下和露天开采平面图指北针标注在图纸右上角,如图 6-23 所示。表示井筒、马头门及车场方位的指北针用箭头表示,如图 6-24 所示。

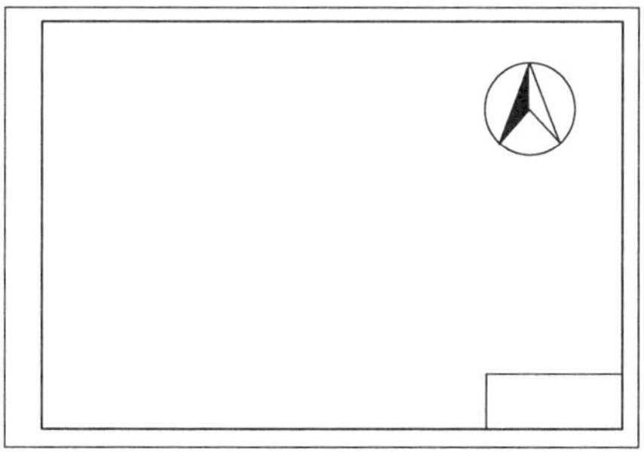

图 6-23　平面图指北针标注方法

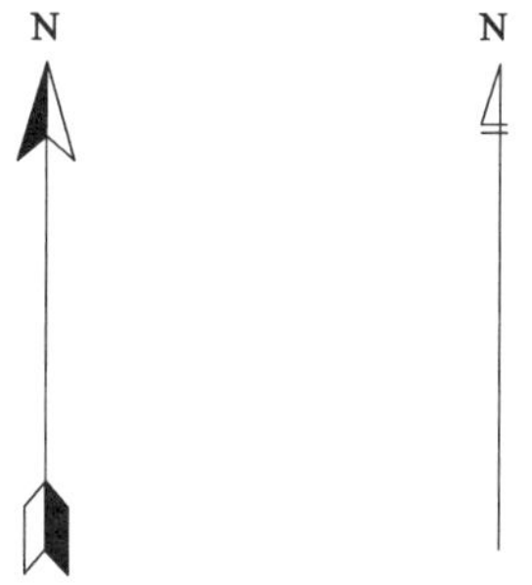

图 6-24　车场方位指北针标注方法

(4) 线段方位角和方向角的标注方法为:北偏东 50°写为 N50°E,南偏西 20°写为 S20°W。线段的方位角及方向角如图 6-25 所示。

(5) 图样的尺寸应以标注的尺寸数值为准。同一尺寸一般只标注一次,并应标注在表示该结构最清晰的图形上。对表达设计意图没有意义的尺寸,不应标注。

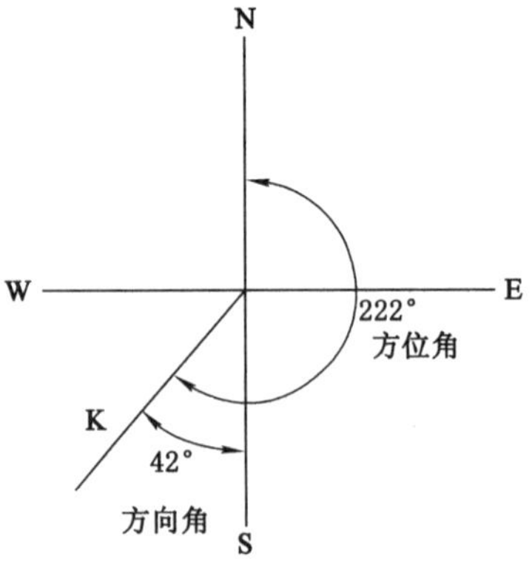

图 6-25　线段方位角及方向角标注方法

(6) 图中所标尺寸，标高必须以 m 为单位，其他尺寸以 mm 为单位。当采用其他单位时应在图样中注明。

(7) 尺寸线与尺寸界线应用细实线绘制。尺寸线起止符号可用箭头、圆点、短斜线绘制。在同一张工程图中，一般宜采用一种起止符号形式。当采用箭头位置不够时，可用圆点或斜线代替。半径、直径、角度和弧度的尺寸起止符宜用箭头表示。

(8) 水平尺寸线数字应标注在尺寸线的上方中部。垂直方向尺寸线数字应标注在尺寸的左侧中部。当尺寸线较密时，最外边的尺寸数字可标于尺寸线外侧，中部尺寸数字可将相邻的数字标注于尺寸线的上下或左右两边。

(9) 尺寸界线应超出尺寸线，并保持一致。

(10) 在标注线性尺寸时，尺寸线必须与所需标注的线段平行。尺寸界线应与尺寸线垂直。当尺寸界线过于贴近轮廓线时，允许尺寸界线倾斜画出。

(11) 在采矿图上表示巷道、路堑、水沟坡度时，应将标注坡度的箭头指向下坡方向，在箭头上方标注坡度的数值，在变坡处应标出变坡的界线，如图 6-26 所示。

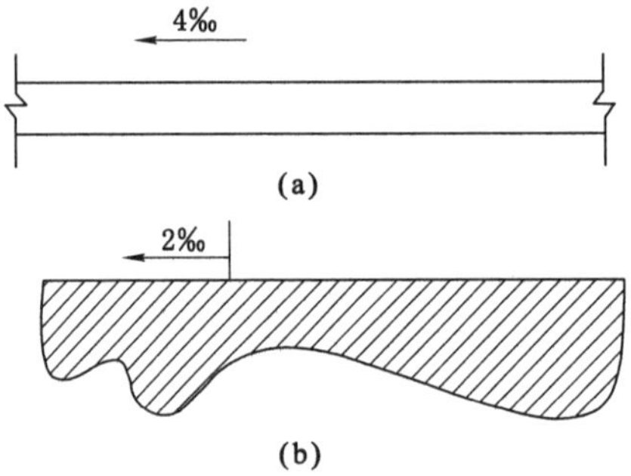

图 6-26　坡度标注

(12) 表示斜度或锥度时，其斜度与锥度的数字应标注在斜度线上，如图 6-27 所示。

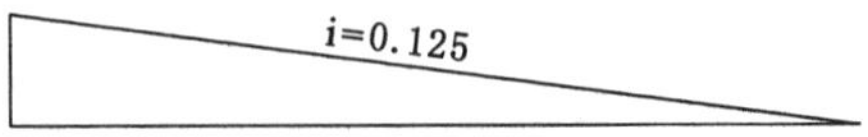

图 6-27　斜度标注

(13) 巷道、轨道的曲线段标注如图 6-28 所示。

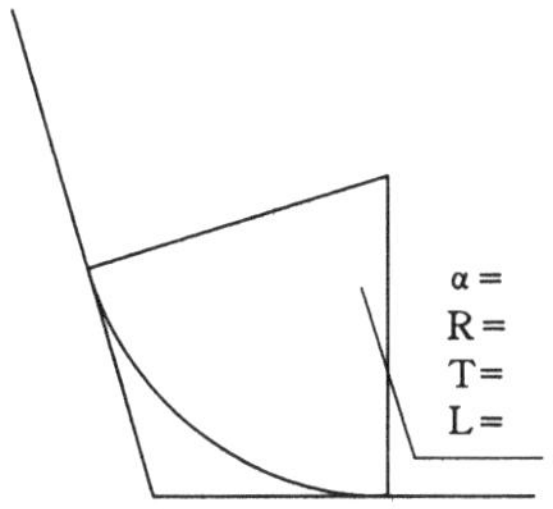

图 6-28 曲线段标注

练 习 题

1. 绘制如图 6-29 所示图形,并完成标注练习。

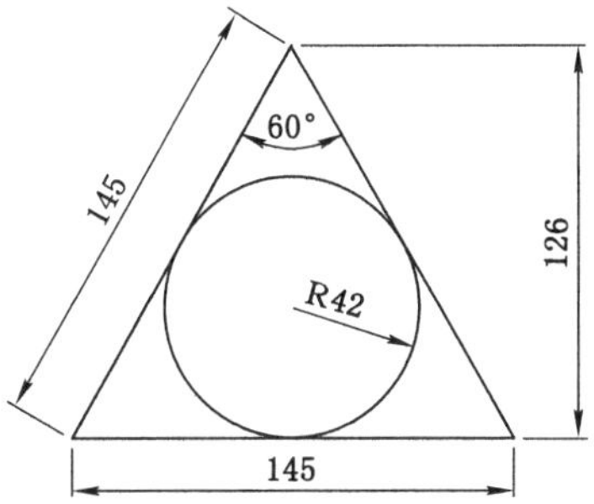

图 6-29 练习题 1

第7章 图　　块

在绘图时，如果图形中存在大量相同或相似的内容，或者要绘制的图形与已存在的图形文件相同，那么可将这些重复绘制的图形创建成块，并根据需要定义其属性，在需要时直接插入块，从而大大提高绘图的效率。用户可以使用外部参照（以参照的形式插入图形），或者通过 Auto CAD 设计中心来使用和管理 Auto CAD 图形、块、外部参照等资源文件。本章主要学习图块、属性、属性块和外部参照的使用。通过本章学习，读者可以学习简化绘制图形的方法，使绘图更加方便快捷。

7.1 图　　块

7.1.1 图块特性

"块"是具有名称的多个对象组成的集合。通过建立块，用户可以将多个对象作为一个整体来操作，可以随时将块作为整体对象插入到当前图形中的指定位置上。而且在插入块时可以指定不同的缩放系数和旋转角度。块可以被移动、删除和复制。还可以给块定义属性，在插入块时附加上不同的信息。总之，通过使用块，可帮助用户简化对同一图形或其他图形中重复使用同一类对象的复杂度。

图块包含三个要素：名称、内容、插入基准点。为了使用方便，故有以下要求：

（1）图块名称要统一。图块的名称要尽量能代表其内容。

（2）插入点要一致。同一个图块插入点要一致。插入点要选插入时最方便的点。

创建块又称定义块。当用户创建一个块后，Auto CAD 可将该块存储在图形数据库中。此后用户可根据需要多次插入同一块，而不必重复绘制和储存，因此能够节省大量的绘图时间。此外，插入块并不需要对块进行复制，只是根据一定的位置、比例和旋转角度来引用，因此数据量要比直接绘图小，能节省计算机存储空间。

块和块之间还可以嵌套，即一个块之中还可以包括一个或几个其他块。

块的主要作用如下：

（1）建立图形库。

在设计工作中，常常会遇到一些重复出现的图形。通过块的定义，用户可以把一些标准对象定义为块，在绘图的过程中直接将标准块插入图形中。这样就可以使用户避免大量的重复工作，从而提高绘图的效率和质量。

（2）节省空间。

通过定义块，还可以使图形文件所占的磁盘空间变小。通常在作图的时候，用户每绘制一个对象，系统都要详细地记录该对象的类型、坐标、属性等各种信息，所以每绘制一个对象，都会使图形文件所占的磁盘空间变大。而把图形做成块，就不必记录重复的对象信息，从而提高绘图速度，节省磁盘空间。块定义越复杂，插入的次数越多，块的优越性就越明显。

（3）便于修改和重新定义。

通过对块的操作，还可以便于用户对图形进行修改。块可以被分解成相互独立的对象。这些独立的对象可以被修改，并可以重新定义这个块。如果插入一个新块，只需要重新定义这个块，图形中所有参照这个块的地方都会被自动更新。

（4）设置相关属性。

块还可以带有文字信息（称之为属性）。这些信息可在块插入时带入或者重新输入。可以设置这些信息的可见性。还能从图形中提取这些文字信息，传送给外部数据库进行管理。

7.1.2　图块定义

在 Auto CAD 中“块”有两种。一种是“内部块”。只能在制作块的 DWG 文件中使用，不能调用到其他文件中，命令是“block”，快捷键为“B”。另一种是“外部块”，也叫“永久块”。可以在当前绘图环境中使用，也可以调用到其他绘图环境中，也就是说能够永久保存，只要不删除它，在以后任何需要的时候都可以调出来使用，命令是“wblock”，快捷键是“W”。

7.1.2.1　内部块的建立

对于在图形中创建的块（又称为内部块），因为它共存于本图形环境之中，所以只能提供给本图形插入或调用。选择菜单栏“绘图”→“块”→“创建”，打开如图 7-1 所示的“块定义”对话框。

对话框内各组成项含义如下。

（1）“名称”下拉列表框：在该下拉列表框中可直接输入定义块的名称，块名最长可达 255 个字符，可以包括字母、数字、空格和 Auto CAD 未作他用的特殊字符。

（2）“基点”选项组：用于设置块的插入基点，默认值为(0,0,0)。单击该选项组中的“拾取点”按钮，系统切换到绘图窗口，鼠标指定插入基点，或直接在该按钮下的“X:”,“Y:”和“Z:”文本框中输入待插入基点的坐标值即可。

（3）“对象”选项组：该选项组用于设置组成块的对象。其中各选项功能介绍如下。

① “选择对象”按钮，单击后暂时关闭“块定义”的对话框，完成对象选择后，按回车键重新回到“块定义”对话框。

② “快速选择”按钮，可以使用弹出的“快速选择”对话框（如图 7-2 所示）。在该对话框中设置过滤条件即可快速选择构成块的对象。

③ “保留”单选按钮：选中该单选按钮，将选定的对象创建块以后，仍在图形中保留组成块的各对象。

④ “转换为块”单选按钮：选中该单选按钮，创建块以后，将选定的对象转换成图形中的块。

⑤ “删除”单选按钮：选中该单选按钮，创建块以后，从图形中删除组成块的原对象。

（4）“设置”选项组：设置块的基本属性。

① “块单位”下拉列表框：设置从 Auto CAD 设计中心中拖动块的缩放单位。

② “超链接”按钮：单击此按钮，可以在弹出的“插入超链接”对话框中将某个超链接与

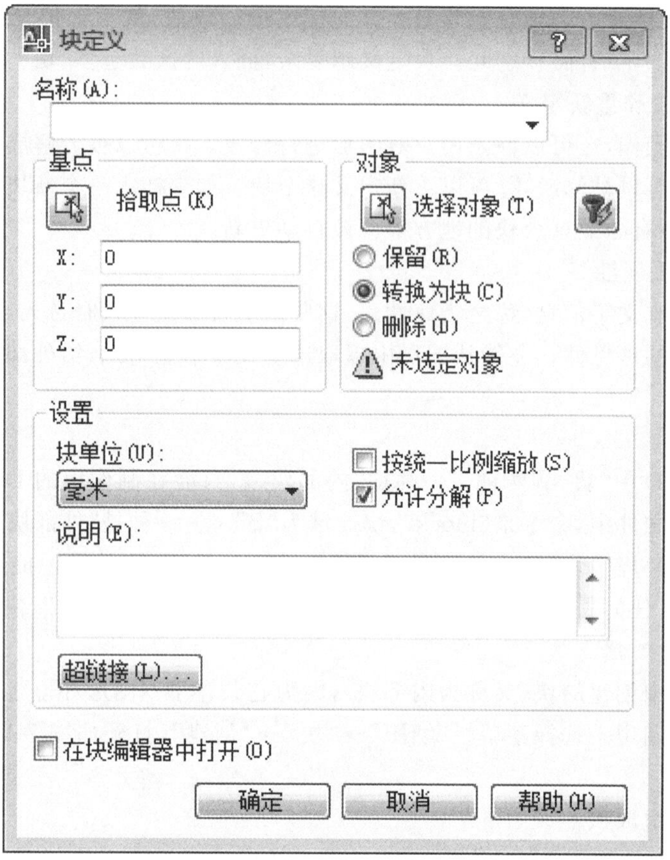

图 7-1 “块定义”对话框

块定义相关联,如图 7-3 所示。

③“按统一比例缩放”复选框:设置对象是否按统一的比例进行缩放。

⑤“允许分解”复选框:设置对象是否允许被分解。

(5)“说明”文本框:用来输入当前块的说明部分。

7.1.2.2 外部块的建立

对那些在设计中多次用到的行业标准图形,一般创建为块形式的图形文件(即外部块),又称为“写块”。大量的标准块对象可组成图形符号库。调用图块时仅仅改变其比例和旋转角度即可。“写块”对话框与“块定义”对话框有两处不同。一处是“源”区域。作为写块对象的图形来源可以是现有块,可以从列表中选取;可以是当前的整个图形,也可以是整个图形中的一部分。另一处是“目标”区域。需要指定文件的新名称和新位置以及插入块时所用的测量单位,如图 7-4 所示。

0 层上是不可以用来画图的,而是用来定义块的。定义块时首先将所有图元均设置为 0 层(有特殊情况时除外),然后再定义块。这样在插入块时,图块即插入到当前层中。不能在 defpoints 层建立图元,因为此层容易在打印时出现图元消失。

该对话框中各选项功能介绍如下。

(1)“源”选项组:用于指定块和对象,将其保存为文件并指定插入点。

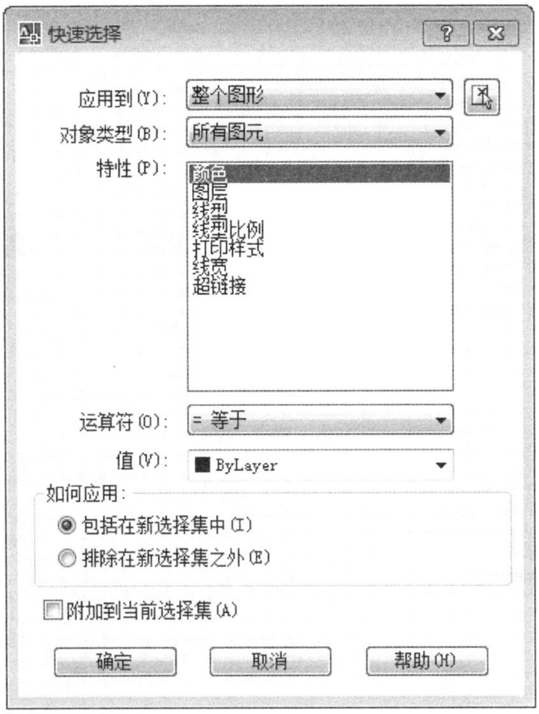

图 7-2 “快速选择”对话框

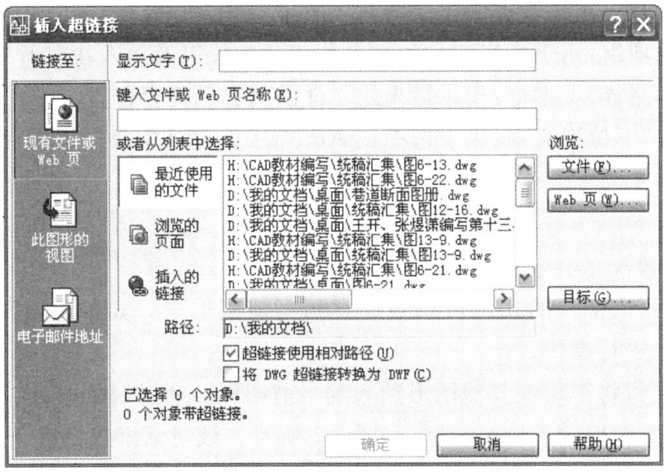

图 7-3 “插入超链接”对话框

① “块”单选按钮：选中此单选按钮，将当前文件中现有的块保存为文件。只有当前图形中已经有块时该选项才可用，可在其后的下拉列表框中选择块的名称。

② “整个图形”单选按钮：选中此单选按钮，将当前图形创建成一个块。

③ “对象”单选按钮：用于指定要保存为文件的对象。

④ “基点”选项组：指定块的基点，默认值为(0,0,0)。可以在文本框中输入基点的坐标值，也可以单击“拾取点”按钮 ，在绘图窗口中指定一点作为基点。

图 7-4 “写块”对话框

⑤“对象”选项组：用于设置创建块的对象效果，如前所述。

(2)“目标”选项组：用于指定文件的新名称和新位置以及插入块时所用的测量单位。

①“文件名和路径”文本框：用于输入块文件的名称和保存位置。

②“插入单位”下拉列表框：用于选择从 Auto CAD 设计中心中拖动块时的缩放单位。

7.1.3 图块使用

7.1.3.1 图块的插入

建立内部块后，内部块的相关信息被保存到当前图形中。如果要使用内部块，可通过“插入”→“块”命令进行操作。

图块的插入是指将图块或其他图形插入到当前图形。通过“插入”→“块”命令或命令行中输入“insert”命令调用插入块对话框，如图 7-5 所示。该对话框内各项含义如下。

(1)“名称”下拉列表框：指定要插入块的名称，或指定要作为块插入的文件名称。也可以单击其后的“浏览”按钮，打开“选择图形文件”对话框，选择保存块和外部图形。

(2)“插入点”选项组：指定块的插入点。如果选中该选项组中的“在屏幕上指定”复选框，则在绘图窗口中指定块的插入点，否则在文本框中输入插入点的坐标值即可。

(3)“缩放比例”选项组：用于设置块的插入比例。如果选中该选项组中的“在屏幕上指定”复选框，则在绘图窗口中用鼠标拖动块来指定缩放比例即可，否则在文本框中输入所插入块在 X、Y、Z 坐标轴方向上的缩放比例。此外，“统一比例”复选框用于确定所插入块在 X、Y、Z 这三个方向的插入比例是否相同。

(4)“旋转”选项组：用于设置插入块的旋转角度。如果选中该选项组中的“在屏幕上指定”复选框，则在绘图窗口中用鼠标指定旋转角度，否则在“角度”文本框中输入插入块的旋转角度即可。

(5)“块单位”选项组：用于设置块的单位以及比例。

(6)“分解”复选框：可以将插入的块分解成创建时的原始对象。

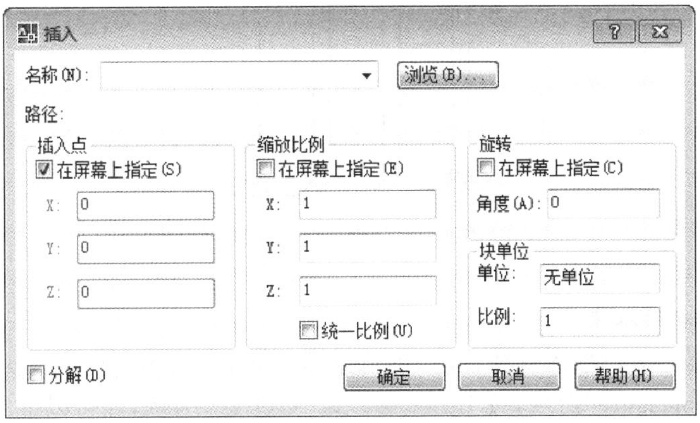

图 7-5 “插入”对话框

参数设置完成后，单击“确定”按钮插入块。

通过对话框中的“名称”下拉框输入或选择内部块的名称；通过“浏览”按钮，选择外部块的位置。在屏幕上指定插入点或输入插入图块中基点对准位置，通过缩放比例可以设置图块插入时图形的缩放比例和旋转角度。如果选择了“分解”按钮，则图块插入之后，自动分解成组成图块的对象。

插入的块是一个整体，用户无法修改。如果需要对起进行编辑，应先分解块。可以调用分解命令进行分解，也可以在插入块时选中“分解”复选框。无论使用哪种分解方法，所分解的对象只是块的引用。而块的定义仍然保存在图形文件中，并可随时被重新进行引用。对于一个按统一比例进行缩放的块，可分解为组成该块的原始对象，而对于缩放比例不一致的块，在分解时会出现不可预料的结果。分解命令“explode”，可用来分解图块。但它不是专为分解图块而设，它还可以分解单个对象。

7.1.3.2 定数等分插入块

定数等分和定距等分插入块时，必须先创建内部块。使用“定数等分”进行插入块操作时，可从菜单栏选择“绘图”→“点”→“定数等分”命令或在命令行执行“divide”命令，按 Enter 键。以“U 形棚”为例，经过以下命令执行，其结果如图 7-6 所示。

首先用直线、矩形、圆形、圆弧命令画出长 120 的直线、“U 形棚”图形，然后将“U 形棚”创建为内部块，块名为“U 形棚”。

执行 divide 命令：

选择要定数等分的对象：选择被等分直线

输入线段数目或[块(B)]：B

输入要插入的块名：U 型棚

是否对齐块和对象？[是(Y)/否(N)]：Y

输入线段数目：4

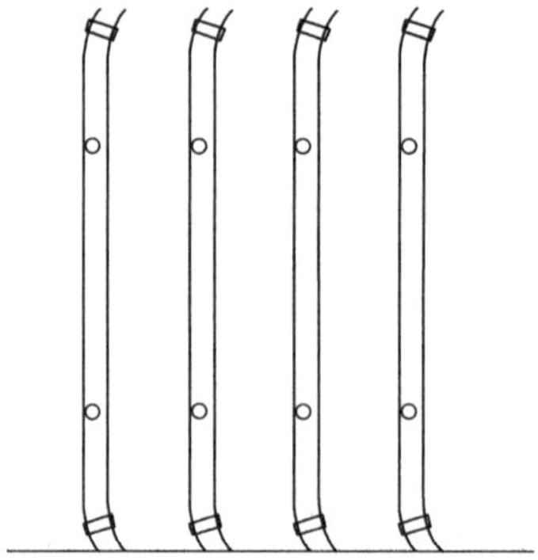

图 7-6　定数等分插入块

7.1.3.3　定距等分插入块

使用“定距等分”进行插入块操作时，可从菜单栏选择“绘图”→“点”→“定距等分”命令或在命令行执行“measure”命令，按 Enter 键。以“U 形棚”为例，经过以下命令执行，其结果如图 7-7 所示。

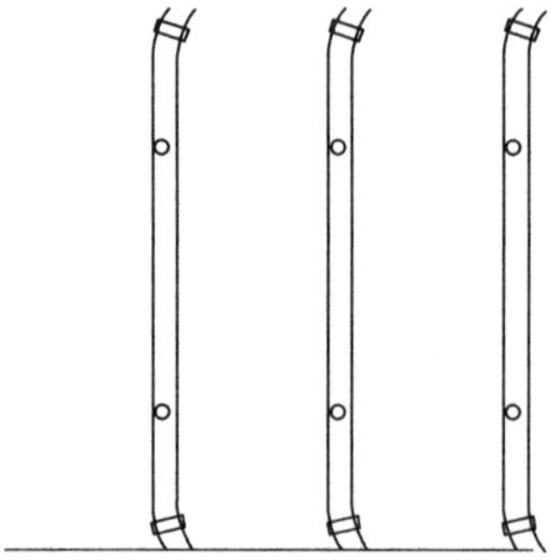

图 7-7　定距等分插入块

首先用直线、矩形、圆形、圆弧命令画出长 120 直线、“U 形棚”图形，然后将“U 形棚”创建为内部块，块名为“U 形棚”。

执行 measure 命令：

选择要定距等分的对象：选择直线

指定线段长度或[块(B)]：B

输入要插入的块名：U 形棚

是否对齐块和对象？[是(Y)/否(N)]：Y

指定线段长度：40

7.2 块 属 性

属性是一种特殊的文本对象，包含于块中，是将数据附着到块对象上的各种标签或标记。插入带有属性的块时，系统将显示或提示输入属性数据。属性是非图形信息，是块的组成部分。因此，块也可以表示为“若干实体对象”与“属性”的组合。属性具有如下特点：

(1) 属性是文字，是用键盘能够输入的字符。

(2) 属性能够被编辑。

(3) 图块被分解后，组成图块的各对象不能保持原有属性值。

属性具有两种基本作用。一种作用是为块对象附加各种注释信息；另一种作用是从图形中提取属性信息，并保存在单独的文本文件中。

插入带有变量属性的块时，系统会提示用户输入要与块一同存储的数据。块可以使用常量属性(即属性值不变的属性)。常量属性在插入块时不提示输入值。属性可以选择不可见。若属性选择不可见，则不能显示和打印该属性值，但其属性信息存储在图形文件中，并且可以写入提取文件供数据库程序使用。

7.2.1 定义属性

创建属性，即为创建描述属性特征的属性定义。属性特征包括标记(标记属性的名称)、插入块时显示的提示信息、文字格式、位置和任何可选模式(不可见、固定、验证和预置)。创建属性定义后，定义块时可以将属性定义当作一个对象来选择。插入块时都将用指定的属性文字作为提示。对每个新插入块，可以为属性指定不同的值。

属性命令启动方法：

(1) 在菜单栏中选择“绘图”→“块”→“定义属性”。

(2) 在命令行中输入“attdef”命令。命令执行后弹出“属性定义”对话框，如图7-8所示。

图7-8 “属性定义”对话框

① 在“模式”选项组中，各选项的功能如下。

(a) “不可见”(invisible)：控制属性值是否显示。选择方框，属性值不显示，但是可以提取。

(b) “固定”(constant)：设置属性值为常数或变量。不选方框，属性值为变量。

(c)“验证”(verify):设置属性值输入时是否验证。选择方框为验证,要求输入两遍属性值,两遍完全相同,才接受该值。

(d)“预置”(preset):设置是否预先设置属性的值。选择方框为预置,则块插入时不再要求输入属性值。

② 在“属性”选项组中,各选项的功能如下。

(a)“标记”文本框:标记图形中出现的属性。

(b)“提示”文本框:指定在插入包含该属性定义的块时显示的提示。

(c)“值”文本框:指定属性值。

(d)“插入字段”按钮:显示字段对话框,如图 7-9 所示。

图 7-9　属性值字段

③ 在文字设置选项组中,各选项的功能如下。

(a)“对正”文本框:指定属性文字对正。

(b)“文字样式”对话框:指定和显示属性文字的文字样式。

(c)“高度”文本框:指定属性文字的高度。

(d)“旋转”文本框:指定文字的旋转角度。

④“在上一个属性定义下对齐”复选框:选中将与上一个属性的插入点和文字设置完全相同。

⑤“锁定块中的位置”复选框:锁定块参照中属性的位置。

创建属性后,在创建块的时候,将属性作为块对象的一部分,添加到块。在插入块时,便会提示用户输入属性信息。

7.2.2　编辑属性

块中的对象属性可以通过“属性定义”对话框编辑。例如,在“属性”选项组中,填写“标记”为“A”,“提示”为“名称”,“值”为“Z”。在“写块”对话框定义带属性的块名为“新块”后，弹出如图 7-10 所示对话框。单击“确定”后，弹出“块编辑器”对话框，如图 7-11 所示。

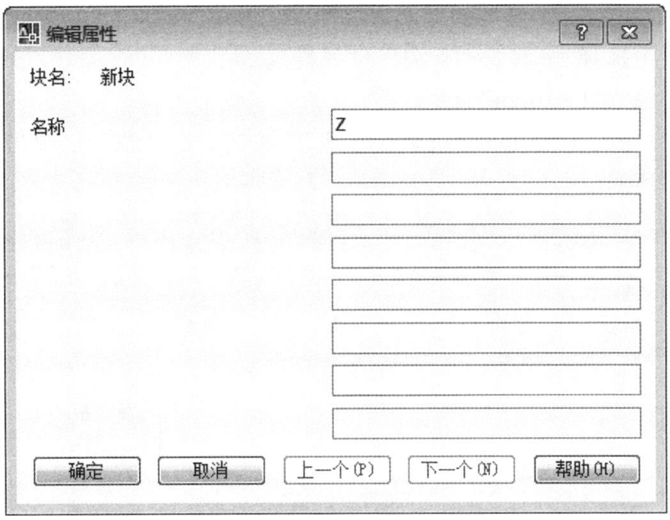

图 7-10　“编辑属性”对话框

图 7-11　“块编辑器”对话框

若要编辑块的所有属性，可以启动如下命令。

(1) 在菜单栏中选择“修改”→“对象”→“文字”。

(2) 在命令行输入“eattedit”命令。

(3) 在工具栏“修改Ⅱ”中单击“同步属性”按钮。命令执行后弹出“增强属性编辑器”对话框，如图 7-12 所示。

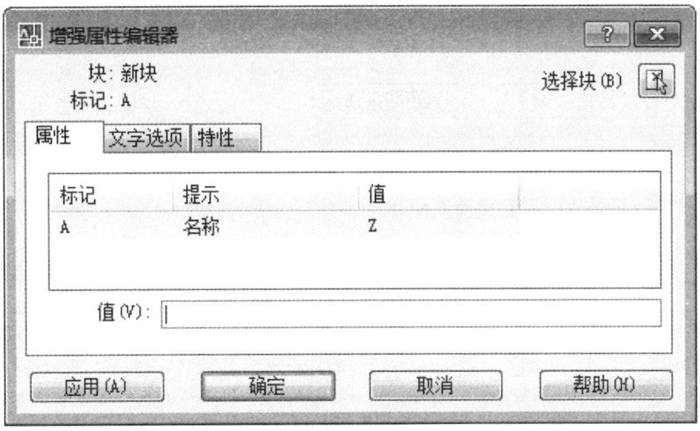

图 7-12　“增强属性编辑器”对话框

① “属性”文本框：显示并编辑块中的属性值，可以进行修改。

② “文字选项”文本框：用于设置属性值的样式、对正方式、高度和宽度比例、旋转角度

和倾斜角度等选项，以及指定反向和倒置等特殊效果。

③“特性”文本框：用于设置属性值的图层、线型、颜色、线宽以及打印样式。

若要管理块的属性，可以通过如下命令启动。

(1) 在菜单栏中选择“修改”→“对象”→“属性”。

(2) 在命令行输入“battman”命令。

(3) 在工具栏“修改Ⅱ”中单击“块属性管理器”按钮。命令执行后弹出“块属性管理器”对话框，如图 7-13 所示。

图 7-13 “块属性管理器”对话框

如果想查找其他信息，那么可单击“设置”按钮，弹出块属性“设置”对话框，如图 7-14 所示。

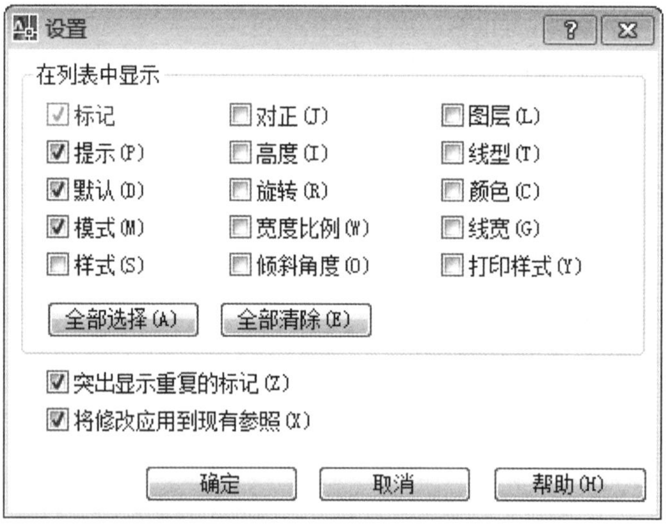

图 7-14 块属性“设置”对话框

块和属性可以通过“编辑块定义”对话框进行修改。“编辑块定义”对话框启动方法如下。

(1) 在菜单栏中选择“工具”→“块编辑器”。

(2) 单击工具栏中“块编辑器”按钮。

(3) 在命令行输入“bedit”命令。命令执行后弹出“编辑块定义”对话框，如图 7-15

所示。

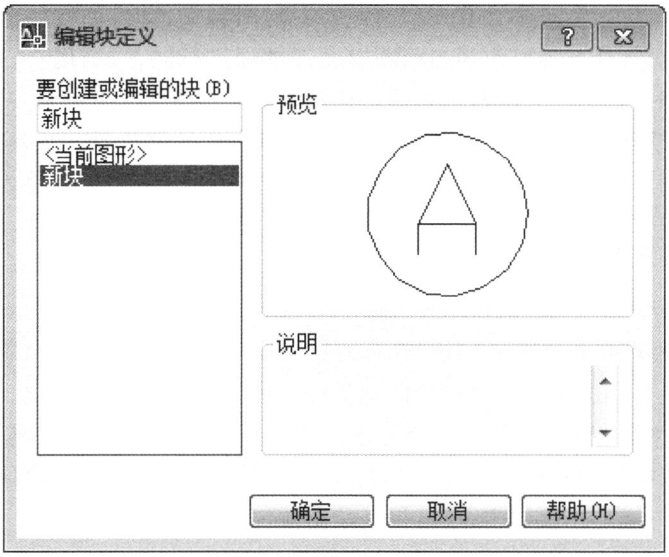

图 7-15　“编辑块定义”对话框

① “要创建或编辑的块”文本框：指定在块编辑器中要创建或编辑的块的名称。

② “要创建或编辑的块”下拉列表：显示保存在当前图形中的块定义的列表。

7.3　外部参照

7.3.1　外部参照的概念

所谓外部参照就是把一个图形文件附加到当前工作的图形中。被插入的图形文件信息并不直接加到当前的图形文件中，当前图形只是记录了引用关系。插入的参照图形与外部的原参照图形保留着一种“链接”关系，即外部的原参照图形如果发生了改变，那么被插入到当前图形中的参照图形会做相应的改变。外部参照适用于正在进行中的项目的分工协同合作。

7.3.2　外部参照与图块的区别

外部参照与图块命令功能类似，但有着实质的区别：

(1) 当一个图形被作为块插入当前图形时，块定义和所有关联的几何图形都将存储在当前图形数据库中，并且修改原图形后，当前图形中的块不会随之更新。当一个图形文件被作为外部参照插入到当前图形中时，外部参照中的每个图形的数据仍分别保存在各自的源图形文件中，当前图形文件中所保存的只是外部参照的名称和路径。

(2) 外部参照图形是以调用的形式插入到当前图形中的图形文件。在 Auto CAD 中，A 图作为外部参照被 B 图引用，则称 A 图为外部参照图形，B 图为宿主图形。外部参照图形和宿主图形共同构成当前图形。

(3) 在外部参照图形中所作的修改和保存等操作，将会及时地反映在当前图形中。使用外部参照不会明显地增加当前图形文件大小。当前图形文件大小基本与宿主图形大小一致。这是因为当用户保存一个含有外部参照的当前图形文件时，系统仅会储存外部参照的名称和路径而不会将外部参照作为当前图形文件数据进行储存；当用户打开一个含有外部参照的图形文件时，系统仅会按照记录的名称和路径去搜索显示外部参照文件。

(4) 在当前图形文件中，用户可以对外部参照进行比例缩放、移动、复制、镜像或旋转等操作，还可以控制外部参照的显示状态，但这些操作都不会影响到外部参照的源图文件。

7.3.3 外部参照使用条件

在下面两种情况下，可考虑使用外部参照文件。

(1) 由多个用户共同完成一项任务时，总图可外部参照每个用户绘制的图形文件。当打开总图时，总是自动调用每个用户的图形文件的最新版本。

(2) 图形文件作为块插入到另一个图形文件下，使该图形文件大小增加，造成编辑不便或软盘不能存储、拷贝或传输。在这种情况下，应使用外部参照，减小调用文件的存储量。调用文件和被参照文件单独编辑，还可提高绘图效率。

7.3.4 外部参照创建

外部参照命令调用方法如下：

(1) 在菜单栏中选择“插入”→“外部参照”。

(2) 在命令行输入“xattach”命令。选择作为外部参照的文件后，弹出“外部参照”对话框，如图 7-16 所示。

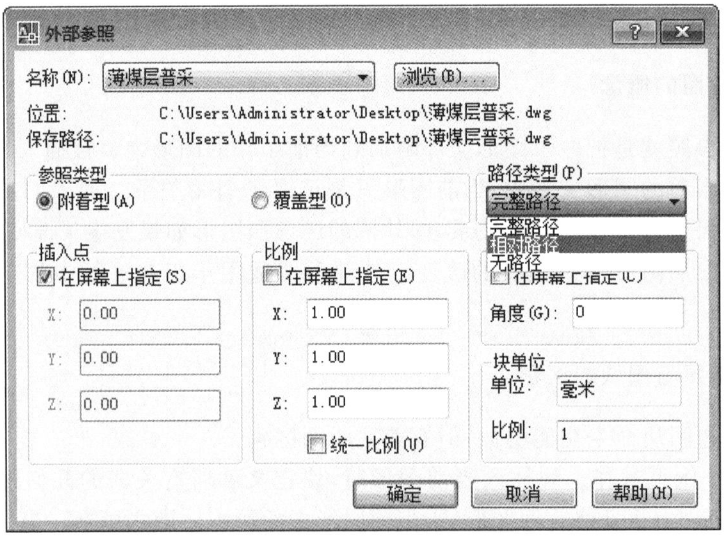

图 7-16 “外部参照”对话框

该对话框内各选项功能如下。

① “名称”文本框：用于列出外部参照的名称并显示当前参照的路径。单击“浏览”按钮可启动“选择参照文件”对话框，指定新的外部参照的路径。

② “参照类型”选项组：用于指定外部参照是“附着型”还是“覆盖型”。

(a)"附着型"选项:在图形中插入附着型的外部参照时,如果其中嵌套有其他外部参照,那么将嵌套的外部参照包含在内。

(b)"覆盖型"选项:在图形中插入覆盖型的外部参照时,任何嵌套在其中的覆盖型外部参照都将被忽略,而且其本身也不能显示。

③"路径类型"文本框:用于指定外部参照的保存路径。其包括"完整路径"、"相对路径"和"无路径"。

(a)"完整路径"选项:使用此路径时,外部参照的精确位置将保存到主图形中。

(b)"相对路径"选项:使用此路径时,只保存外部参照相对于主图形的位置,此路径灵活性最大。

(c)"无路径"选项:使用此路径时,Auto CAD 将先在主图形的文件夹中查找外部参照。

④"插入点"选项组:用于指定所选外部参照的插入点。用户可以选中"在屏幕上指定"复选框,然后在屏幕上指定插入点,或在该复选框下面的文本框中输入坐标值确定插入点。

⑤"比例"选项组:用于指定外部参照的比例因子。

⑥"旋转"选项组:用于设置外部参照的旋转角度。

7.3.4　插入 DWG、DWF、DGN 参考底图

在 Auto CAD 中新增了插入 DWG、DWF、DGN 参考底图的功能。该类功能和附着外部参照功能相同,用户可以在"插入"菜单中选择相关命令。

DWF 格式文件是一种从 DWG 文件创建的高度压缩文件格式。DWF 文件易于在 Web 上发布和查看。DWF 文件是以矢量格式为基础创建的压缩文件。用户打开和传输压缩 DWF 文件要比打开和传输 DWG 格式要快得多。DWF 文件支持实时平移和缩放以及对图层显示和命令视图显示的控制。

DGN 格式文件是 MicroStation 绘图软件生成的文件。DGN 文件格式不限制精度、层数以及文件和单元的大小。数据是经过快速优化、校验并压缩到 DGN 文件中的。这样更有利于节省网络带宽和存储空间。

7.3.5　管理外部参照

在 Auto CAD 中,用户可以在"外部参照"选项板中对外部参照进行编辑和管理。用户单击选项板上方的"附着"按钮可以添加不同格式的外部参照文件;在选项板下方的外部参照列表框中显示当前图形中各个外部参照文件名称;选择任意一个外部参照文件后,在下方"详细信息"选项组中显示该外部参照的名称、加载状态、文件大小、参照类型、参照日期及参照文件的存储路径等。

用户可以单击"外部参照"选项板右上方的"列表图"或"树状图"按钮,来设置外部参照列表框的显示形式,如图 7-17 所示。

当附着多个外部参照后,在外部参照列表框中的文件上右击,将弹出图 7-18 所示的快捷菜单。用户可以在该菜单上选择不同的命令对外部参照进行相关的操作。各命令选项功能如下。

(1)"打开"命令:当选择该命令时,可以在新建窗口中打开选定的外部参照进行编辑。

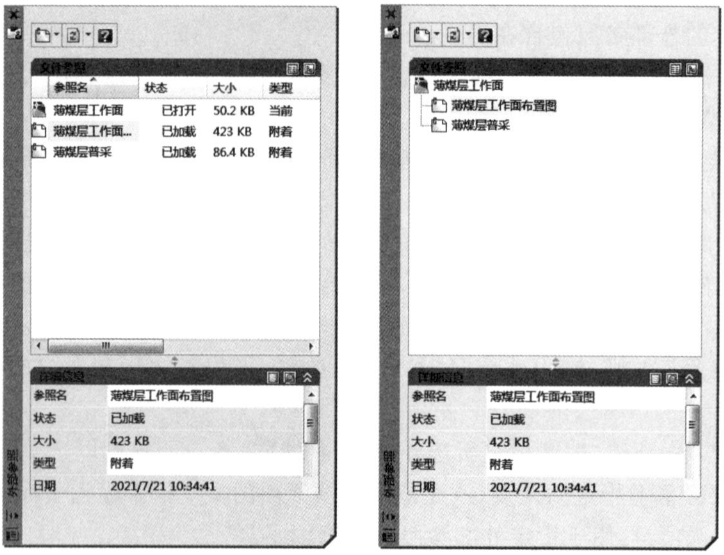

(a) 以列表形式显示外部参照　　(b) 以树状图形式显示外部参照

图 7-17　外部参照列表框显示形式

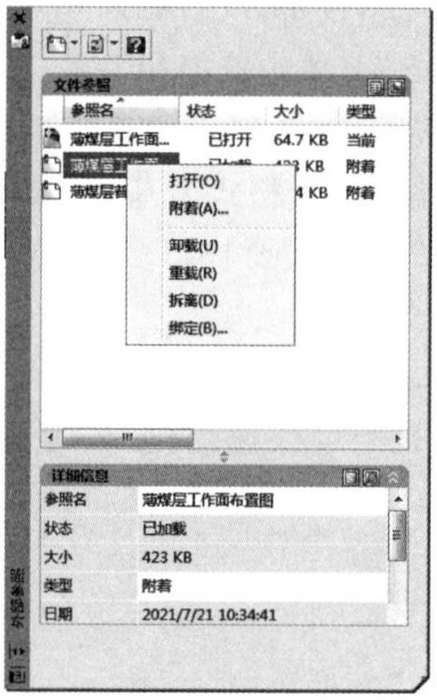

图 7-18　管理外部参照文件

(2) “附着”命令：当选择该命令时，可以打开“选择参照文件”对话框，在该对话框中选择需要插入到当前模型空间的参照文件。

(3) “卸载”命令：当选择该命令时，可以从当前图形中移走不需要的外部参照文件，移走后仍保留该参照文件的路径；当要再次参照该图形时，单击对话框中的“重载”按钮即可。

(4) “重载”命令：当选择该命令时，可以在不退出当前图形的情况下，更新外部参照文件。

(5) “拆离”命令：当选择该命令时，可以从当前图形中移去不需要的外部参照文件。

(6) “绑定”命令：当选择该命令时，通过绑定将依赖外部参照的命名对象合并到图形中后，可以像使用图形自身的命名对象一样使用它们。

7.4 光栅图像

光栅图像，是指由一些称为像素的小方块或点的矩形栅格组成的图像。Auto CAD 给出了多数常见图像格式的支持。常见图像格式包括(.bmp)、(.jpg)、(.gif)等。

7.4.1 图像附着

利用图像的第一步是将图像附着到宿主图形上。下面讲述图像附着的具体方法。

(1) 打开命令方式。

① 命令行：IMAGEATTACH(或 IAT)。

② 菜单栏：插入→光栅图像参照。

③ 工具栏：参照→附着图像。

(2) 操作步骤。

执行上述命令方式后，打开如图 7-19 所示的"选择参照文件"对话框。在"选择参照文件"对话框中选择需要插入的光栅图像，并且单击"打开"按钮，打开"附着图像"对话框，如图 7-20 所示。在"附着图像"对话框中指定光栅图像的插入点、比例和旋转角度等特性。若选中"在屏幕上指定"复选框，则可以在屏幕上用拖拽图像的方法来指定；若单击"显示细节"按钮，则对话框将扩展，并列出选中图像的详细信息(如精度、图像像素尺寸等)。设置完成后，单击"确定"按钮，即可将光栅图像附着到当前图形中。

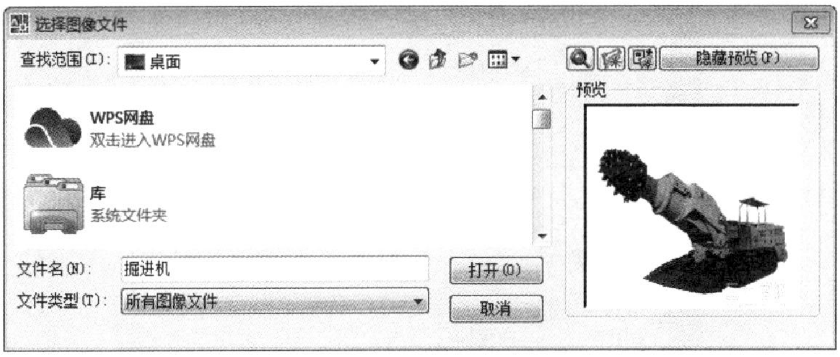

图 7-19 "选择参照文件"对话框

7.4.2 光栅图像管理

光栅图像附着后，可以利用相关命令对其进行管理。

(1) 打开命令方式。

命令行：IMAGE(或 IM)。

(2) 操作步骤。

执行该命令，在打开如图 7-21 所示的"外部参照"对话框中，选择要进行管理的光栅图像，即可对其进行拆离等操作。

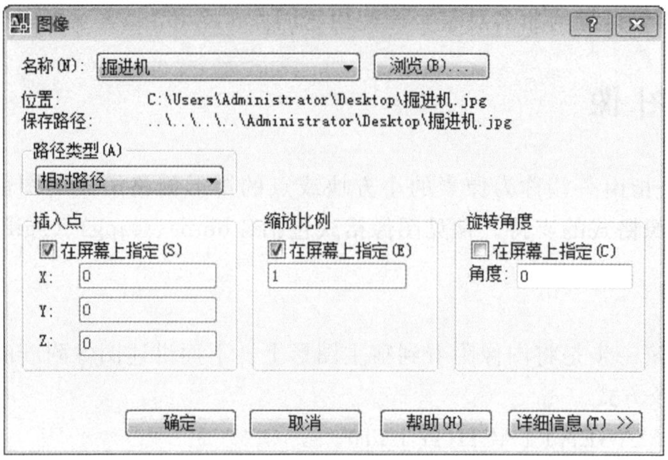

图 7-20 “附着图像”对话框

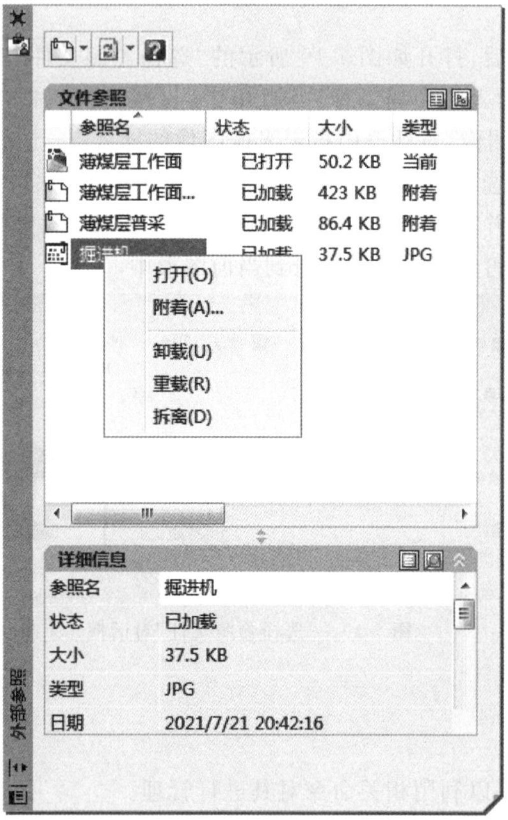

图 7-21 “外部参照”对话框

7.4.3 其他命令

在 Auto CAD 中，还有一些关于光栅图像的命令，在“参照”工具栏中可以找到这些命令。这些命令与外部参照的相关命令操作方法类似。下面仅作简要介绍。

（1）IMAGECLIP 命令：裁剪图像边界的创建与控制，可以用矩形或多边形作剪裁边界；可以控制裁剪功能的打开与关闭，还可以删除裁剪边界。

（2）IMAGEFRAME 命令：控制图像边框是否显示。

（3）IMAGEADJUST 命令：控制图像的亮度、对比度和褪色度。

（4）IMAGEQUALITY 命令：控制图像显示的质量。高质量显示速度较慢，草稿式显示速度较快。

（5）TRANSPARENCY 命令：控制图像的背景像素是否透明。

7.5　Auto CAD 设计中心

Auto CAD 设计中心自 Auto CAD 2000 版本以来，不断被修改和完善补充，已经是一个集管理、查看和重复利用图形的多功能高效工具。利用设计中心，用户不仅可以浏览、查找、管理 Auto CAD 图形等不同资源，而且只需要拖动鼠标，就能轻松地将一张设计图纸中的图层、图块、文字样式、标注样式、线型、布局及图形等复制到当前图形文件中。由此可见，使用一个设计中心就可以实现非常多的功能，不必每次都调用别的命令。对于经常从事绘图的人员来说，设计中心的熟练掌握是必需的。设计中心可以帮助用户最有效地使用过去的设计信息，减少花在查找原有数据和重复相似设计上的时间，从而大大提高绘图的效率。

7.5.1　Auto CAD 设计中心的启动和组成

7.5.1.1　命令调用方式

（1）在下拉菜单："工具"→"选项板"→"设计中心"。

（2）在命令行：AdcEnter（或 Adc）。

（3）使用快捷键：＜Ctrl＋2＞。

7.5.1.2　操作说明

执行设计中心命令后，弹出"设计中心"选项板，如图 7-22 所示。

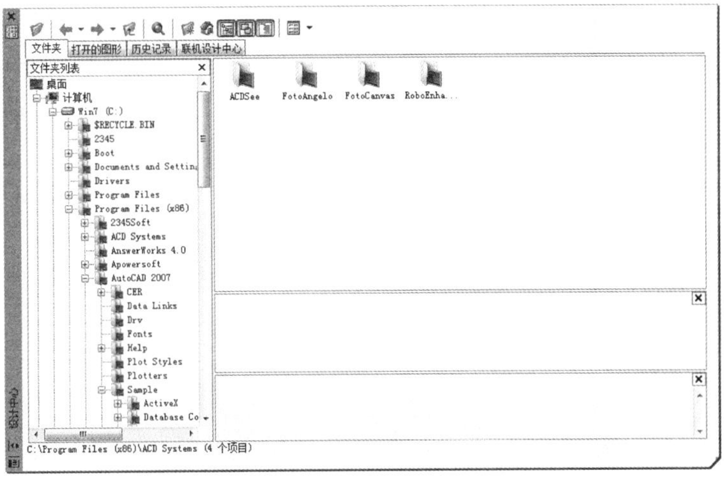

图 7-22　"设计中心"选项板

（1）工具栏。

工具栏位于窗口上边，由“加载”、“上一页”、“下一页”、“上一级”、“搜索”、“收藏夹”、“主页”、“树状图切换”、“预览”、“说明”、“视图”等按钮组成。

① “加载”按钮：单击“加载”按钮，弹出加载对话框。用户可以选择需要的加载文件类型。

② “上一级”按钮：单击“上一级”按钮，可以将现在查询的内容跳回到上一级内容中。

③ “搜索”按钮：用于快速查找对象。单击“搜索”按钮，弹出“搜索”对话框。可以用该对话框快速查找图形、填充图案、填充图案文件、图层、块、图形和块、外部参照、文字样式、线型、标注样式和布局等。

④ “收藏夹”按钮：单击该按钮，可以在“文件夹列表中”显示 Favorites/Autodesk 文件夹中的内容，同时在树状视图中反向显示该文件夹。可以通过收藏夹来标记存放在本地硬盘、网络驱动器或 Internet 网页上常用的文件。

⑤ “树状图切换”按钮：单击该按钮，可以显示或隐藏树状视图。

⑥ “预览”按钮：单击该按钮，可以打开或关闭预览窗格，以确定是否显示预览图像。打开预览窗格后，单击控制板中的图形文件。若该图形文件包含预览图像，则在预览窗格中显示该图像。若选择的图形中不包含预览图像，则显示为空。

⑦ “说明”按钮：用于打开或关闭说明窗口，以确定是否显示说明内容。

⑧ “视图”按钮：用于确定控制板所显示内容的格式。单击该按钮，将弹出一快捷键菜单，可以从中选择显示内容的显示格式。

（2）选项卡。

窗口第二行为选项卡。选项卡包括：“文件夹”、“打开的图形”、“历史纪录”、“联机设计中心”。

① “文件夹”选项卡：显示设计中心的内容设置为本计算机的桌面，或是本地计算机的资源信息，也可以是网上邻居的信息。

② “打开的图形”选项卡：显示在当前 Auto CAD 环境中打开的所有图形。此时单击某个文件图标，就可以看到该图形的有关设置，如图层、线型、文字样式、块及尺寸样式等。

③ “历史记录”选项卡：显示最近访问过的文件，包括这些文件的完整路径，如图 7-23 所示。

图 7-23 “历史记录”选项卡

7.5.2　向图形添加内容

7.5.2.1　添加图块

利用 Auto CAD 设计中心添加图块步骤如下。

(1) 从文件夹列表或查找结果列表中选择要插入的图块，按住鼠标左键，将其拖动到打开的图形。松开鼠标左键，此时，被选择的对象被插入到当前被打开的图形中。利用当前设置的捕捉方式，可以将对象插入到任何存在的图形当中。

(2) 按下鼠标左键，指定一点作为插入点；移动鼠标。鼠标位置点与插入点之间距离为缩放比例。按下鼠标左键确定比例。同样方法移动鼠标。鼠标指定位置与插入点连线与水平线角度为旋转角度。被选择的对象就根据鼠标指定的比例和旋转角度插入到当前图形中。

7.5.2.2　附着外部参照

利用 Auto CAD 设计中心附加或覆盖外部参照的步骤如下。

(1) 从控制板或"搜索"对话框，选择外部参照，在快捷菜单选择"附着外部参照"命令打开"外部参照"对话框，如图 7-24 所示。

(2) 在该对话框的"参照类型"选项组选择"附着型"或"覆盖型"。

(3) 输入插入点坐标、比例或旋转角度，或者选择"在屏幕上指定"，指定插入位置。

(4) 在对话框单击"确定"按钮。

(5) 拖动鼠标到打开的图形，指定插入位置，单击鼠标左键确定。

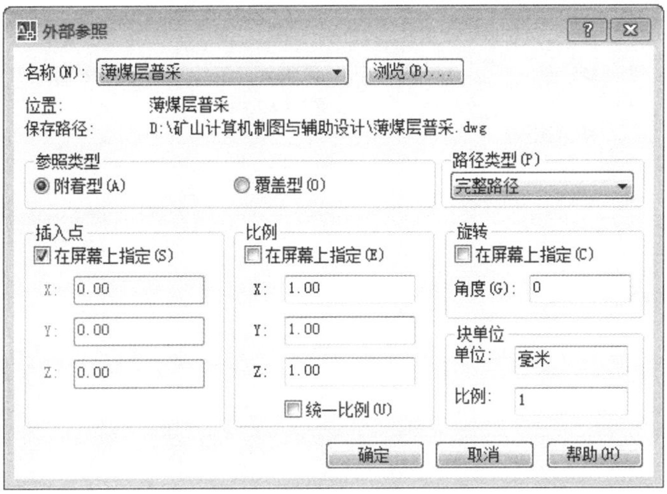

图 7-24　"外部参照"对话框

7.5.2.3　附着光栅图像

利用 Auto CAD 设计中心附加光栅图像的步骤如下。

(1) 从控制板选择需要附加的光栅文件的图标，右击光栅文件的图标，打开快捷菜单，在快捷菜单选择"附着图像"命令。

(2) 在打开的"图像"对话框中输入插入基点的坐标、比例和旋转角度或选择"在屏幕上指定"并确认退出

(3) 拖动鼠标到绘图屏幕指定插入位置和比例等，单击鼠标左键确定。

7.5.2.4 图形复制方法

(1) 在图层之间拷贝图块。

① 在控制板选择需要拷贝的图块,右击打开快捷菜单,选择“复制”命令。

② 将图块复制到剪贴板上,然后通过“粘贴”命令粘贴到当前图形上。

(2) 在图形之间拷贝图层。

① 拖动图层到已打开的图形:确认要拷贝图层的目标图形文件被打开,并且是当前的图形文件。在控制板或查找结果列表框中选择要拷贝的一个或多个图层,拖动图层到打开的图形文件,松开鼠标后被选择的图层就被拷贝到当前打开的图形中。

② 拷贝或粘贴图层到打开的图形:确认要拷贝图层的图形文件被打开,并且是当前的图形文件。在控制板或查找结果列表框中选择要拷贝的一个或多个图层。右击打开快捷菜单,在快捷菜单中选择“复制到粘贴板”命令。如果要粘贴图层,那么需要确认粘贴的目标图形文件被打开,并为当前文件。右击打开快捷菜单,在快捷菜单选择“粘贴”命令。

7.5.3 在设计中心中查找内容

7.5.3.1 命令调用方式

工具栏:“标准”→“设计中心”→搜索按钮 。

7.5.3.2 操作步骤

执行命令后,弹出“搜索”对话框,如图 7-25 所示。

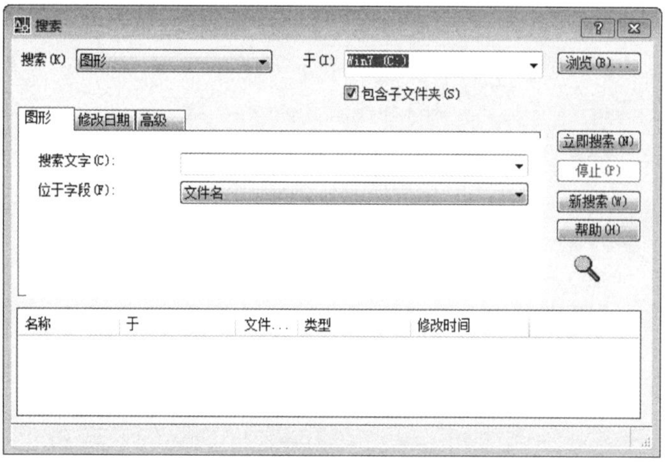

图 7-25 “搜索”对话框

使用 Auto CAD 设计中心的查找功能,可以通过“搜索”对话框快速查找如图形、块、图层及尺寸样式等图形内容或设置。

在“搜索”对话框中,可以通过设置条件来缩小搜索范围,或者搜索块定义说明中的文字和其他任何“图形属性”对话框中指定的字段。该对话框各个选项的功能如下。

(1) “搜索”下拉列表框:给出了可查找的对象类型,包括图层、图形、块、填充图案、外部参照、布局、文字样式、线型、表格样式等。当在“搜索”下拉列表中选择的对象不同时,对话框显示的选项卡也不同。

(2) “于”下拉列表框:显示了当前的搜索路径。可单击“浏览”按钮重新指定搜索路径。

如果选中了“包含子文件夹”复选框，那么可将搜索范围扩大到当前搜索路径中的所有子文件夹。

若在“搜索”下拉列表中选择了除“图形”和“填充图案文件”之外的对象，则对话框只有一个选项卡。用户可在该选项卡中的“搜索名称”列表框中指定要查找对象的名称。

如果在“搜索”下拉列表中选择“图形”选项，对话框将显示三个选项卡(分别用于指定不同的搜索条件)。

(1)“图形”选项卡：是根据图形的特性来设置搜索条件，包括“文件名”、“标题”、“主题”、“作者”以及“关键字”等。

(2)“修改日期”选项卡：是根据图形的日期来设置搜索条件，如图7-26所示。指定文件创建或上一次修改的日期或范围，默认情况下不指定日期。

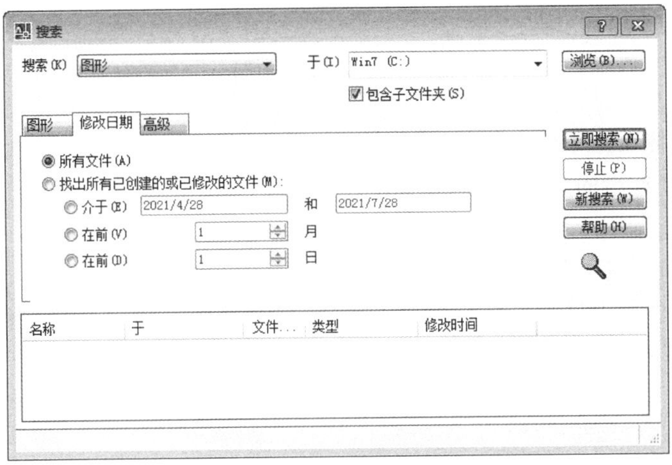

图7-26 “修改日期”选项卡

(3)“高级”选项卡：是根据图形的内容或大小来设置搜索条件，如图7-27所示。“包含”下拉列表中包含“块名”、“块和图形说明”、“属性标记”和“属性值”等选项。可以在这些选项卡中输入文字进行搜索，查找包含特定文字的块名、块和图形说明、属性标记、属性值。还可以在这些选项卡中指定搜索文件的大小范围。例如，如果在“大小”下拉列表中选择“至少”选项，在其后的文本框中输入100，那么表示查找大小为100 kB以上的文件。

完成搜索条件的设置后，单击“立即搜索”按钮进行搜索。如果查到了符合条件的项目，那么会显示在对话框下部的搜索结果列表框中。用户可以在指定的项目上单击鼠标右键弹出快捷菜单，选择“加载到内容区中”即可将搜索结果加载到内容区，也可以直接将搜索结果插入到当前图形中。

7.5.4 使用收藏夹

Auto CAD系统在安装时，自动在Windows系统的收藏夹中创建一个名为“Autodesk”的子文件夹，并将该文件夹作为Auto CAD系统的收藏夹。在Auto CAD设计中心中可将常用内容的快捷方式保存在该收藏夹中，以便在下次调用时进行快速查找。

单击“设计中心”工具栏上的收藏夹图标，就可以显示收藏夹的内容。

在左边的树状图中打开图形文件所在的文件夹，选中要添加到收藏夹的文件，然后单击

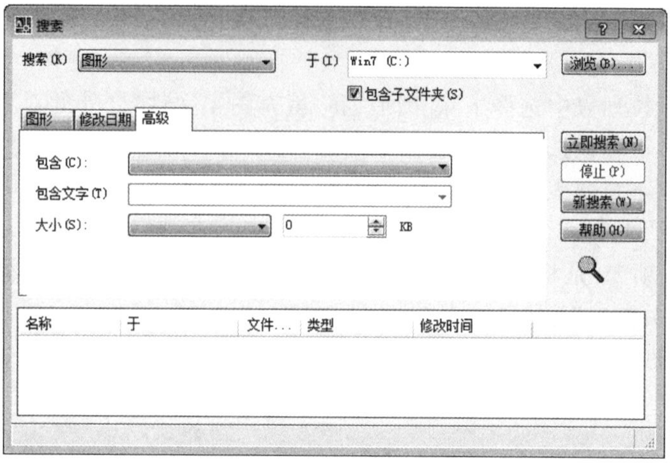

图 7-27 “高级”选项卡

右键，从弹出的快捷菜单中选择“添加到收藏夹”选项，即可把图形文件添加到收藏夹中去。

对添加到收藏夹中的文件，用户可以很方便管理，如打开、复制图块、复制图层以及插入附着等。

当收藏夹的内容过多时，用户可以进行删除。这时就要组织收藏夹。可以在树状图或内容区中，在选中项目上单击鼠标右键，从弹出的快捷菜单中选择“组织收藏夹”，Windows资源管理器立即显示 Autodesk 收藏夹的内容。这时可对图形进行删除、复制、重命名等操作。

7.6 应用实例

本节分别对定义块、插块、属性块以及使用附着外部参考等功能做应用举例。

7.6.1 创建与编辑块

7.6.1.1 创建内部块

按照图 7-28 所示的尺寸绘制煤矿地质图件中常见到的直指北针，并将其创建成内部图块。

首先依据给定的尺寸绘制直指北针，然后将绘制好的直指北针图形创建成块，其具体的操作过程如下。

(1) 命令调用。

① 在“绘图”工具栏中，单击“创建块”按钮 。

② 在菜单中：“绘图”|“块”|“创建”

③ 在命令行：输入 block/b(回车)。

(2) 用户可选用上述三种方法中的任意一种调用“创建块”的命令。调用“块”命令后，系统弹出如图 7-1 所示的“块定义”对话框。

(3) 在“块定义”对话框“名称(A)”下面的名称框中输入所建图块的名称“直指北针”。

(4) 在“块定义”对话框“基点”区域单击“拾取点”图标 ，为建立的块指定一个插入到其他图形时的基点(基点是指在其他图形中插入块时,与光标重合并跟随光标移动的点)。

(5) 在“块定义”对话框“基点”区域单击“拾取点”图标后,系统会返回到正常的绘图状态;用户选择并单击直指北针图形上的某点作为基点,系统又返回到“块定义”对话框。

(6) 单击“块定义”对话框中“对象”区域的,系统会返回到正常的绘图状态;此时框选住直指北针后回车,系统又返回到“块定义”对话框。

(7) 在“块定义”对话框中单击“确定”按钮,此时,用户会发现绘好的直指北针图形成为一个整体,将光标置于直指北针图形上时整体高亮显示,如图 7-29 所示。

(8) “块定义”对话框中“对象”区域有关选项说明。

① 保留:如果用户单击此选项前面的单选按钮,那么创建图块完成后,绘图窗口中被建成块的图形会保留原来的样子,即图形仍然是由一系列的图形元素构成的,没有成为一个整体。

② 转换为块:如果用户单击此选项目前面的单选按钮,那么创建图块完成后,绘图窗口中被建成块的图形会变成一个整体。

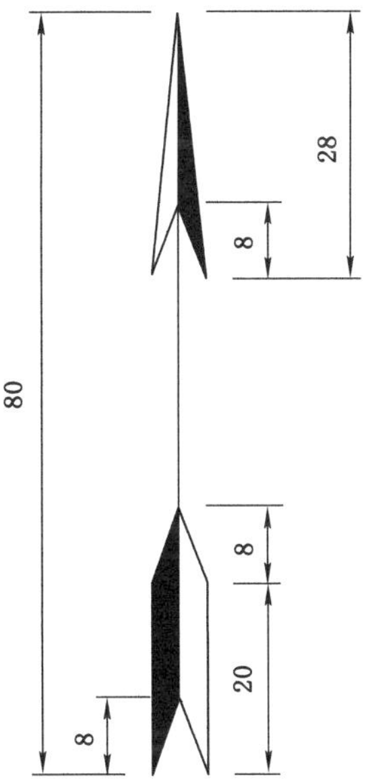

图 7-28 直指北针

③ 删除:如果用户单击此选项前面的单选按钮,那么创建图块完成后,绘图窗口中被建成块的图形会被自动删除。

注意:用户通过建立的图块属于内部图块。这种图块只能在建立块的当前图形文件中插入使用,不能在其他图形文件中使用。如果要将建立的块用于其他图形文件,那么用户需要建立外部图块。

7.6.1.2 创建外部块

绘制图 7-30 所示的钻孔图形,并将其创建成外部图块。

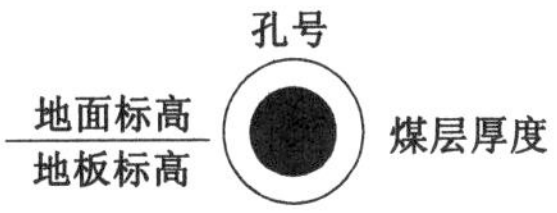

图 7-30 钻孔图形

图 7-29 选中创建的块

(1) 命令调用:在命令窗口中输入“wblock/w”命令,回车系统弹出“写块”对话框。

(2) 在“对象”前的单选按钮被选中的情况下,单击“基点”区域的“拾取点”图标,系统返回到绘图窗口;指定基点后,系统又返回到“写块”对话框。

(3) 单击“对象”区域的“选择对象”前的图标,系统返回到绘图状态,光标变成拾取框的形式,此时框选整个钻孔图形并按回车键,系统又返回到“写块”对话框。

(4) 在“写块”对话框“目标”区域填写外部块保存路径并为所创建的块取名为“钻孔”

(5) 单击“写块”对话框中的“确定”按钮,即完成了外部块的创建工作。

7.6.2　在图形中插入块

用户对于已建好的内部块或外部块的使用主要是将它们插入到当前绘制的图形中。这样做不但提高了绘图效率，而且还保证了图形中相同要素的一致性。

下面介绍将块插入图形的步骤：

(1) 命令调用。

① 单击“绘图”工具栏中“插入块”按钮。

② 选择“插入”菜单“块”命令。

③ 命令行内输入 Insert 命令。

(2) 调用“插入块”命令后，系统会弹出“插入”对话框。

(3) 在弹出的“插入”对话框中选择所要插入的块文件，如“直指北针”或“钻孔”。

(4) 在窗口中指定基点，按“回车”键后结束“插入”命令。

7.6.3　定义属性块

属性块的应用以矿图中的图签为例，如图 7-31 所示。

龙煤双鸭山矿业有限责任公司东荣二矿（东二）采区			
30煤层采掘工程平面图			
制　　图	朱 淑 艳	矿　　长	刘 洪 泉
校　　对	梁 新 春	制图日期	2020.6.1
科　　长	崔 伦 贵	比 例 尺	1:2000
总工程师	慕　　扬	编　　号	121

图 7-31　图签

7.6.3.1　定义属性

先建立相应行数和列数的表格。执行“文字样式”命令，弹出“文字样式”对话框后，分别创建“小标题”(字体为宋体、字高为 7)、“大标题”(字体为黑体、字高为 12)、“数据行”(字体为宋体、字高为 8)三种字体。然后执行属性块命令，弹出“属性定义”对话框，输入图 7-32 中“标记”“提示”右侧显示的文字。最后点击“确定”按钮。将标记“A”插入到小标题中间位置，如图 7-33 中所示。按以上方法，依次设置不同“属性”区中的值，如表 7-1 所示，其效果如图 7-33 所示。

7.6.3.2　写块

执行“写块”命令后设置合适的文件名和保存路径，其具体操作步骤见“写块”应用。如图 7-33 所示，写块前图中显示的是“属性块”标记，如 A、B、C 等。

单击“写块”对话框中的“确定”按钮，将快速闪现出“写块预览”，然后出现“编辑属性”对话框，在此对话框中将显示“属性块”中设置的“提示”和“值”。

写块结果标题栏中所定义的属性块的“标记”将被“值”取代。

7.6.3.3　插入属性块

将带有属性的标题栏块插入到绘图区中，其具体操作步骤如下：

图 7-32 “属性定义”对话框

表 7-1 “属性定义”对话框中设置的详细信息值

序号	标记(T)	提示(M)	拾取点	对正(J)	文字样式
1	A	采区	A	中间	小标题
2	B	图类	B		大标题
3	C	制图	C		数据行
4	D	校对	D		
5	E	科长	E		
6	F	总工程师	F		
7	G	矿长	G		
8	H	制图日期	H		
9	I	比 例 尺	I		
10	J	编号	J		

A			
B			
制　　图	**C**	**矿　　长**	**G**
校　　对	**D**	**制图日期**	**H**
科　　长	**E**	**比 例 尺**	**I**
总工程师	**F**	**编　　号**	**J**

图 7-33 属性定义标记及位置

命令:insert ↙//执行“插块”命令

指定插入点或[比例(S)/X/Y/Z/旋转(R)/预览比例(PS)/PX/PY/PZ/预览旋转(PR)]:

输入 X 比例因子，指定对角点，或[角点(C)/XYZ]＜1＞

输入 Y 比例因子或＜使用 X 比例因子＞：↙

指定旋转角度＜0＞：↙

输入属性值

采区：龙煤双鸭山矿业有限责任公司东荣二矿(东二)采区↙

图类：30 煤层采掘工程平面↙

制图：朱淑艳↙

校对：梁新春↙

科长：崔伦贵↙

总工程师：慕扬↙矿长：刘洪泉↙

制图日期：2020.6.1↙

比例尺：1∶2000↙

验证属性值，如：

采区＜龙煤双鸭山矿业有限责任公司东荣二矿(东二)采区＞：↙

图类＜30 煤层采掘工程平面＞：↙

验证完成后，即可出现最终图签，如图 7-31 所示。

若想修改图签的内容，则插入该带属性的图签后，在输入属性值时，更改图名、图类、人名等信息即可。

练　习　题

1. 将图 7-30 定义为带属性的块。孔号、地面标高、底板标高、煤层厚度为钻孔的属性，并将属性值分别修改为 ZK21、32、−331、2，如图 7-34 所示。

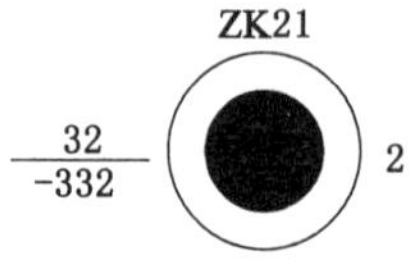

图 7-34　修改属性值后的煤矿钻孔

第2篇

应 用 篇

第8章 线型制作

8.1 提出问题

在绘制如表8-1所示的边界线时，或许您与笔者遇到过同样的问题——费时、费力。究其原因有以下几个方面的问题。

(1) “线型”中有图形(以下统称为“形”)。

(2) 线型中的“线”与“形”的比例不好掌握，费时。

(3) 线型反复应用，费力。

表8-1 边界线图例

序号	名称	图例
1	勘探边界线	
2	矿区边界线	
3	井田境界线	
4	煤柱边界线	
5	采区边界线	
6	可采边界线	

采矿工程、资源勘查工程、测绘工程等专业制图时，都会应用固定的线型图例表达专业意图。线型比例协调、统一是各专业制图时都需综合考虑的问题。既然费时、费力，是否可以开发专业线型来解决这个问题？答案是肯定的。Auto CAD为我们提供了应用组件“Express”。Express就像是一座“桥梁”。桥的一端是“线”，另一端是“形”。我们只需编写“.lin”文件，就可以让线与形“相会”而生成“线型”。

8.2 解决问题

初学该部分内容时，容易被线、形、型弄得晕头转向，明确一下三者的关系。

(1) 线：就是应用绘图命令“L”绘制的那条线。

(2) 形：直接表达为线中的图形。就是应用绘图命令“L”绘制的那条线中包含的图形。

(3) 型:就是通过线型管理器加载管理的线型,如图 8-1 所示。

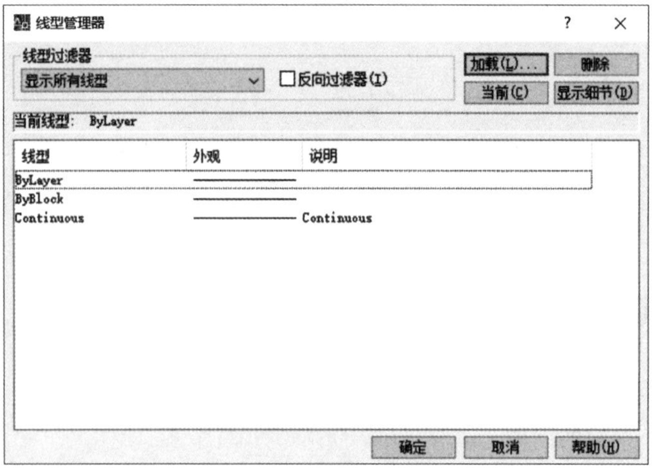

图 8-1　线型管理器

我们的思路是这样的:首先,通过 Express 把"形"编译为能够在线型中加载的"形文件";其次,编写". lin"文件;最后,通过线型管理器加载制作的线型。

为了便于说明线型制作过程,把长线、短线、空、形作为线型四要素。显然,我们需要的线型,具有如下特点。

(1) 线中有图形。

(2) 长线、短线、空、形三者比例协调。

8.2.1　生成"形文件"

图形是不能在线型中直接被加载的,需要把图形编译成为"形文件"后使用。Auto CAD 中的系统文件给了我们启示。

在 Auto CAD 的安装目录下找到图 8-2 所示的 UserDataCache 文件夹。

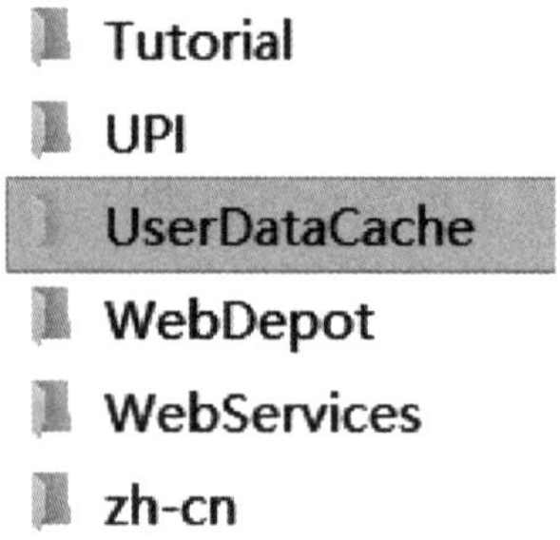

图 8-2　UserDataCache 文件夹

该文件夹是系统保护文件。通过如下方法可以让其"现身",如图 8-3 所示。

在文件夹窗口中单击【查看】选项卡→单击【选项】,在弹出的【文件夹选项】窗口中选择【查看】选项卡,找到"隐藏文件和文件夹",选择"显示隐藏的文件、文件夹和驱动器",如图 8-4 所示。

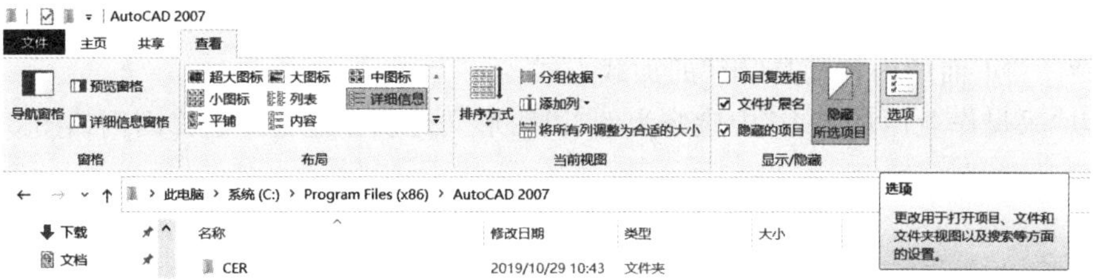

图 8-3　显示系统保护文件方法

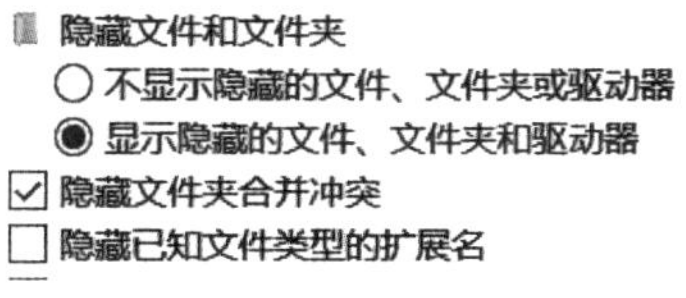

图 8-4　显示隐藏文件、文件夹

一番操作后，UserDataCache 文件夹即可现身。打开 Support 文件夹，用记事本打开“acad. lin”文件，找到 FENCELINE1 线型，如图 8-5 所示。

```
*FENCELINE1,Fenceline circle ----0-----0----0-----0----0-----0--
A,.25,-.1,[CIRC1,ltypeshp.shx,x=-.1,s=.1],-.1,1
```

图 8-5　FENCELINE1 线型

该线型在 Auto CAD 中表现为图 8-6 中所示样式。

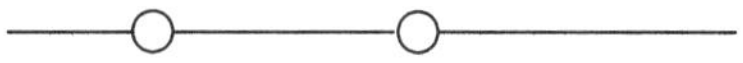

图 8-6　绘图命令 L 绘制的线长为 100 的 FENCELINE1 线型

该线中有图形，符合我们的需求。通过“acad. lin”文件加载形文件【ltypeshp. shx】，从而实现线中有图形。这种方法给我们带来几个问题。

(1) 是否可以通过这种方法制作专业线型，以减轻制图重复工作量并提高制图效率？

(2) 扩展名为“shx”的“ltypeshp. shx”文件是如何形成的？

(3) 线型四要素的比例如何解决？

这几个问题的答案是这样的：可以通过这种方法制作专业线型；扩展名为“shx”的文件是通过“Express”组件编译而来；线型四要素的比例可以在“acad. lin”文件中找到答案。

制作线型前，需明确图 8-5 中的内容：

(1) * 后面的 FENCELINE1 是线型名称，Fenceline 后面的是线型描述。

(2) “. 25”就是 0. 25，表示“线”的长度；“－. 1”就是－0. 1，表示“空”的长度；1 也是表示线的长度。

(3) 在[CIRC1，ltypeshp. shx，x＝－. 1，s＝. 1]中，CIRC1 是形(线中图形，即圆)名称；参数 x 表示形在线中的 X 方向偏移距离；s 表示形在线中的比例。此外，还有参数 y、r，参数 y 表示形在线中 Y 方向偏移距离；参数 r 表示形在线中的旋转角度。

线型四要素终于现身了："1"就是"长线"长度；"0.25"就是"短线"长度；"－.1"就是"空"的长度；"[ ]"里面的内容就是"形"的加载方式。

现以"采煤作业循环图表"中检修为例，说明形文件制作过程。检修图例如图 8-7 所示。

图 8-7　检修图例

检修图例形文件制作步骤如下：

(1) 打开 Auto CAD 绘制一个直径为 0.25 的封闭半圆弧，如图 8-8 所示。

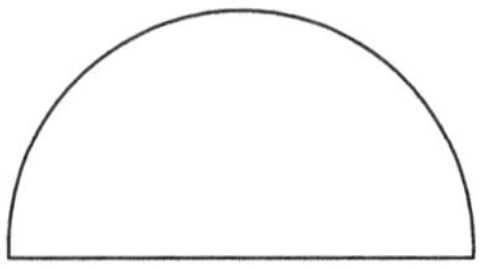

图 8-8　封闭半圆弧

(2) 按图 8-9 所示，单击【Made Shape】后弹出如图 8-10 所示的对话框。输入 JX 文件名后单击【保存】按钮，保存形文件 JX. shp。

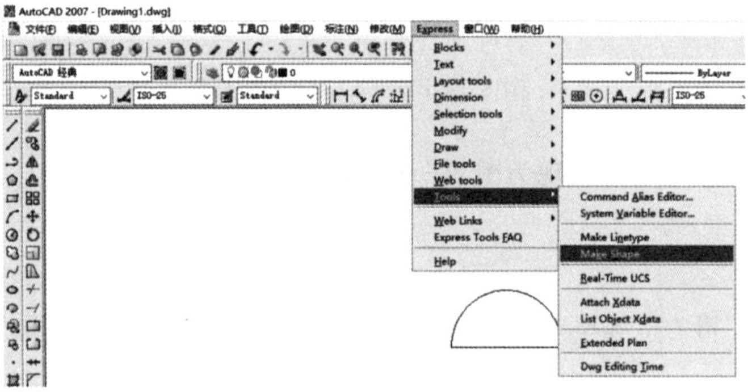

图 8-9　生成形文件

(3) 在 Auto CAD 文本窗口出现如图 8-11 所示的提示信息。

(4) 输入 JX 后按"回车"键确认。

(5) 在"Enter resolution<128>："提示信息下直接按"回车"键确认。

(6) 在出现"Specify insertion base point："提示信息后，选择圆心作为基点。

(7) 在出现"选择对象："提示信息后，选择图 8-8 中图形后按"回车"键确认。

查看"我的文档"，发现多了两文件：JX. shp 和 JX. shx。这就是我们需要的"形文件"。

8.2.2　编写线型文件

制作线型时，还有一个问题需要解决：长线、短线、空、形三者比例关系。在上节内容中为什么选择直径为 0.25 的封闭（封闭与否并不重要）半圆弧作为"形"？这里的 0.25 启示来源系统的 CENTER（中心线）线型。acad. lin 线型文件中的 CENTER 线型如图 8-12 所示。

该线型的表现形式如图 8-13 所示。

图 8-10　保存形文件

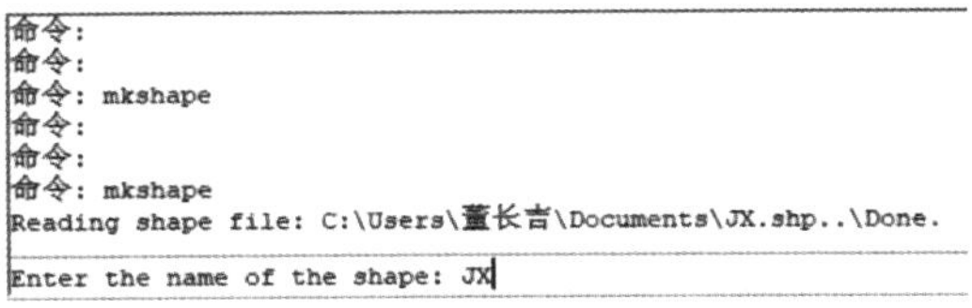

图 8-11　提示信息

```
*CENTER,Center
A,1.25,-.25,.25,-.25
```

图 8-12　CENTER 线型

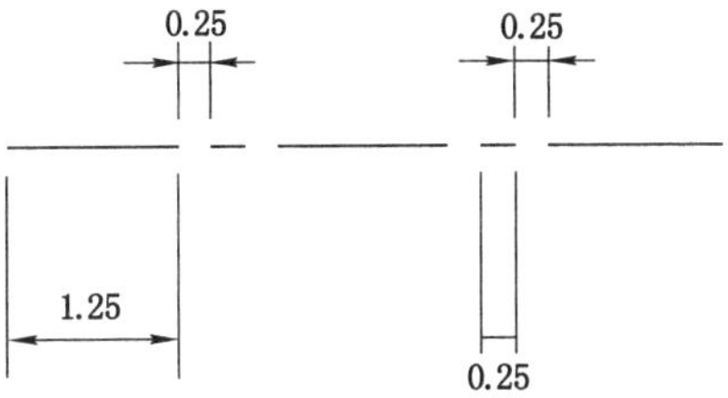

图 8-13　中心线

这样上述三者比例关系得以解决。检修线型文件如下：

＊JX,jianxiu

A,1.25,−0.125,[JX,JX.shx,x=0,y=0,r=0,s=1],−0.125

复制该段文字到记事本中，把记事本 txt 扩展名改为 lin 并保存到我的文档中。启动 Auto CAD 并打开线型管理器，如图 8-14 所示。

单击【加载(L)】后选择线型文件完成加载，如图 8-15 所示。

检修线型绘制结果如图 8-16 所示。

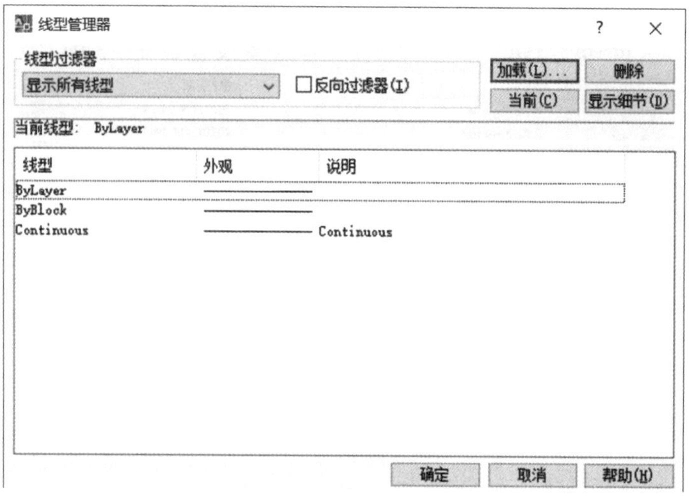

图 8-14 “线型管理器”对话框

图 8-15 选择线线型文件 JX.lin

线型文件有多种编写形式。需根据“形”的尺寸、样式，灵活设置线型四要素，确保其四要素比例协调、尺寸关系满足专业制图标准即可。实际操作时可能会出现线型制作失败的提示信息。通过以下几点可以降低线型制作出错率。

(1) 把形文件、线型文件保存到“我的文档”中。

(2) 制作形文件时的形名称应与形文件名称保持一致(区分大小写)。

(3) 线型四要素的比例关系要提前算好。

制作线型时，“填充实体”无法作为“图形”而编译为“形文件”。填充实体在线型中会表现为“空心”形式。可以打开相关专业制图标准，找到线型图例制作需要的线型。

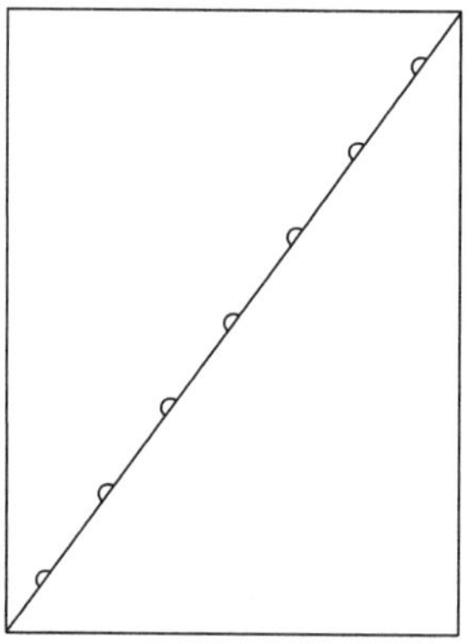

图 8-16 检修线型

第 9 章　煤矿常用图形绘制方法与案例

9.1　剖面图、水平地质切面图绘制方法与案例

9.1.1　剖面图绘制方法与案例

剖面图包括地质剖面图、水文地质剖面图和工程地质剖面图，也称为勘探线剖面图（垂直切面图）。剖面图反映了矿体在垂直面上的赋存状态，也是金属矿床储量估算的底图。剖面图中主要内容包括：

（1）水平高程线、剖面线方向、切过的经纬线、煤柱线。

（2）剖面切过的地形地物及剖面切过的矿区（井）边界。

（3）剖面切过的全部钻孔及附近的投影钻孔，井探工程及全部巷道、采空区。

（4）地层分界线，煤层、标志层、断层、褶曲轴及其岩浆侵体、陷落柱名称代号。

（5）煤层风、氧化带界线。

说明：

（1）先连断层后连煤层。

（2）钻孔必须绘制岩性符号。

（3）至少每年填绘修编一次。

9.1.1.1　地质剖面图绘制方法

煤岩层对比结束后，下一步就是绘制地质剖面图。地质剖面图的绘制有三种方法。

（1）根据勘探线上的钻孔绘制剖面图（见图 9-1）。以钻孔数据为依据，对比、连接地层。勘探线方位一般是依据区域地质图上煤层赋存状态确定的。按倾向方向布设勘探线就是倾向剖面，反之就是走向剖面。剖面图形成后，经过综合分析，个别钻孔煤层号可能需要修改，这时候还要重新修正钻孔柱状图和煤岩层对比图煤层编号。

（2）根据煤层底板等高线绘制剖面图（见图 9-2）。将剖面线经过的煤层、构造、巷道、积水区等对应的高程投影到剖面上。

（3）根据水平地质切面图绘制剖面图。至少有两个水平的切面图才能绘制剖面图，将水平切面图上的巷道、采空区、煤层、构造等按对应高程投影到剖面上。

9.1.1.2　水文地质剖面图和工程地质剖面图绘制方法

水文地质剖面图和工程地质剖面图绘制方法与地质剖面图绘制方法基本相同，其不同的是：

（1）水文地质剖面图和工程地质剖面图采用的钻孔必须经过水文地质或工程地质相关参数测定。钻孔旁应标注水文地质或工程地质参数（如单位涌水量、渗透系数、内摩擦

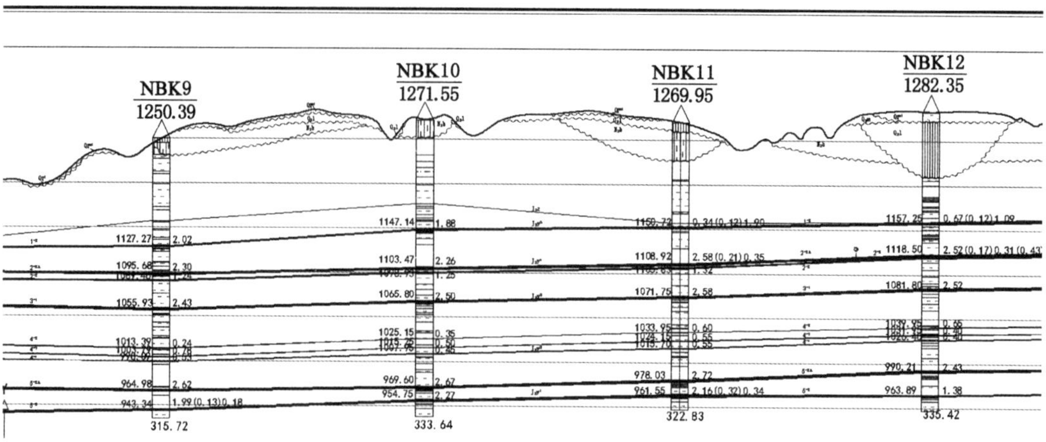

图 9-1　根据勘探线上的钻孔绘制剖面图

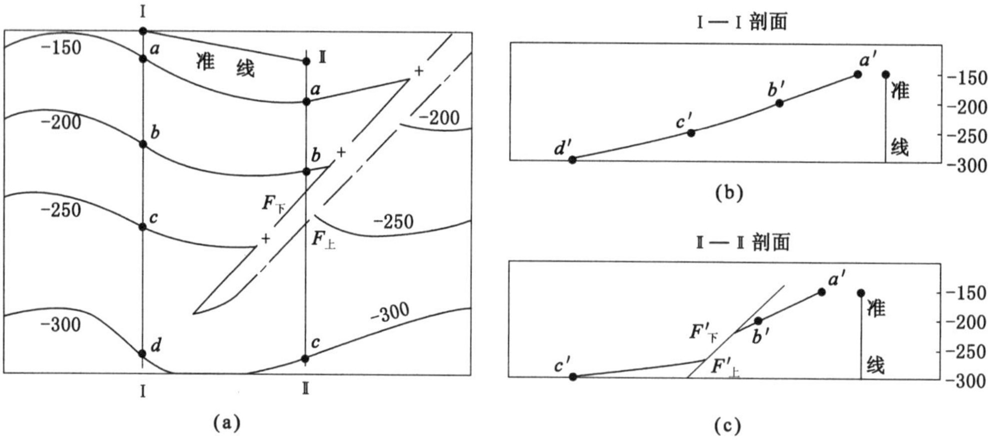

图 9-2　根据煤层底板等高线绘制剖面图

角等）。

（2）这两种图形岩性全部充填，有时还应按地层年代（如第四系、侏罗系等）充填区域颜色。

9.1.2　立井井筒和工业场地保护煤柱绘制方法

为防止开采引起的岩层移动和变形危及井筒和工业广场地内的建筑物，立井井筒和工业广场地下均需要留设保护煤柱。井筒和工业场地建筑物受保护面积分两部分。一部分是地面建筑物本身，另一部分是建筑物周围增加的围护带后扩展的面积。围护带是为抵消留设保护煤柱时移动角的误差引起的煤柱尺寸不足和因井上下位置关系不准确而造成保护煤柱的尺寸和位置的误差。立井井筒工业场地保护煤柱围护带宽度按 20 m 计算。本节介绍采用“垂直剖面法”确定立井井筒和工业场地保护煤柱的方法。

9.1.2.1　确定受保护面积

确定受保护面积时，分为以下三种情况：建筑物外边界与煤层走向平行或正交；建筑物外边界与煤层走向斜交；工业场地内有多种建筑物且延伸方向互不平行。确定受保护面积方法如图 9-3 所示。

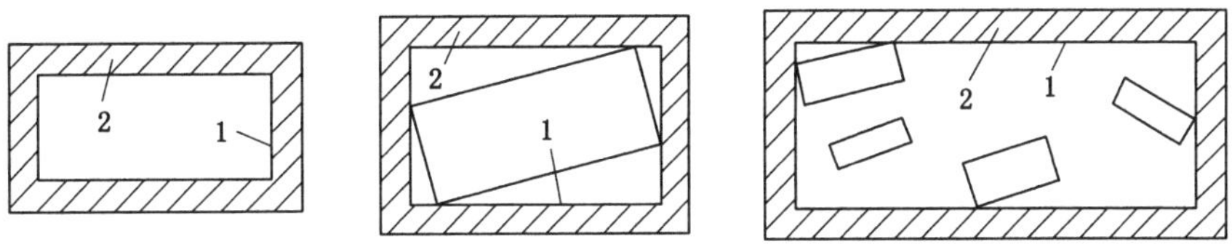

1—以建筑物外边界角点用矩形框确定边界线；2—围护带(20 m)。

图 9-3　确定受保护面积方法

9.1.2.2　作图

① 在煤层底板等高线图上，确定受保护面积。

② 确是地表要保护的范围。沿煤层走向与倾向做剖面，确定地表要保护范围，如图 9-4 所示。在图 9-4 中 $ab=mn$；$bc=qk$。

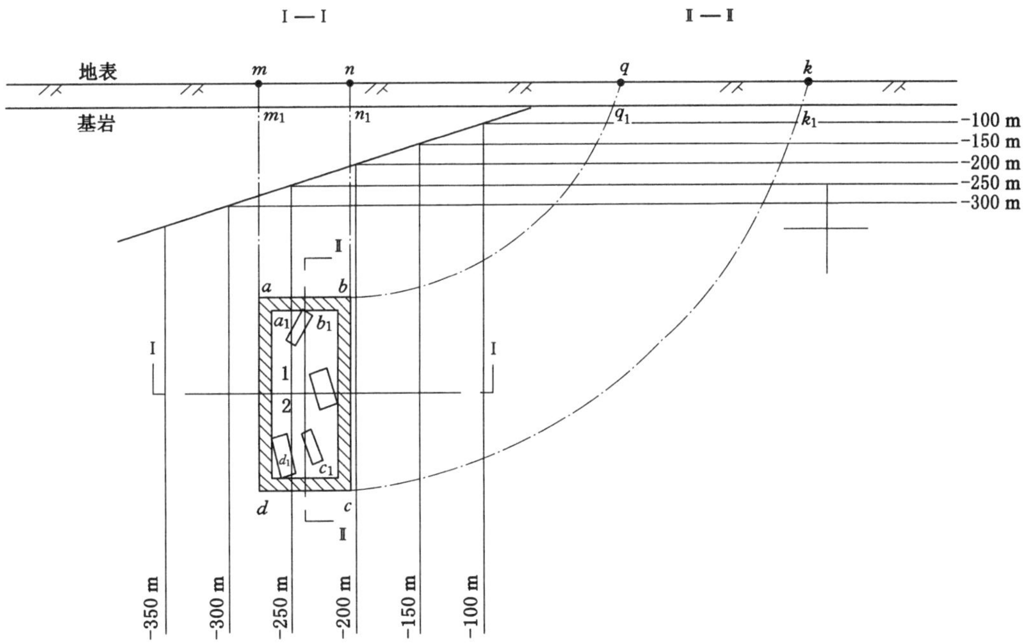

图 9-4　走向、倾向剖面确定地表要保护的范围

③ 在Ⅰ—Ⅰ剖面与Ⅱ—Ⅱ剖面，过 m、n 和 q、k 四点，按松散层移动角 φ 做直线与基岩相交于 m_1、n_1 和 q_1、k_1。

④ 在Ⅰ—Ⅰ剖面，过 m_1 和 n_1 两点，按下同移动角 β 和上山移动角 γ 画直线与煤层交于 n_2 和 m_2 两点；在Ⅱ—Ⅱ剖面，过 q_1、k_1 按走向移支角 δ 画直线，与煤层交于与 n_2 同标高

的 q_2、k_2 两点、与 m_2 同标高的 q_3、k_3 两点。

⑤ 将 m_2 和 n_2 及 q_2、q_3、k_2 和 k_3 投影到煤层底板等高线图上，得 $ABCD$ 四点，连接后得到平面上的保护煤柱边界，图中 $BD=q_2k_2$；$AC=q_3k_3$，如图 9-5 所示。

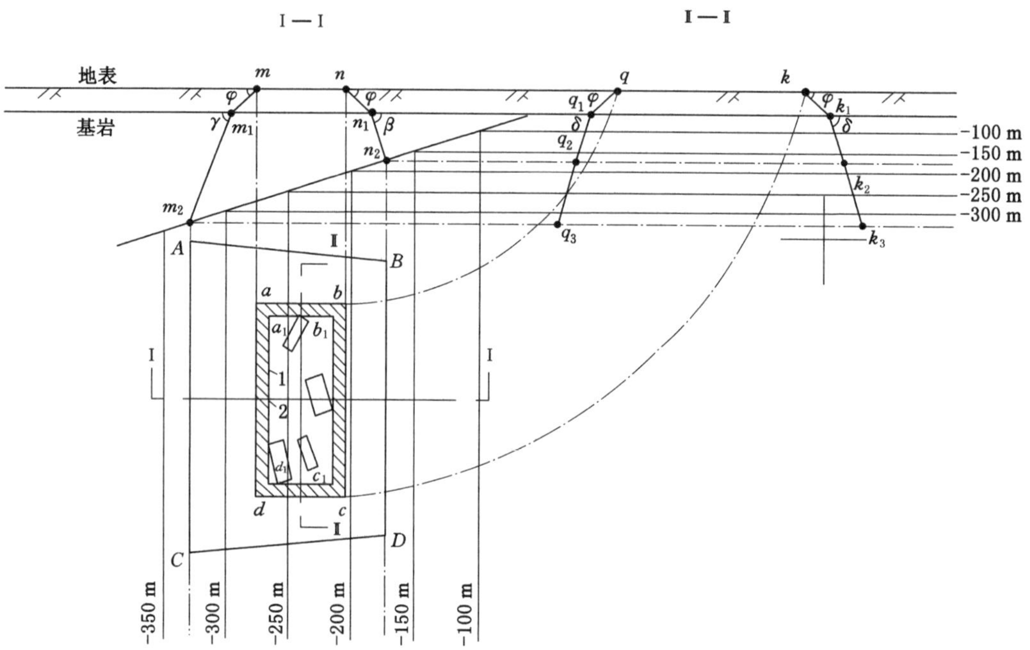

图 9-5　平面图中的保护煤柱边界

用垂直剖面法求取的立井井筒和工业场地保护煤柱形状，在平面图中是对称的梯形。在绘图过程中应掌握如下要领：

① 绘制平行线时尽量采用偏移命令。

② 在确定 m、n、q、k 点时可采用两点单独画线后，应用移动、旋转的方法，以确定走向剖面与倾向剖面受保护范围。

③ 在绘图时要以“只选需要的点”为原则灵活设置“对象捕捉”命令。

9.1.3　水平地质切面图绘制方法与案例

水平地质切面图（见图 9-6）主要用于煤层倾角变化较大地区（向背斜比较明显），反映某一水平面（如－315 m 标高），而且只反映该水平面的全部地质情况和井巷工程的图件。通过水平地质切面图可以了解该水平上煤层的厚度、煤层间距、主要标志层、含水层、地质构造的分布及沿水平方向的变化，以及井巷工程等情况。水平地质切面图是矿井开采水平的巷道设计和巷道掘进施工的主要依据，是倾斜、急倾斜、多煤层、构造复杂矿井必备的图件。

水平地质切面图的数据来源主要是巷道写实资料，相当于放倒的大巷实测剖面图。同一煤层、同一构造需连线；断层线为单线（储量图上断层线是上下盘双线）。

水平地质切面图绘制方法：

（1）绘制坐标网格、指北针、地质剖面线和井田边界线。

(2) 绘制位于该水平的井底车场、运输大巷、石门和煤巷等所有井巷工程，以及穿过该水平的全部钻孔。

(3) 绘制该水平切过的所有煤层、主要标志层、含水层、地层分界线、断层和岩浆侵入体等。

(4) 注记煤层厚度、产状、巷道名称等。

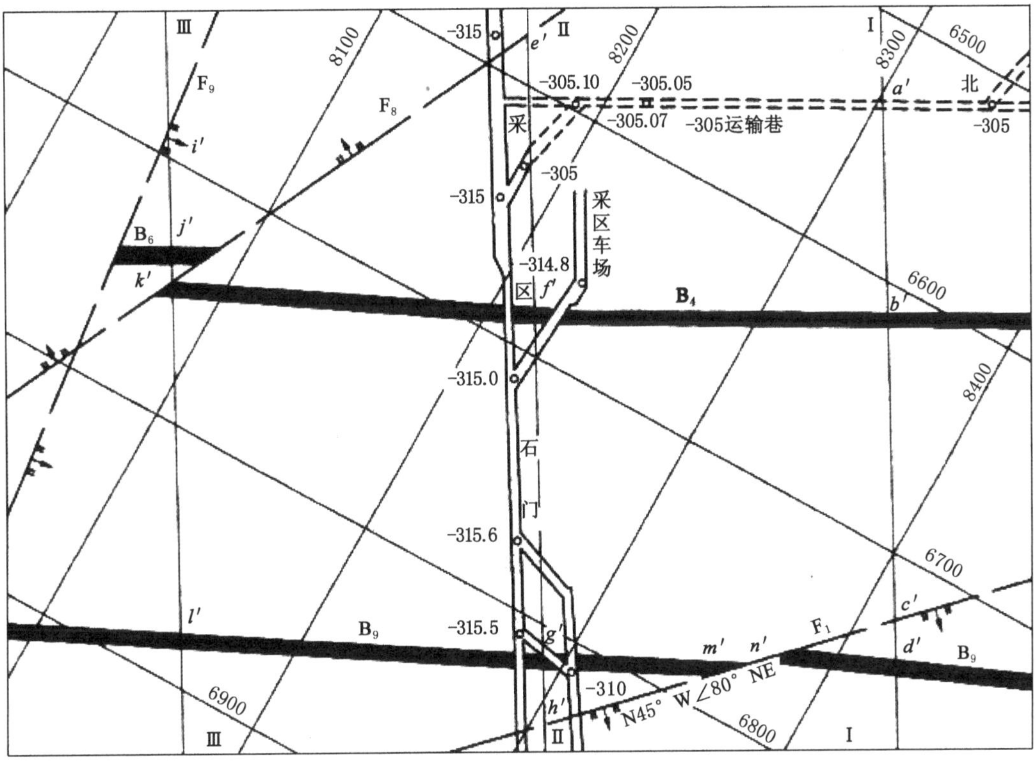

图 9-6　某矿－315 m 水平地质切面图

9.2　巷道断面图绘制方法

井巷掘进为地下煤炭资源开采创造空间，巷道净断面必须满足行人、运输、通风和安全设施及设备安装、检修、施工的需要。在《煤矿安全规程》(2021 版)中，关于巷道断面有明确规定。

① 采用轨道机车运输的巷道净高，自轨面起不得低于 2 m。架线电机车运输巷道的净高，在井底车场内、从井底到乘车场，不小于 2.4 m；其他地点，行人的不小于 2.2 m，不行人的不小于 2.1 m。

② 采(盘)区内的上山、下山和平巷的净高不得低于 2 m，薄煤层内的不得低于 1.8 m。

③ 运输巷(包括管、线、电缆)与运输设备最突出部分之间的最小间距，应当符合表 9-1 的要求。

巷道净断面的设计，必须按支护最大允许变形后的断面计算。

表 9-1　运输巷与运输设备最突出部分之间的最小间距

巷道类型	顶部/m	两侧/m	备注
轨道机车运输巷道		0.3	综合机械化采煤矿井 0.5 m
输送机运输巷道		0.5	输送机机头和机尾处与巷帮支护的距离应当满足设备检查和维修的需要并不得小于 0.7 m
卡轨车、齿轨车运输巷道	0.3	0.3	单轨运输巷道宽度应当大于 2.8 m,双轨运车运输巷道宽度度应当大于 4.0 m
单轨吊车运输巷道	0.5	0.85	曲线巷道段应当在直线巷道允许安全间隙的基础上,内侧加宽不小于 0.1 m,外侧加宽不小于 0.2 m。巷道 内外侧加宽要从曲线巷道段两侧直线段开始,加宽段的长度不小于 5.0 m
无轨胶轮车运输巷道	0.5	0.5	曲线巷道段应当在直线巷道允许安全间隙的基础上,按无轨胶轮车内、外轮曲率半径计算需加大的巷道宽度。巷道内外侧加宽要从曲线巷道两侧直线段开始，加宽段的长度应当满足安全运输的要求
设置移动变电站或者平板车的巷道		0.3	移动变电站或者平板车上设备最突出部分与巷道侧间距

新建矿井、生产矿井新掘运输巷的一侧,从巷道道碴面起 1.6 m 的高度内,必须留有宽 0.8 m(综合机械化采煤及无轨胶轮车运输的矿井为 1 m)以上的人行道,管道吊挂高度不得低于 1.8 m。

在人车停车地点的巷道上下人侧,从巷道道碴面起 1.6 m 的高度内,必须留有宽 1 m 以上的人行道,管道吊挂高度不得低于 1.8 m。

在双向运输巷中,两车最突出部分之间的距离必须符合下列要求：

① 采用轨道运输的巷道,对开时不得小于 0.2 m,采区装载点不得小于 0.7 m,矿车摘挂钩地点不得小于 1 m。

② 采用单轨吊车运输的巷道,对开时不得小于 0.8 m。

③ 采用无轨胶轮车运输的巷道双车道行驶,会车时不得小于 0.5 m。

黑龙江矿区井下辅助运输多采用固定矿车,图 9-7 为某矿暗井下山巷道断面图。根据此图分析制图方案。

9.2.1　制图方案

9.2.1.1　图形对象

图 9-7 巷道断面图有以下图形对象：

① 直线。

② 圆。

③ 图案填充。

④ 标注。

⑤ 文字。

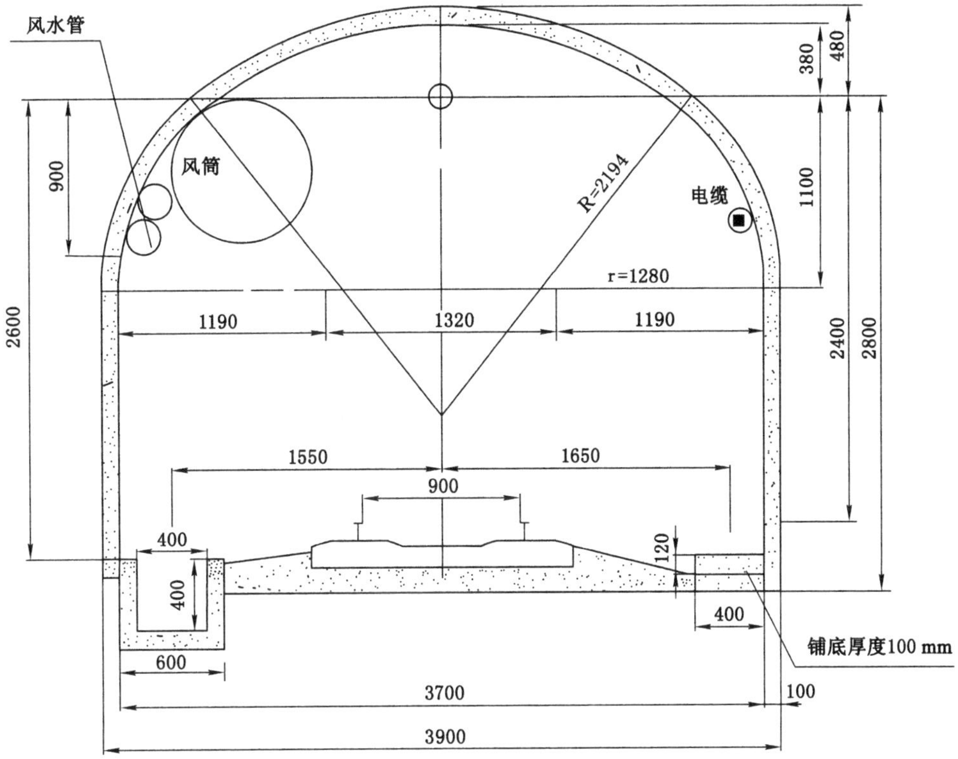

图 9-7　某矿暗井下山巷道断面图

9.2.1.2　绘图顺序

绘图顺序采用由外向内、从左到右、从下向上，最后完成尺寸标注与文字标记。

9.2.1.3　轨道绘制步骤

矿用轨道轨距主要有 600 mm 与 900 mm 两种。600 mm 轨距轨道与轨枕参数如图 9-8 所示。

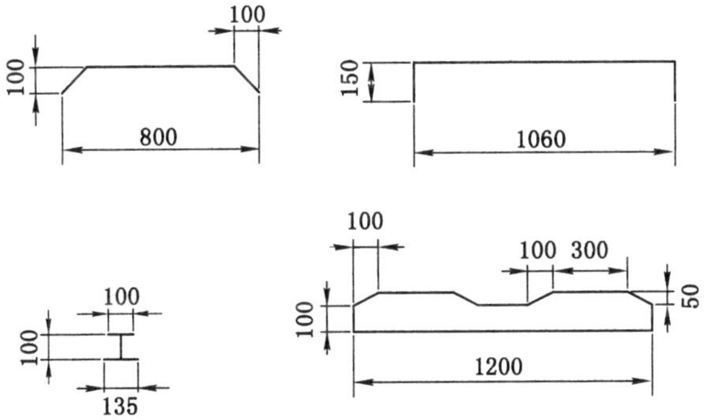

图 9-8　600 mm 轨距轨道与轨枕参数

绘图步骤如下：

开启正交
L↙
鼠标指定起点
向上移动鼠标指定直线方向
100↙
@100,50↙
向右移动鼠标指定直线方向
300↙
@100,－50↙↙
此时完成如图 9-9 所示图形。

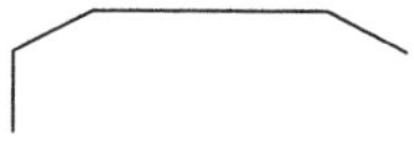

图 9-9　绘制轨枕(1)

L↙
鼠标指定起点为直线第一点
向右移动鼠标指定直线方向
1200↙↙
此时完成如图 9-10 所示图形。

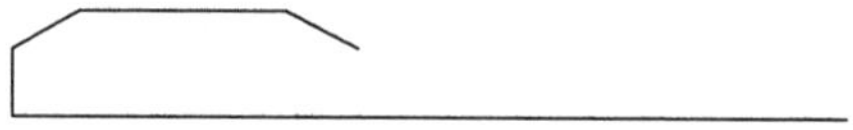

图 9-10　绘制轨枕(2)

启动镜像命令
选择对象↙
以 1200 mm 长线中点为镜像第一点，向上(下)移动鼠标并指定镜像第二点↙
此时，完成如图 9-11 所示图形。

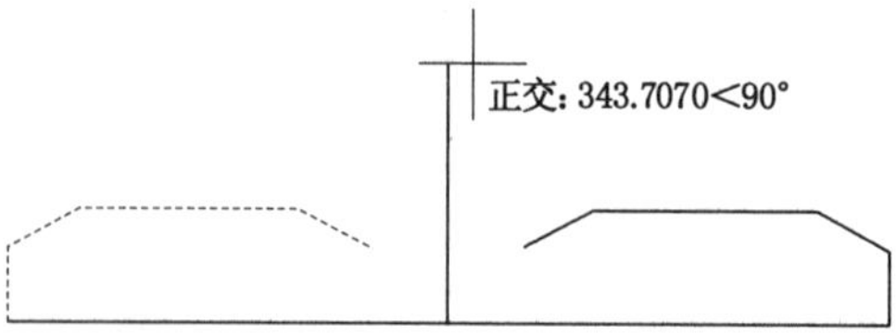

图 9-11　绘制轨枕(3)

连接缺口
绘制轨道过程略。
“巧合”的是轨道的起点恰好是长 300 mm 直线的中点。绘制结果如图 9-12 所示。

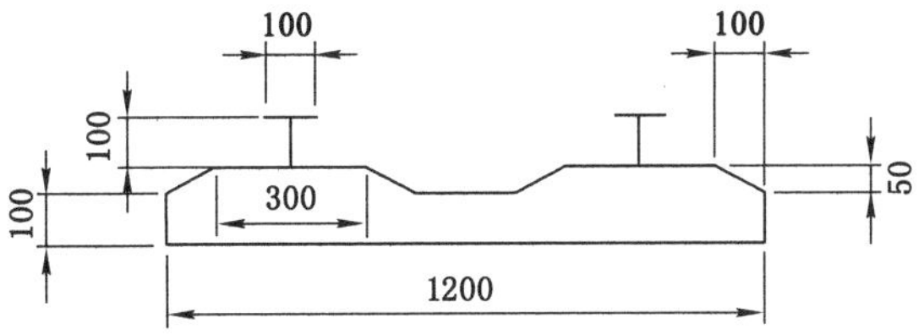

图 9-12　600 mm 轨距轨道与轨枕

练　习　题

1. 根据图 9-13 所示，绘制某矿中深孔直眼掏槽放大图。

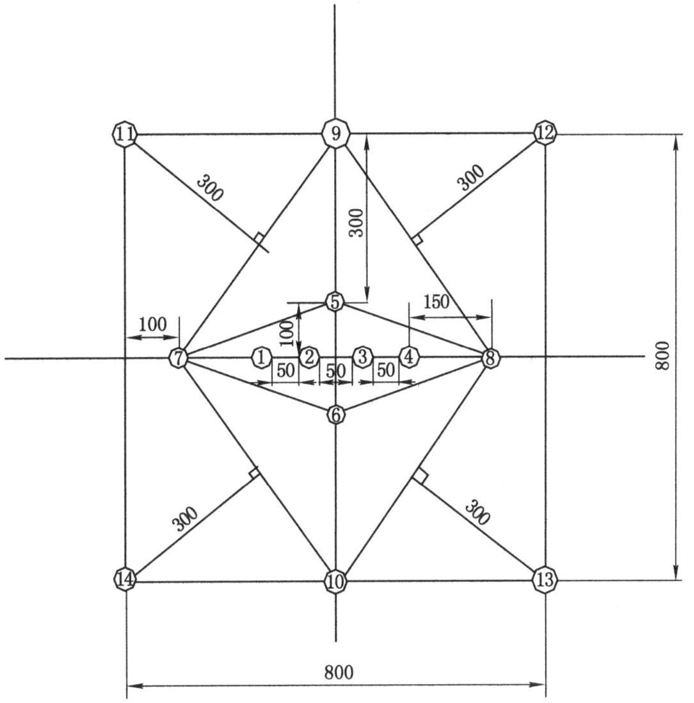

图 9-13　中深孔直眼掏槽放大图

2. 根据图 9-14 所示，绘制某矿巷道炮眼布置图。
3. 根据图 9-15 所示，绘制某矿巷道断面施工图。
4. 根据图 9-16 所示，绘制某矿掘进巷道临时支护施工图。

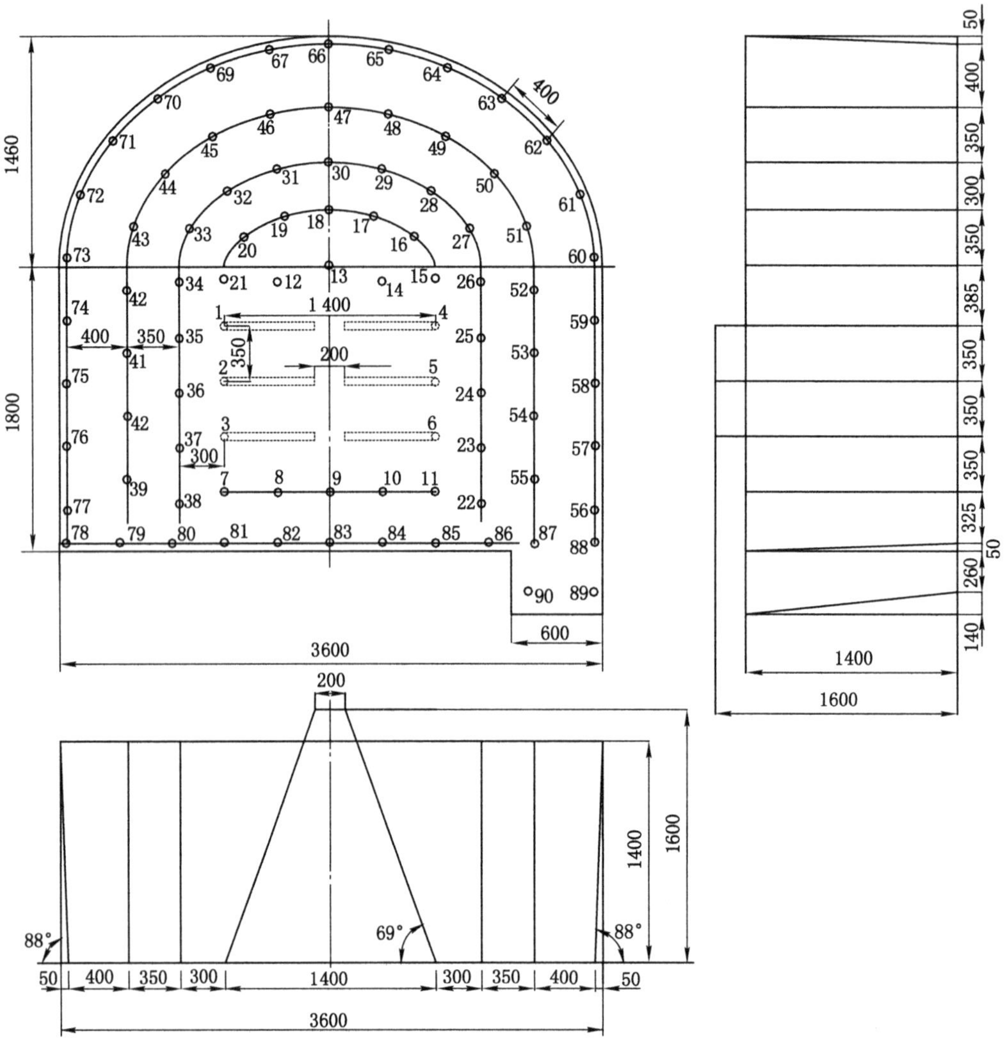

图 9-14　某矿巷道炮眼布置图

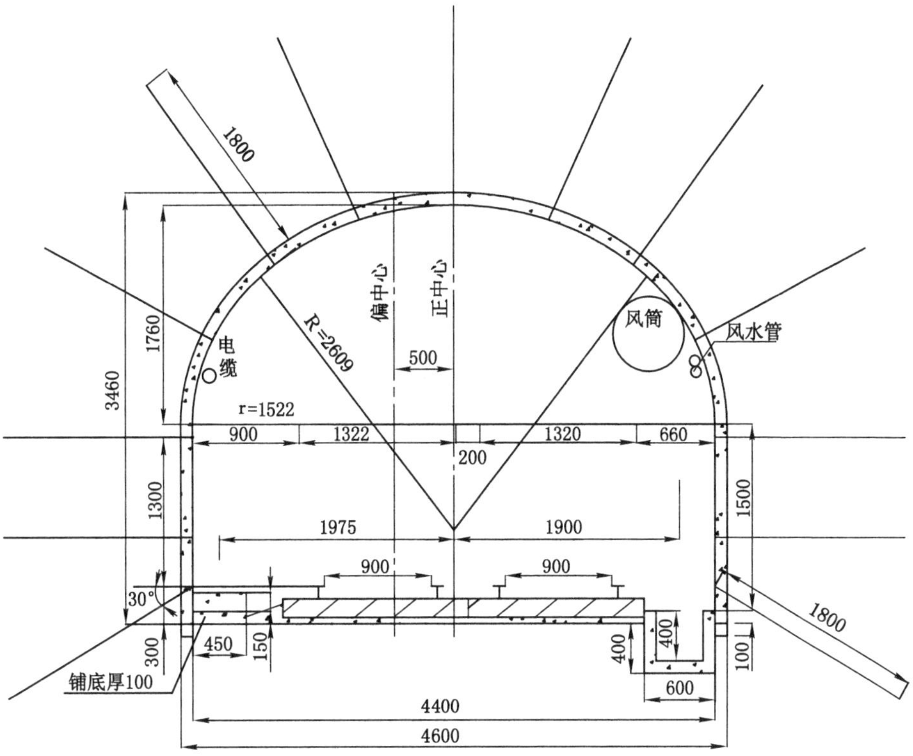
1800
偏中心
正中心
风筒
风水管
电
缆
R=2609
500
1760
3460
r=1522
900
1322
1320
660
200
1300
1500
1975
1900
900
900
30°
300
450
150
400
400
100
1800
铺底厚100
600
4400
4600

图 9-15　某矿巷道断面

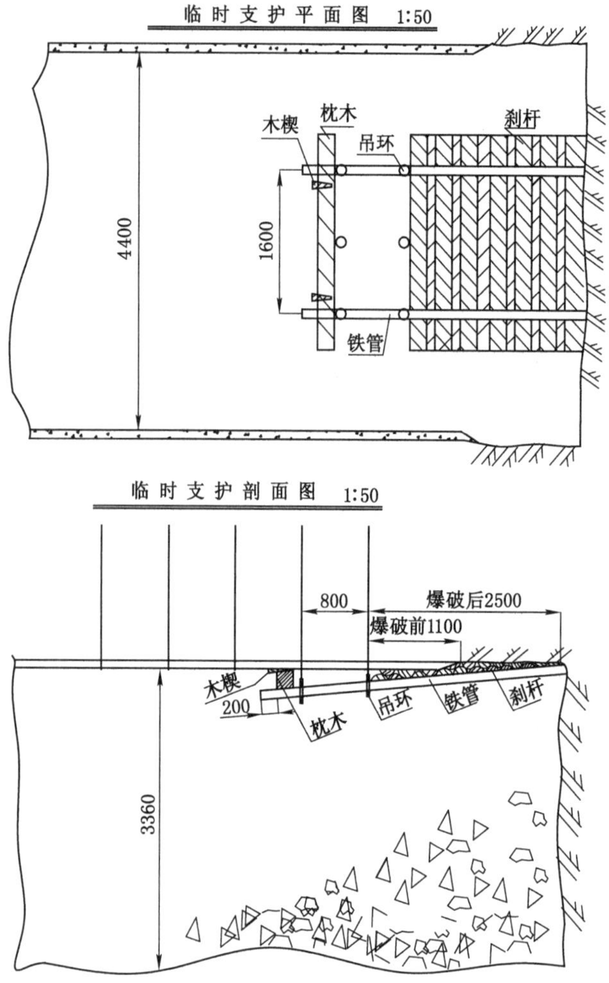

图 9-16 某矿掘进巷道临时支护方式

9.3 循环图表绘制方法

“掘进作业循环图表”与“采煤作业循环图表”是将掘进或采煤各施工工序用线条图表的形式表示其起止时间，用以表达各工序的逻辑关系，以指导煤矿掘进或采煤施工。在煤矿安全生产过程中，必须按规定作业。

9.3.1 掘进作业循环图表

某矿采煤工作面开切眼采用炮掘掘进工艺，连续正向装药结构；其掏槽眼采用水平楔形掏槽方式。开切眼炮眼布置如图 9-17 所示。

其掏槽眼、辅助眼、底眼、周边眼按表 9-2 所示参数布置。

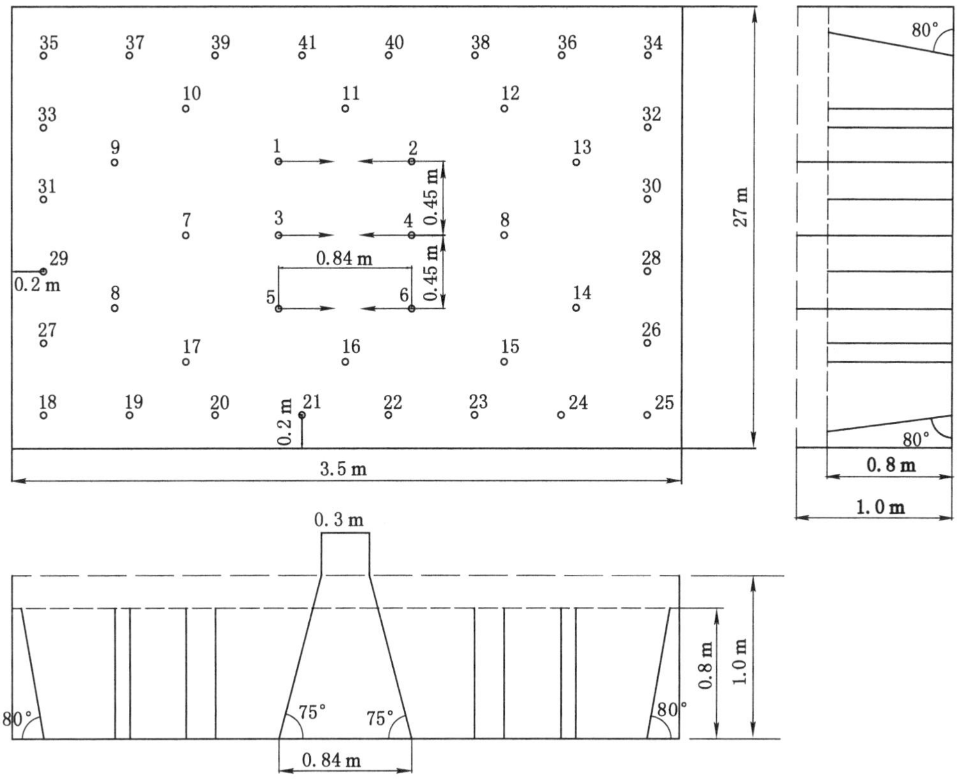

图 9-17　开切眼炮眼布置

表 9-2　炮眼参数表

爆破顺序	炮眼名称	炮眼号	眼深/m	角度	
				垂直	水平
Ⅰ	掏槽眼	1～6	1.0	75°	90°
Ⅱ	辅助眼	7～17	0.8	90°	90°
Ⅲ	底眼	18～25	0.8	80°～90°	80°～90°
Ⅳ	周边眼	26～41	0.8	90°	90°

在绘制炮眼布置图时，注意炮眼俯视图、炮眼侧视图与炮眼正视图应对应。炮眼多且杂，绘图时应保持耐心与专注，并按顺序绘制。炮眼采用正向装药结构，其连接方式为串联。炮眼装药结构如图 9-18 所示。

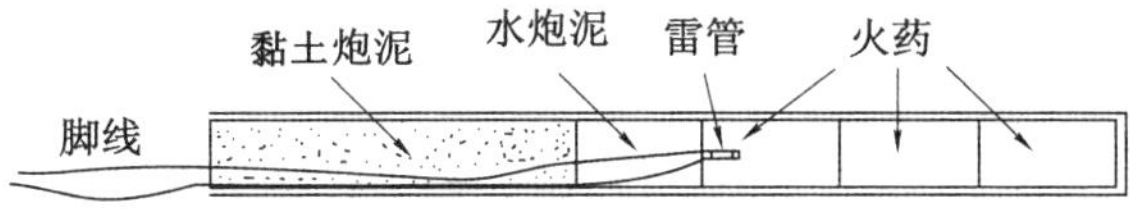

图 9-18　炮眼装药结构

循环图表如图 9-19 所示。

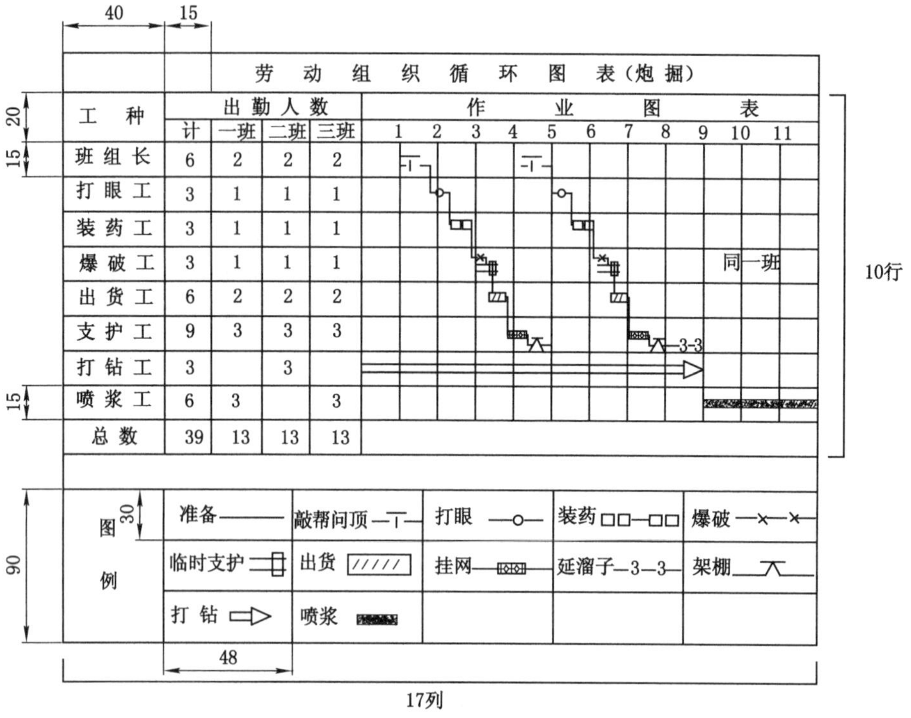

图 9-19 某矿开切眼掘进作业循环图表

该循环图表较难处理的就是行、列的比例结构。合理的行、列比例关系是图表美观、协调的基础。绘制框架后，根据各工序的逻辑关系与操作时间，按图例绘制即可。

循环图表绘制方法：

① 制作图块敲帮问顶、打眼、装药、放炮、延溜子、架棚图块。

② 绘制框架。框架结构各行、列间的比例关系应为 1×n/2 倍。这样的比例关系能够确保比例协调、统一。根据图 9-19 比例关系绘制框架。其命令如下：

开启正交

L↙

鼠标指定直线起点后向右平移以指定方向

40↙

向右指定方向，240(16 列×15 mm)↙

设置点样式

定数等分 16 份长为 240 mm 的直线

以第一点为起点，向下画长为 20 mm 的直线

向下画长为 150 mm 直线

向下画长为 90 mm 直线

向右画长为 280 mm 直线

闭合框架

定数等分 10 份长为 150 mm 直线

定数等分 3 份长为 90 mm 直线

此时，能够获得如图 9-20 所示的基本框架图。

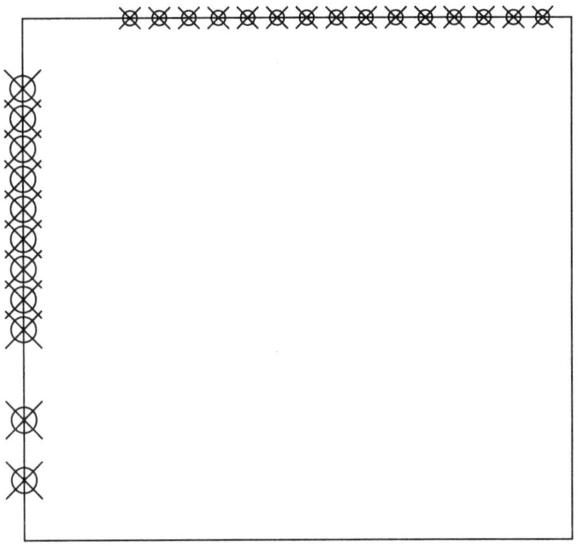

图 9-20　框架(1)

定数等分的目的就是要获得"节点"，以方便捕捉。继续绘图：

设置捕捉点：端点、节点、垂足

画框架内线

tr↙↙，修剪掉多余线条

绘制"劳动组织循环图表(炮掘)"标题外框(方法略)

删除点

向右偏移长 90 mm 直线，偏移距离为 48 mm

此时，能够获得如图 9-21 所示基本框架图。

建字体样式(使用 di 命令估算字高)

输入文字

复制(或阵列)文字

修改文字并移动到合适位置

根据工序时间与相互逻辑关系插入图块

连接工序

至此，根据笔者制图习惯，总结几点心得，希望能与读者引起共鸣。

① 灵活开、关正交，能够为绘图带来便利。

② 分段画线，能够为定数等分创造条件。

③ 制图时要先规划、再绘图。

④ 在没有明确的尺寸依据时，要利用 di 命令获得初步的依据(di 命令用途广泛)。

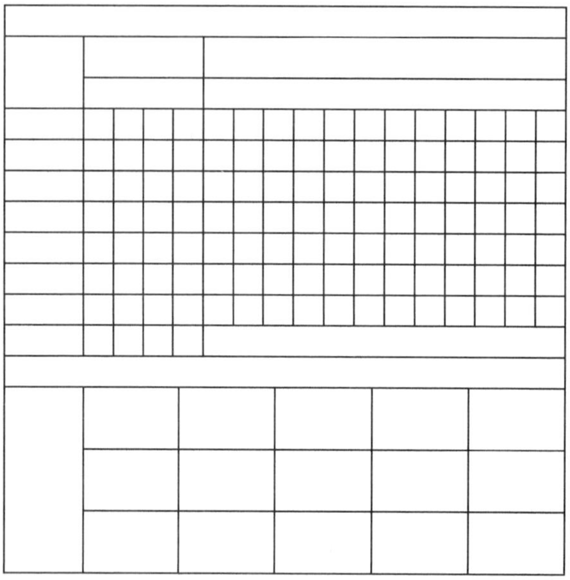

图 9-21　框架(2)

9.3.2　采煤作业循环图表

某矿 23# 煤层走向长 732 m，煤层最小厚度 3.38 m，最大厚度 4.5 m，平均厚度 3.7 m。工作面设计参数如表 9-3 所示。

表 9-3　工作面设计参数

采煤方法	综合机械化采煤	落煤方式	机采
工作面长	132 m	倾角	30°
采高	3.5 m	作业方式	二采一准
一次进度	0.8 m	顶板管理	全部垮落法
采煤机	MG500/1130-WD	工作面运输机	SGZ-800/800
支护形式	掩护式 ZY4000/17/37	一次放顶步距	0.8 m
最大控顶距	5.3 m	最小控顶距	4.5 m

工作面上、下端头采煤机采用割三角煤斜切进刀方式。其进刀方式如图 9-22 所示。

这类图多为示意图。绘制这类图时应先绘制刮板运输机与采煤机，再结合刮板运输机与采煤机的位置构建填充边界，最后完成填充。

工作面下出口及下部 3 组液压支架处需要铺设顶网，以保证工作面下出口及刮板运输机道的顶板稳定。采煤作业循环图表如图 9-23 所示。

该循环图表绘制方法如下：

(1) 框架绘制(参照掘进作业循环图表制图思路)。

(2) 制作线型：准备、铺网、伸伸缩梁、移支架、移输送机、设备检修。

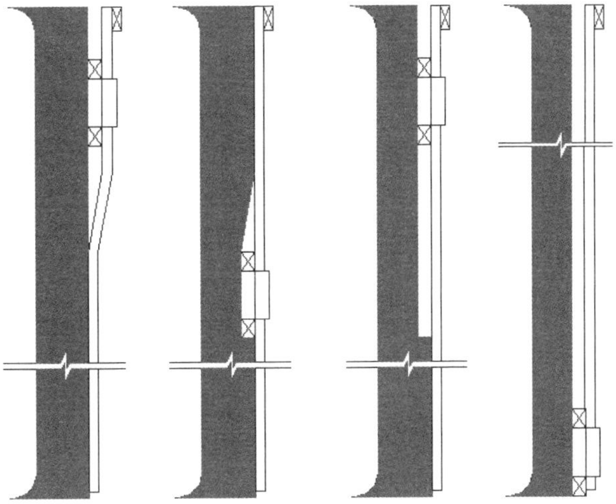

图 9-22　端部割三角煤斜切进刀方式

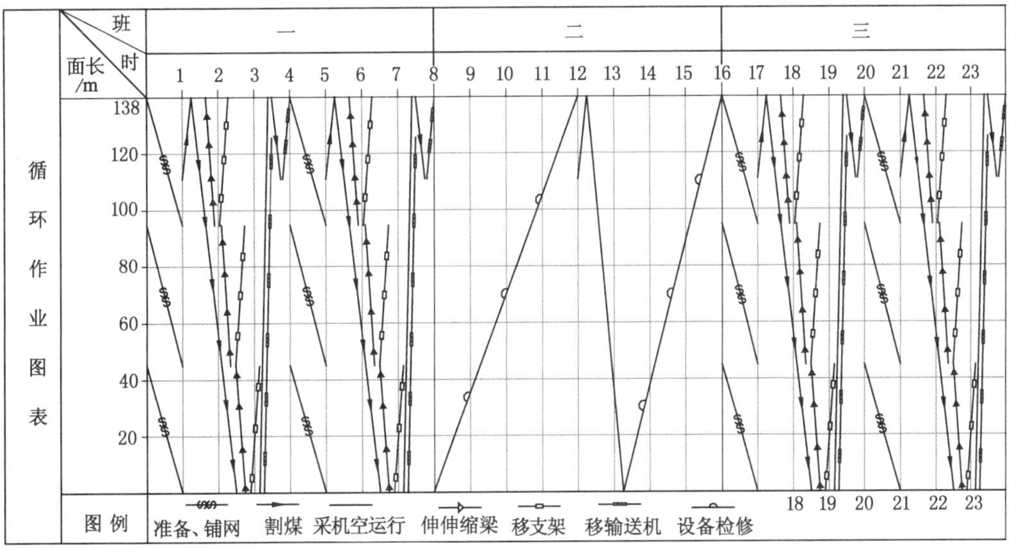

图 9-23　采煤作业循环图表

(3) 绘制框架后，根据各工序时间与空间位置关系，按图例绘制各工序。

练　习　题

1. 根据图 9-24 所示，绘制某矿炮掘掘进作业循环图表。
2. 根据图 9-25 所示，绘制某矿机掘掘进作业循环图表。
3. 根据图 9-26 所示绘图。
4. 根据图 9-27 所示，绘制某矿综合机械化采煤作业循环图表。
5. 根据图 9-28 所示，绘制某矿综合机械化放顶煤采煤作业循环图表。

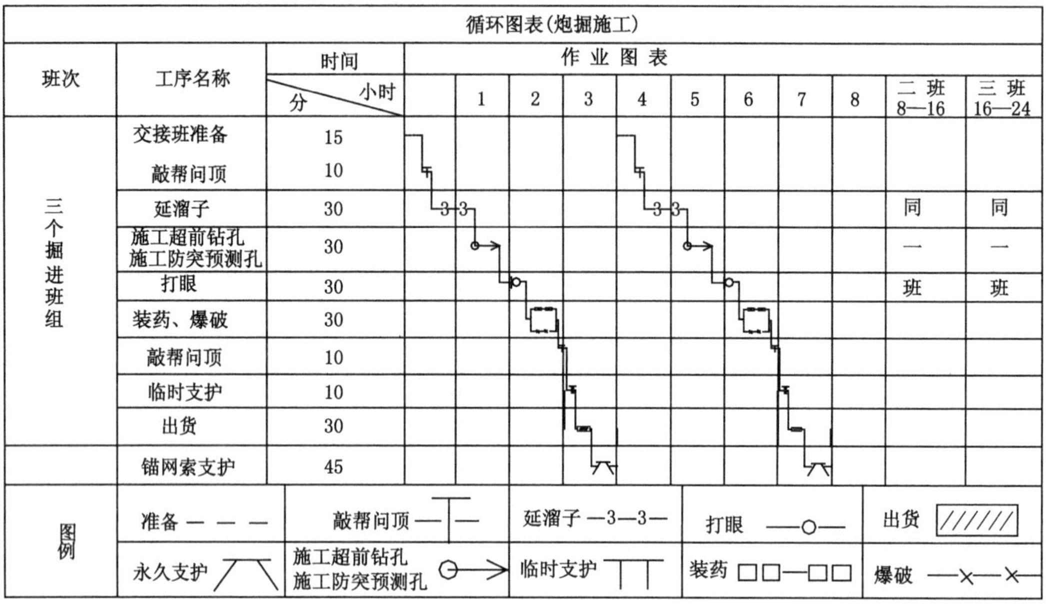

图 9-24　某矿炮掘掘进作业循环图表

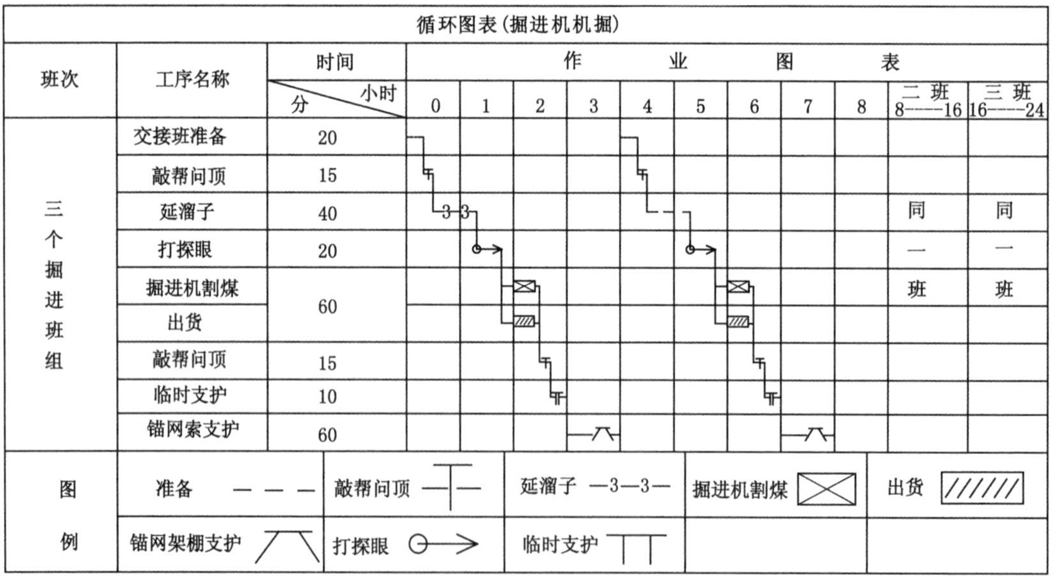

图 9-25　某矿机掘掘进作业循环图表

劳动组织循环图表（炮掘）					
工种	出勤人数				作业图表
	计	一班	二班	三班	
班组长	6	2	2	2	
打眼工	3	1	1	1	
装药工	3	1	1	1	
爆破工	3	1	1	1	
出货工	6	2	2	2	
支护工	9	3	3	3	
打钻工	3		3		
总数	33	10	13	10	

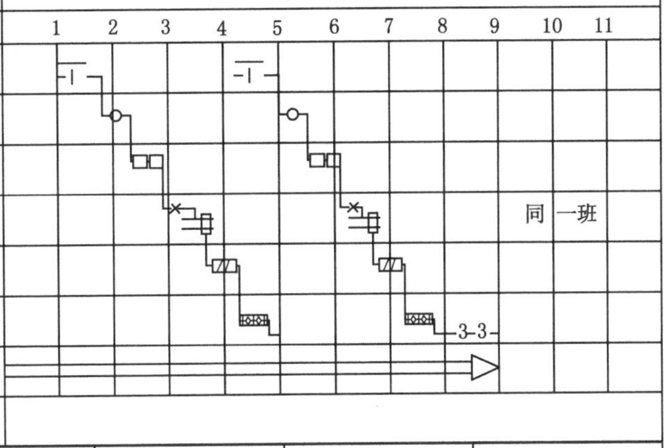

图例					
图例	准备	敲帮问顶	打眼	装药	爆破
	临时支护	出货	挂网架棚刹帮顶	延溜子 —3—3—	打 钻

图 9-26　某矿掘进作业循环图表

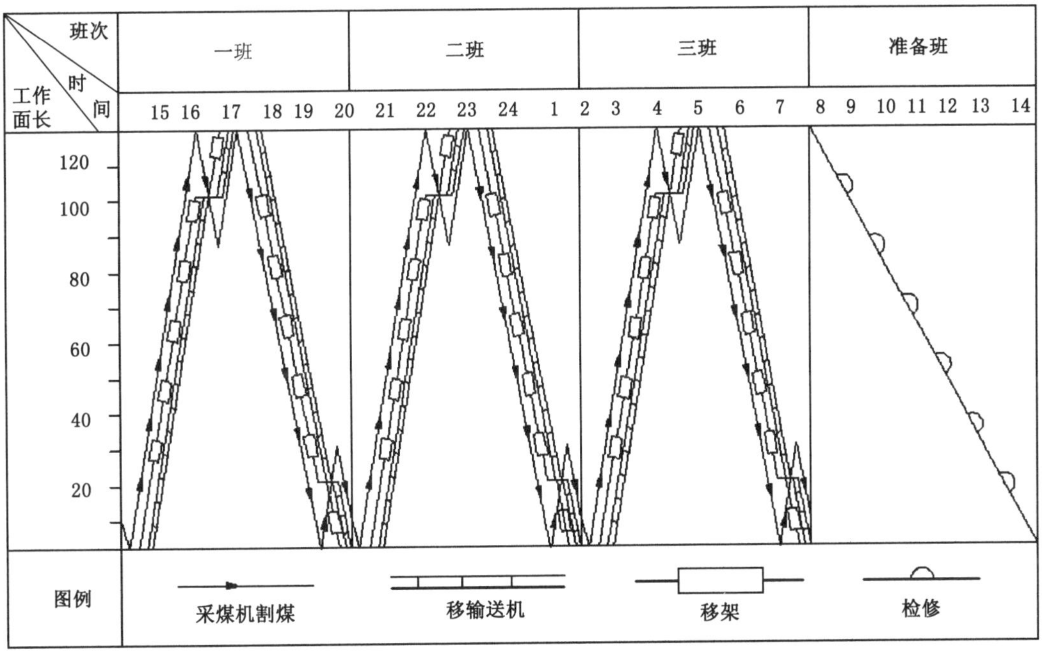

图 9-27　综合机械化采煤作业循环图表

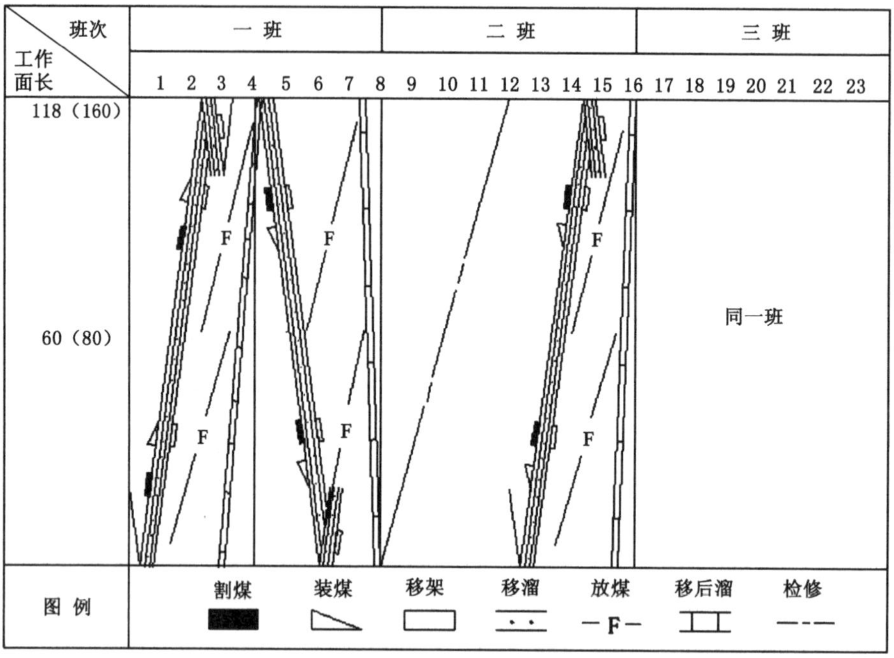

图 9-28 某矿综合机械化放顶煤采煤作业循环组织

9.4 供电系统图绘制方法

矿山开关所供电系统因供电的特殊性，其一般电压等级为 6 kV。矿山供电系统无电压等级变化，进出线电压相等，是为解决矿山供电变电所中出线配出柜的数量不足和减少相同路径的线路条数而建立的。矿山供电系统一般采用两条电源进线，采用单母线分段运行的方式。矿山供电系统图主要表示的是供电系统的高压一次部分。桃山二采开关所一次供电系统如图 9-29 所示。

9.4.1 绘图主要内容

图 9-29 中主要内容包括：

(1) Ⅰ段母线、Ⅱ段母线。

(2) 丙刀闸杆。

(3) Ⅰ段高压配出柜、互感器柜、联络柜，Ⅱ段高压开关柜、互感器柜、联络柜。

(4) Ⅰ段配出线路名称、编号、变比，Ⅱ段配出线路名称、编号、变比。

(5) Ⅰ段所用变，Ⅱ段所用变。

(6) 开关所参数。

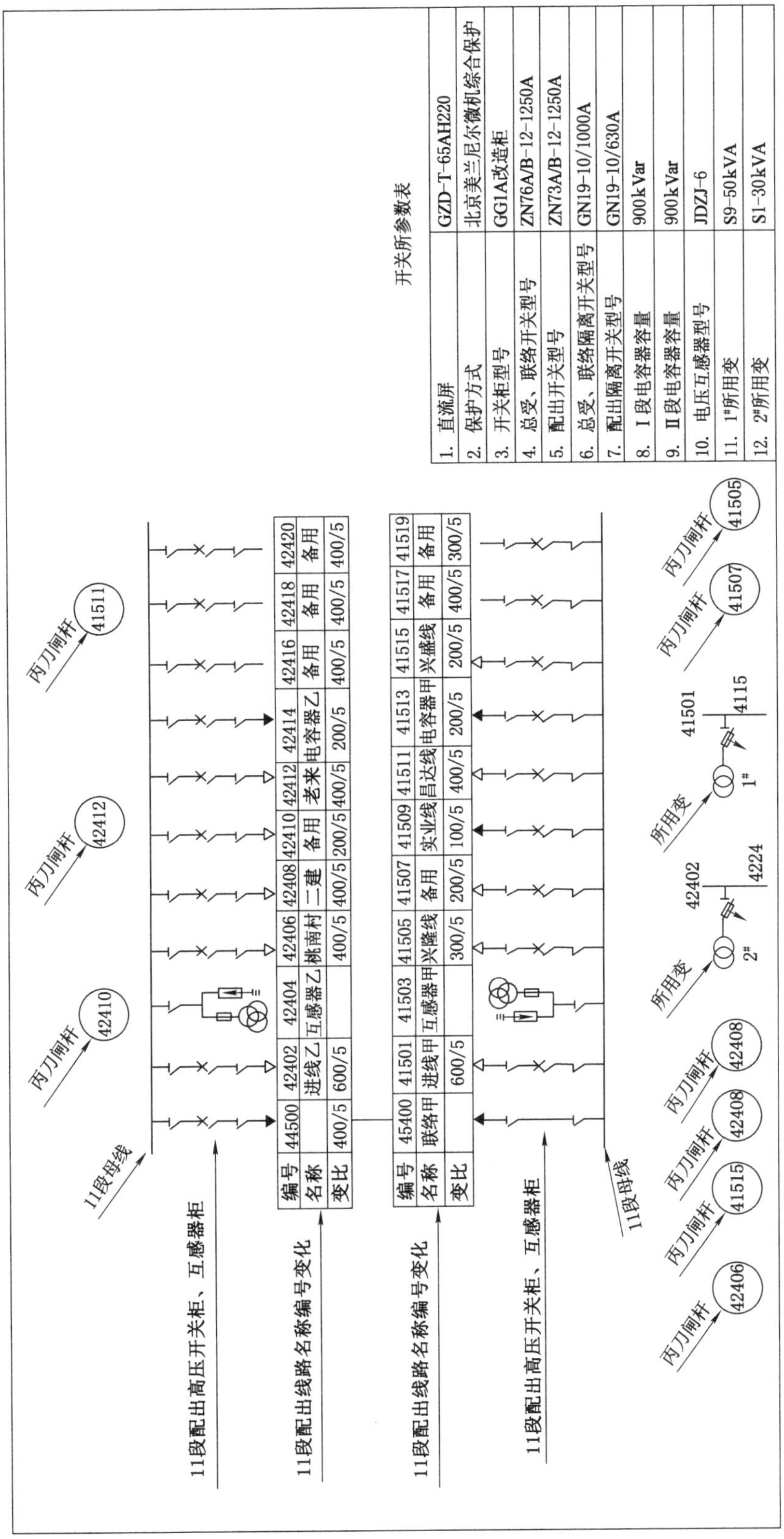

图9-29 桃山二采开关所一次供电系统

9.4.2 绘图说明及要求

(1) 绘图时采用直线、圆、圆弧、线段、多线段、多行文字等命令绘图。

(2) 高压一次部分是指将两条进线引入开关所内，经高压开关柜上侧的母线再经上隔离开关到柜内的断路器再到下隔离开关等设备，以单母线分段的运行方式给矿山馈出线路配电。

(3) 互感器分为电压互感器和电流互感器。其主要作用为测量与保护。

(4) 所用变接在所内两条进线的丙刀闸电源侧，把 6 kV 转变为交流 380 V 电压，作为所内插座、照明、直流屏及其他用电设备交流电源。

(5) 开关所参数标明了所用变容量及型号、高压开关柜型号、电压互感器型号、断路器及隔离开关型号、保护方式等参数。

(6) 对于矿山供电系统图，要随着各种设备的更换、增加、减少、型号变化，配出柜所带负荷的变化及名称编号的变化及时进行编制及更改。

(7) 该图为示意图，在无尺寸要求情况下，应使各对象比例协调。

9.4.3 绘图过程

(1) 启动 Auto CAD。

(2) 输入多行文字命令 MT，输入文字：桃山站二采开关所。

(3) 输入矩形命令 REC，先用鼠标左键确定一个角点，再确定令一个角点绘制外框。

(4) 输入直线命令 L，绘制一条供电母线。

(5) 输入直线命令与多段线命令，画出开关柜的开关及甲乙刀闸电缆标识，如图 9-30 所示。

图 9-30 Ⅰ段开关柜的开关甲乙刀闸和电缆标识

(6) 输入复制命令 CO 空格，复制Ⅱ段其他配出开关柜的开关及甲乙刀闸电缆标识，如图 9-31 所示。

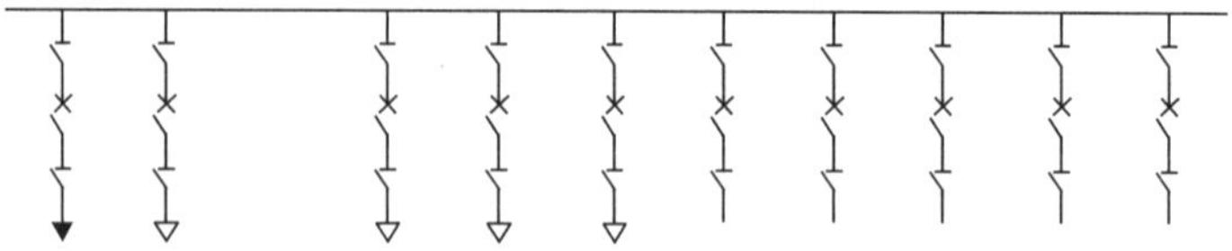

图 9-31 Ⅰ段配出全部开关柜的开关甲乙刀闸和电缆标识

(7) 应用直线命令与多段线命令，绘制互感器开关柜的刀闸、熔断器及接地示意图，应用圆命令绘制互感器，如图 9-32 所示。Ⅰ段母线全部配出开关柜及互感器柜如图 9-33 所示。

(8) 应用直线、偏移命令绘制各个配出开关柜对应的名称、编号、变比表格。也可以采用表格命令完成此项工作。直线命令绘制的表格更便于编辑与调整，如图 9-34 所示。根据

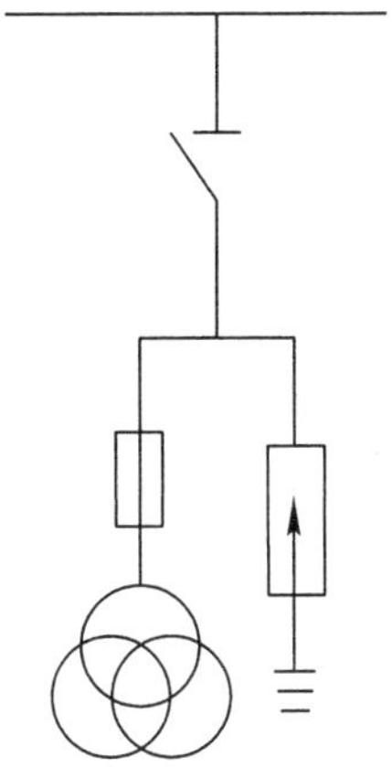

图 9-32　互感器柜

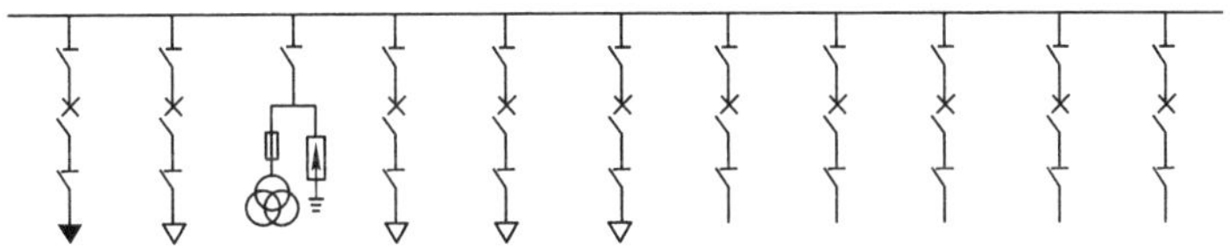

图 9-33　Ⅰ段母线全部配出开关柜及互感器柜

个人绘图习惯采用不同的方法。绘制表格前可应用 di 命令估算表格的行高与列宽。

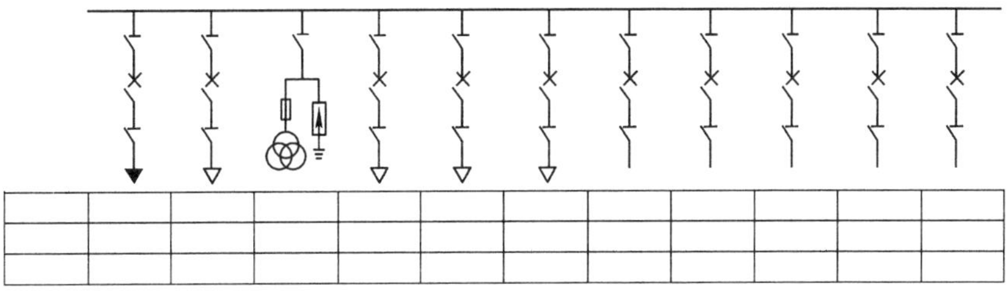

图 9-34　直线命令绘制表格

(9) 根据行高，新建一种文字样式。

(10) 第一列输入文字。为了使文字对齐，应先采用复制命令复制文字后再修改内容，如图 9-35 所示。复制文字对象时，选择基点后应开启正交，以提高绘图效率。

(11) 完成上述绘图步骤后，应先用圆命令绘制供电系统图的各个丙刀闸杆及所用变位置，再应用多行文字命令输入丙刀闸杆的线路编号，如图 9-36 所示。

(12) 应用镜像命令镜像Ⅰ段配出柜，镜像后修改Ⅰ段配出柜的相关内容，即可得到Ⅱ段配出柜，如图 9-37 所示。

(13) 在图表的右下方绘制开关所参数表。

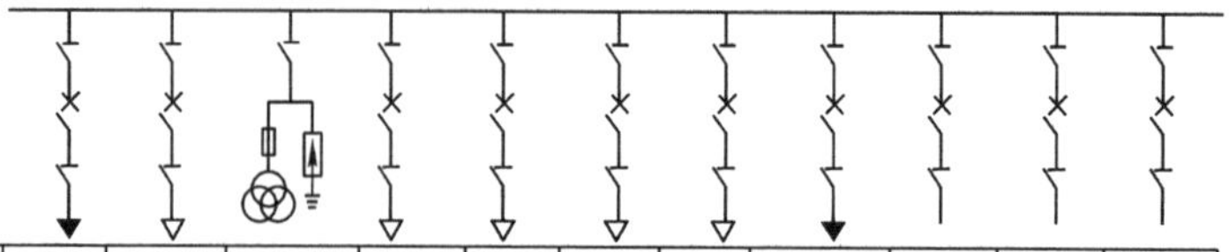

编号	44500	42402	42404	42406	42408	42410	42412	42414	42416	42418	42420
名称		进线乙	互感器乙	桃南村	二建	备用	老来	电容器乙	备用	备用	备用
变比	400/5	600/5		400/5	400/5	200/5	400/5	200/5	400/5	400/5	400/5

图 9-35　桃山二采开关所Ⅰ段供电系统整体示意图

图 9-36　丙刀闸杆

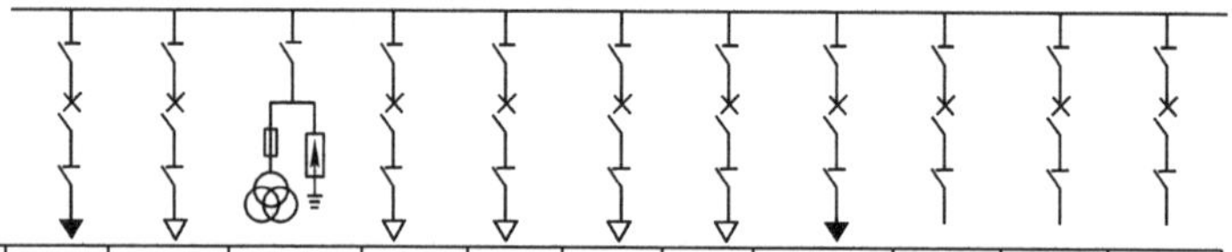

编号	44500	42402	42404	42406	42408	42410	42412	42414	42416	42418	42420
名称		进线乙	互感器乙	桃南村	二建	备用	老来	电容器乙	备用	备用	备用
变比	400/5	600/5		400/5	400/5	200/5	400/5	200/5	400/5	400/5	400/5

编号	45400	41501	41503	41505	41507	41509	41511	41513	41515	41517	41519
名称	联络甲	进线甲	互感器甲	米隆线	备用	实业线	昌达线	电容器甲	兴盛线	备用	备用
变比		600/5		300/5	200/5	100/5	400/5	200/5	200/5	400/5	300/5

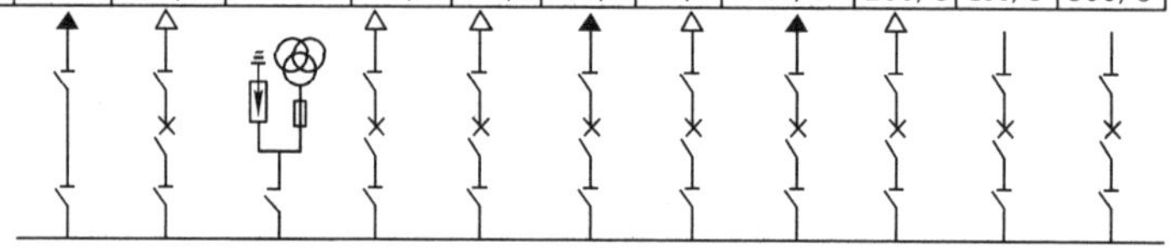

图 9-37　桃山二采所两段配出柜

练　习　题

1. 根据图 9-38 所示，绘制某矿掘进一区供电系统图。
2. 根据图 9-39 所示，绘制某矿掘进二区供电系统图。

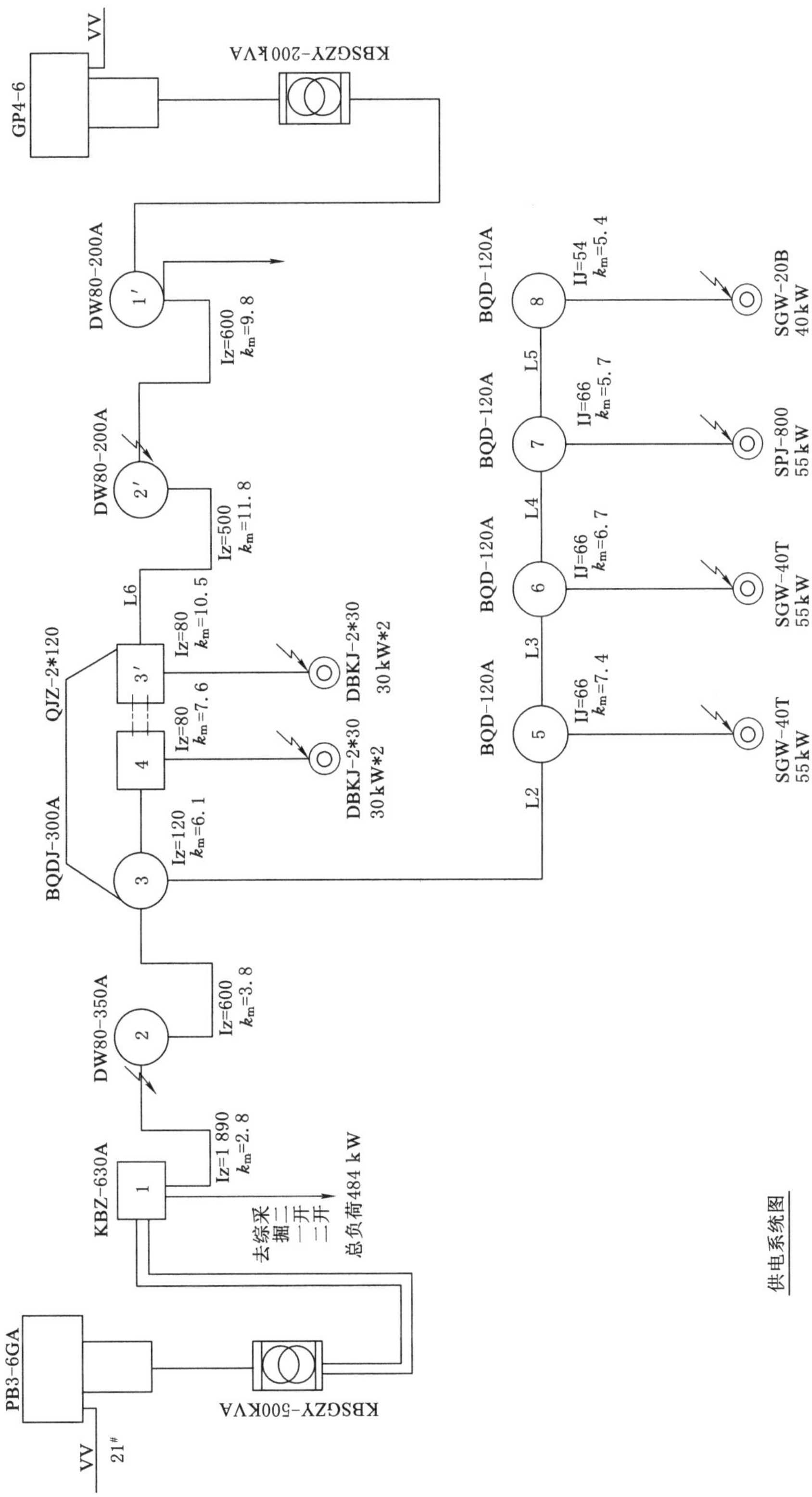

图9-38　某矿掘进一区供电系统

供电系统图

1. 回风道

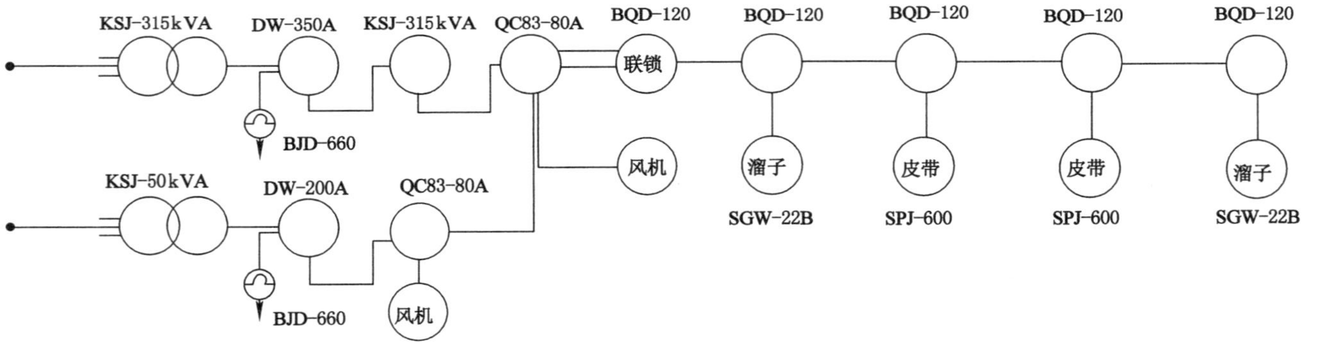

2. 机道 切眼

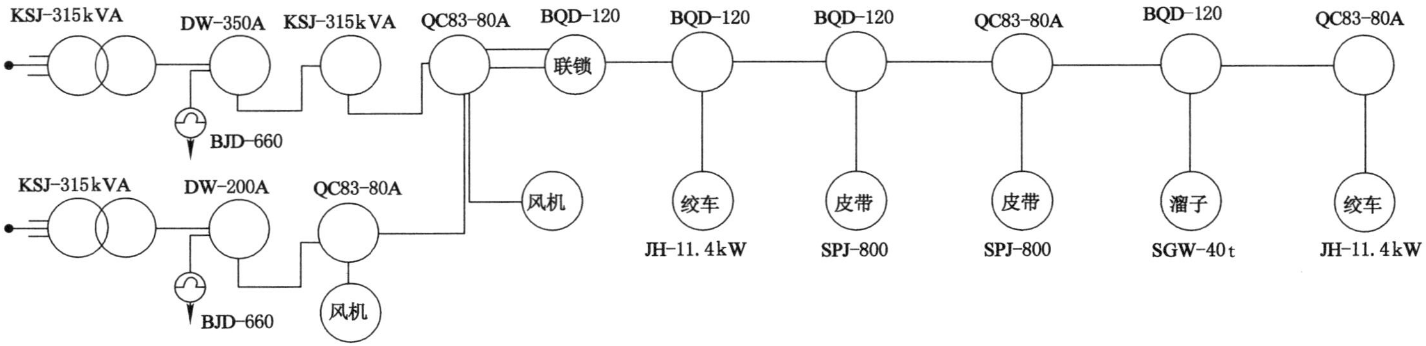

图9-39 某矿掘进一区供电系统

第 10 章　测绘制图与案例

10.1　测绘符号绘制

随着科技的发展，地图已由传统的纸质地图发展到数字地图。地图符号在数字地图中发挥重要作用，是传输和表达地理现象空间分布的语言。随着数字化测图的迅速发展和广泛应用，相当多的测绘单位已经把 Auto CAD 作为地图数字化和数字化测图的一种工具。但是，随着 Auto CAD 应用领域的不断扩大，其应用的地物符号也越来越复杂。Auto CAD 的基本绘图系统已不能适应当今测绘行业所面对的各种复杂符号，必须进行定制和开发，才能满足数字化测绘的要求。

10.1.1　绘制地形图图示符号的一般原则

地形图图示是国家统一颁布执行的标准，是测绘、编制和出版地形图的基本依据。本节测绘符号的绘制依据《国家基本比例尺地图图式第 1 部分：1∶500　1∶1000　1∶2000 地形图图示》(GB/T 20257.1—2017)。

地形图图示是地形图上表示各种地物和地貌要素的符号、注记和颜色的规则和标准。对于地形图图示中内容的表达，首先是将符号分类，规定每一种地物用什么样的符号来表示；其次是这些符号使用方法的规定，包括符号的定位点和定位线、是否依比例尺绘制、符号的方向和配置等方面的规定。

一般来讲，符号可以分为点状、线状和面状三大类。在图示规范中，对符号作了具体规定。

(1) 点状符号只是一个定位点，对应一个固定的、不依比例尺而变化的图形符号。根据朝向不同，点状符号又可以分为垂直于南图廓和按真实方向描绘两类。例如，路灯、开采小矿井属于前者，如图 10-1(a)和(b)所示；开采斜井井口、地下入口属于后者，如图 10-1(c)和(d)所示。

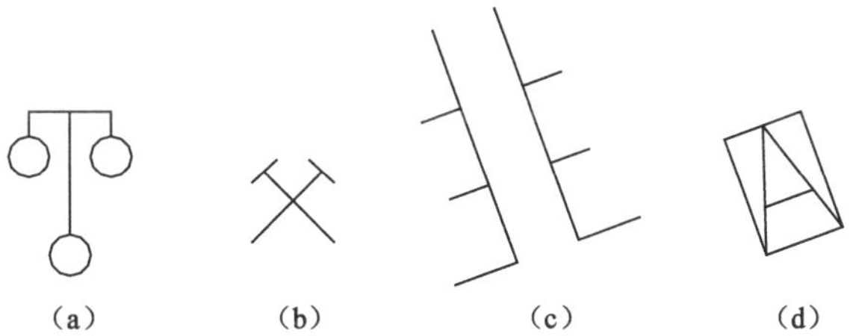

图 10-1　点状符号

(2) 线状符号的特点是根据定位线绘制。依据线划构成的复杂程度不同,线状符号又分为简单线型和复合线型。简单线型(如大车路、内部道路)等,如图 10-2 所示;复合线型(如高压电力线、栅栏、坎等),如图 10-3 所示。

图 10-2　简单线型

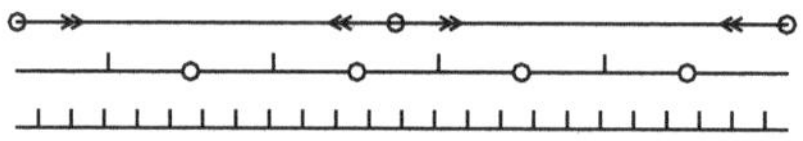

图 10-3　复合线型

(3) 面状符号的定位线要求构成封闭的区域。根据填充方式的不同,面状符号又可分为点填充方式(如灌木)和线填充方式(如房屋的晕线),如图 10-4 所示。

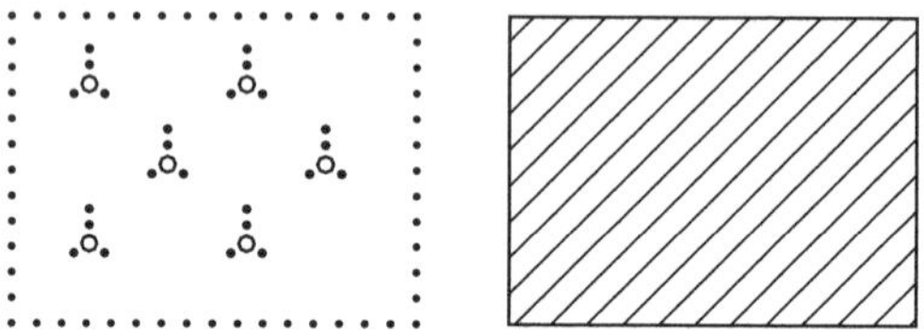

图 10-4　面状符号图案填充方式

在 Auto CAD 平台上定制测绘符号通常有两种方法:一种是使用图块,另一种是利用形文件。无论是编辑"形文件"还是创建"图块",因其具体需要有不同的要求,其制作方式有很大的区别。但前提是,所有测绘符号制作方式都必须遵循国家统一标准,测绘符号才能在符号库在不同的条件下统一使用。

10.1.2　创建点状符号

控制点、植被符号、独立地物都属于点状符号。Auto CAD 可以用形(shape)和块(block)来定义点状符号。形是一种用文本文件(扩展名是.shp 和.shx)定义的矢量符号,可用于定义各种符号、文本字符集等。"形"具有占用磁盘空间少的优点,特别适用于规则符号的定义,但是定义过程繁琐复杂。"块"实际是一种特殊化了的 Auto CAD 图形文件(*.dwg),可以用于所有符号的定义。"块"定义方法简便直观,且可以定义属性块,实现带注记的符号(如三角点、导线点等)的绘制。块唯一的缺点是占用磁盘空间较大。无论是使用图块还是使用形文件定制点状符号,首先要确定符号的定位点和符号的尺寸。

10.1.2.1　定位点的选择

设计点状符号时,首先要选择一个绘制基点,也就是定位点。定位点选取方法为:① 在符号图形中有一个点的,该点为地物的实地中心位置;② 对于圆形、正方形、长方形等符号,定位点在其几何图形中心;③ 对于宽底符号(如蒙古包、烟囱、水塔等),定位点在其底线中心；④ 对于底部为直角的符号(如风车、路标、独立树等)，定位点在其直角的顶点；⑤ 对于几种图形组成的符号(如敖包、教堂、气象站等)，定位点在其下方图形的中心点或交叉点；⑥ 对于下方没有底线的符号(如窑、亭、山洞等)，定位点在其下方两端点连线的中心点；⑦ 对于不依比例尺表示的其他符号(如桥梁水闸、拦水坝、岩溶漏斗等)，定位点在其符号的中心点。符号除依据简要说明中规定按真实方向表示外，均垂直于南图廓线。

10.1.2.2　符号尺寸大小的确定

由于大多数点状符号是不依比例尺变化的，所以在不同比例尺的地形图中，同一符号的实际大小尺寸是不同的。例如，尺寸为 1 mm 的符号，1 mm 指的是在图纸上的尺寸，因此对于 1/1000 比例尺地形图，该符号在图形文件中的实际尺寸应为 1 m。由于符号的尺寸与比例尺有关，因此，一般取 1/1000 为基本比例尺来制作符号，这样图纸上 1 mm 符号的实际尺寸为 1 m。为了便于换算，当在 1/500 比例尺的地形图中插入该符号时，插入比例应为 0.5；在 1/2 000 的地形图中插入该符号时，插入比例应为 2……以此类推。

10.1.2.3　利用图块创建点状符号

图块是 Auto CAD 中最具特色的图形实体。它可以在图形系统中定制，并可以以文件形式保存，供绘图时调用。对于点状符号，其位置固定，数量较多，且一般都带有一定的标注。例如，对于三角点、高程点、导线点等点状符号，可以逐个制作属性块图元，单独插入。将点状符号按照块定义的方法制作成 Auto CAD 属性块并存储于某个目录中。在绘图员操作时，执行相应的命令后，在图上点取相应的点位，旋转方向(无方向符号不必)，然后输入高程或点名等注记数据。符号和注记按图示在相应位置绘制。在这里，以三角点符号为例介绍属性块制作的具体方法。

(1) 图形绘制。首先按图示要求绘制“三角点”图形，如图 10-5(a)所示。

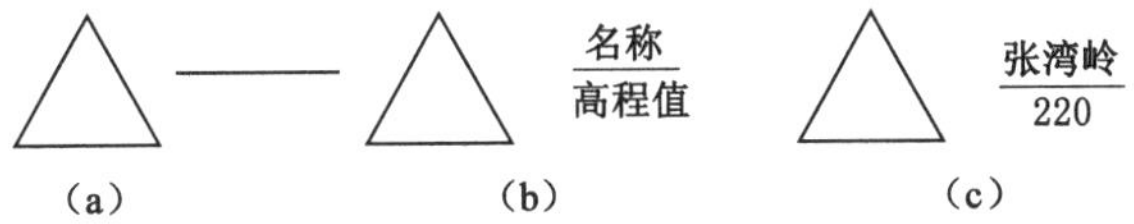

图 10-5　“三角点”图块的定义

(2) 块属性定义。在命令提示窗口中输入 Attdef 并按回车键或空格键，弹出“属性定义”对话框，在该对话框中对块的属性进行定义，如图 10-6 所示。在标记文本框中输入“名称”；在提示文本框中输入提示信息，如“请输入三角点的名称”；设置文字高度、样式等；单击“确定”后返回到图形窗口，利用光标选择属性文字的插入位置，完成三角点“名称”属性的定义，以同样方法完成“高程值”的属性定义，如图 10-5(b)所示。

(3) 块定义。在命令提示窗口中输入 BLOCK 命令并按回车键或空格键，在弹出的“块定义”对话框中输入图块的名称“三角点”，然后选择定义图块所需的图形对象，单击“确定”完成属性块的定义，如图 10-7 所示。

(4) 属性块调用。在命令提示窗口中输入 INSERT 命令，可以方便快速地实现块的插入，如图 10-5(c)所示。

通过上述步骤即可实现带有属性的图块定义。使用该方法还可以制作图根点、导线点、水准点等测量控制点符号以及其他带有属性的点状符号。

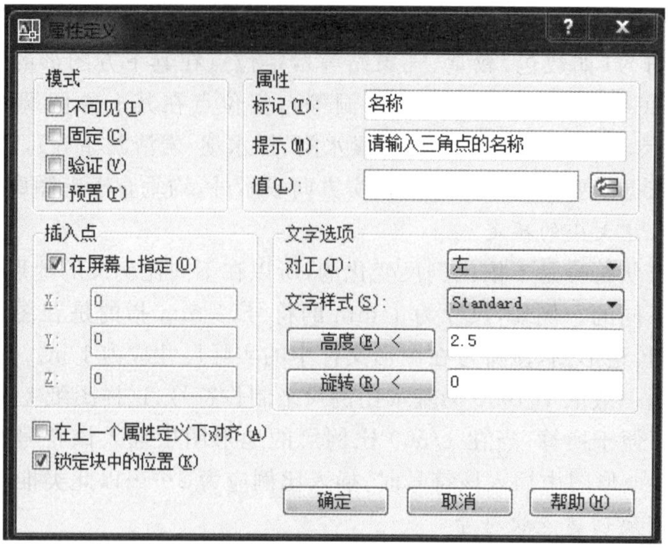

图 10-6 “属性定义”对话框

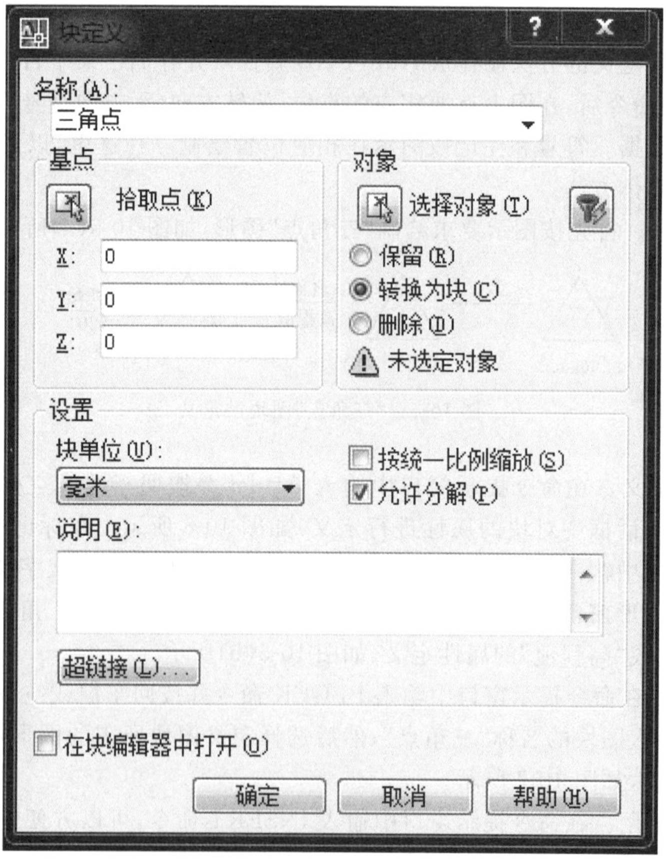

图 10-7 “块定义”对话框

10.2　地形图的绘制

利用 Auto CAD 绘制地形图，与绘制其他工程图相比，有特殊性。例如，地形图不仅要表示地物的大小、各地物之间的相对位置关系，还要准确地表示所有地物、地貌的真实平面位置，并且要符合地形图方向性的规定。

10.2.1　地形图的比例尺

地形图总是按一定的比例缩小绘成的。其缩小的程度是以比例尺来表示的。图上某一线段的长度与地面相应线段的水平投影长度之比，称为图的比例尺。

(1) 比例尺表示方法。

绘制地形图时，实地的形状必须经过缩小后才能绘在图纸上。图上某一线段的长度与它所代表的地面上实际水平长度之比，称为地形图的比例尺。

地形图的比例尺有两种表示方法：数字比例尺和图示比例尺。

① 数字比例尺。

直接用数字表示的比例尺称为数字比例尺，表示成分子为 1、分母为整数的分数。设图上某线段的长度为 d，实地上相应的水平投影长度为 D，则图的比例尺为：

$$\frac{1}{M}=\frac{d}{D}=\frac{1}{D/d}$$

式中，M 为比例尺的分母。分母反映了实地上线段的水平投影长度为图上相应线段的倍数，分母越小，比例尺越大；反之，分母越大，比例尺越小。

数字比例尺通常写成 1∶500、1∶1000、1∶2000 等形式。

按照比例尺的不同，可以将地形图分为三种。1∶500、1∶1000、1∶2000、1∶5000 的地形图称为大比例尺地形图；把 1∶1 万、1∶2.5 万、1∶5 万、1∶10 万称为中比例尺地形图；小于 1∶10 万的地形图称为小比例尺地形图。如果已知一幅图的比例尺，那么根据图上长度就可以求出相应的地面长度的水平投影长度，也可以将地面的水平长度换算成图上的长度。

② 图示比例尺。

为了用图方便分为以及减小因图纸伸缩而引起的使用中的误差，在绘制地形图时，常在图上绘制图示比例尺。它有直线比例尺和复式比例尺两种。其中最常用的是直线比例尺，如图 10-8 所示。

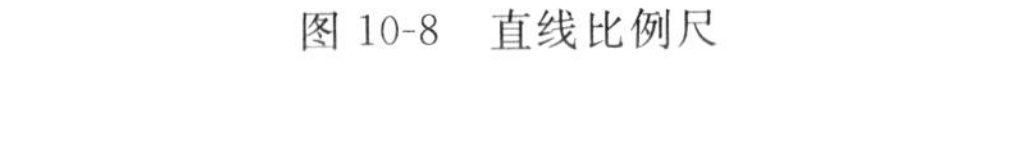

图 10-8　直线比例尺

(2) 比例尺精度。

通常人眼能分辨的两点间的最小距离为 0.1 mm。如果地面上两点间水平距离按比例尺缩绘到图纸上时小于 0.1 mm，那么在图上就表示不出来了。因此把地形图上 0.1 mm 所能代表的实地水平距离称为比例尺精度。比例尺精度的概念，对测图和用图都有重要的意义。首先，可以根据测图比例尺，确定量距时的精度。在测 1∶500 地形图时，实地量距只需要量到 5 cm，因为量得再精细，在图上也无法表示出来。其次，也可根据实际需要，确定测图比例尺。比如，若要求在图上能反映地面上 10 cm 的细节，则所选用的比例尺不应小于 1/1000。

地形图的比例尺与精度有关，比例尺愈大，图上反映的地物、地貌愈详细、准确；相反，比例尺愈小，图上表示的地物、地貌愈简略。但是比例尺愈大，测图工作量和费用将增加。因此，用图单位应根据工程的需要和比例尺精度合理选择测图比例尺，以免测图比例尺选用不当而造成浪费。

10.2.2　地形图的分幅与编号

1∶500、1∶1000、1∶2000 的地形图一般采用 50 cm×50 cm 或 40 cm×50 cm 的矩形分幅，根据需要也可采用梯形分幅。

矩形分幅的地形图图幅编号一般采用图廓西南角坐标编号法，也可采用行列编号法和自然序数编号法。

采用图廓西南角坐标公里数编号时，x 坐标千米数在前，y 坐标千米数在后。1∶2000、1∶1000 地形图取至 0.1 km(如 10.0～21.0)；1∶500 地形图取至 0.01 km(如 10.40～27.75)。

第 11 章　煤矿制图规范与习题集

11.1　煤矿制图规范与图例

11.1.1　煤矿制图规范

矿图的基本要素由直线、曲线、文字、表格、标注、填充图案等构成。图面应清晰、简明，符合设计、施工、存档的要求，适应煤矿矿井建设需要。

11.1.1.1　图纸基本幅面尺寸

图纸基本幅面尺寸见表 11-1。

表 11-1　图纸基本幅面尺寸

幅面代号	尺寸/mm
A0	841×1189
A1	594×841
A2	420×594
A3	297×420
A4	210×297

根据具体图纸，可按图 11-1 所示的选用加长幅面；可在基本幅面的基础上，按 A4 幅面的短边或者长边成整数倍加长。由此可知，绘图结束并打印输出后，图纸应叠成 A4 幅面大小。

11.1.1.2　图框格式

在图纸上应用粗实线画出图框，并应采用留有装订边的图框格式，如图 11-2 所示。装订边宜位于图框左侧。基本幅面图框尺寸如表 11-2 所示。

加长幅面的图框尺寸，宜按所选用的基本幅面大一号的图框尺寸确定。

11.1.1.3　比例

矿图常用比例如表 11-3 所示。

11.1.1.4　图线

图线的宽度应根据图纸的类别、比例和复杂程度选用。基本线宽 b 宜采用 0.3 mm 或 0.4 mm。矿图各类线型如表 11-4 所示。

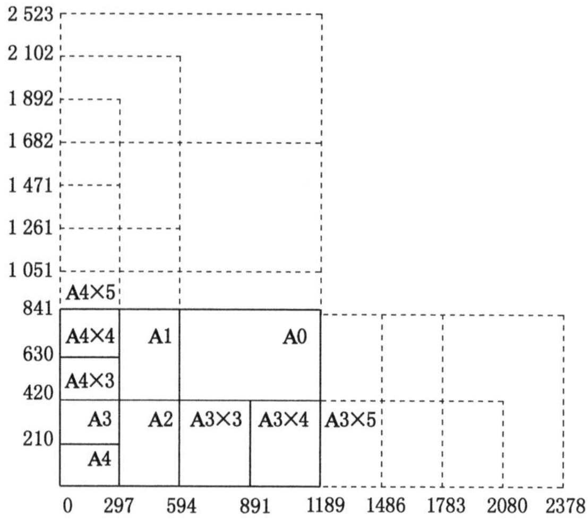

注:1. 粗实线所示为基本幅面;2. 细实线、细虚线所示为加长幅面。

图 11-1 图纸幅面

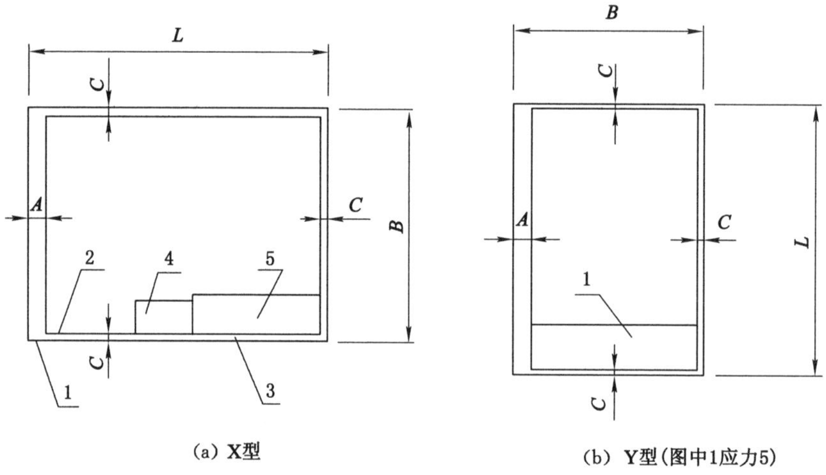

1—纸边界线;2—图框线;3—周边;4—会签栏;5—标题栏。

图 11-2 图框格式

表 11-2 基本幅面图框尺寸

幅面代号	A0	A1	A2	A3	A4
尺寸 $B\times L$/mm	841×1189	594×841	420×594	297×420	210×297
c	10			5	
a	25				

表 11-3　矿图常用比例

图名	常用比例
矿区井田划分及开发方式图	平面　1∶10000　1∶20000　1∶50000　1∶5000 剖面　1∶2000　1∶5000
井田开拓方式图、开拓巷道工程图	平面　1∶5000　1∶10000　1∶2000　断面：1∶50 剖面　1∶2000　1∶5000
采区巷道布置及机械配备图	平面　1∶2000　1∶5000　1∶10000　断面：1∶50 剖面　1∶2000
井底车场布置图	平面　1∶500　1∶200　1∶1000　断面：1∶50 剖面　1∶50
井底车场线路及水沟坡度图	水平　1∶500　断面：1∶50 垂直　1∶100　1∶50 平面　1∶1000
主要巷道布置图	平面　1∶500　1∶1000　1∶200　断面：1∶50 剖面　1∶500
安全煤柱图	1∶2000
井筒布置图	平面　1∶20　1∶50　1∶100　1∶200 纵剖面　1∶20　1∶50
硐室布置图	平面　1∶50　1∶100　1∶200　断面：1∶50 剖面　1∶50　1∶100　1∶200
采区车场布置图	平面　1∶200　1∶500　1∶100　断面：1∶50 剖面　1∶200　1∶100
各种详图	1∶2　1∶5　1∶10

表 11-4　矿图各类线型

名称	线型	线宽	主要用途
粗实线		2*b*	1. 主要可见轮廓线；2. 主要可见过渡线
中实线		*b*	1. 次要可见轮廓线；2. 次要可见过渡线
中虚线		*b*	1. 次要不可见轮廓线；2. 次要不可见过渡线
细实线		0.45*b* 或 0.6*b*	尺寸线；尺寸界线；剖面或断面线；引出线；范围线
细虚线		0.45*b* 或 0.6*b*	1. 不可见轮廓线；2. 不可见过渡线
粗单点划线		2*b*	有特殊要求的线或表面的表示线
细单点划线		0.45*b* 或 0.6	1. 中心线；2. 轴线；3. 轨迹线

表11-4(续)

名称	线型	线宽	主要用途
细双点划线	—··—··—··—··—	0.45*b* 或 0.6	1. 剖面图中表示被剖切去的部分形状的假想投影轮廓线;2. 中断线
折断线	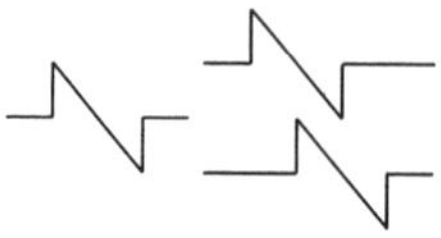	*b*	井巷断裂处的分界线
波浪线		0.45*b* 或 0.6	1. 井巷断裂处的边界线;2. 视图和剖视的分界线

11.1.1.5　字体

矿图中的字体高度宜符合字体高度的公称尺寸系列 1.8、2.5、3.5、5、7、10、14、20 mm;汉字应为仿宋体字,且字高不小于 3.5 mm;字母和数字根据需要写成 A 型字体或 B 型字体。A 型字体或 B 型字体格式、基本比例和尺寸宜符合表 11-5 或表 11-6 的规定。同一幅矿图中应采用一种形式的字体。

表 11-5　A 型字体

书写格式	基本比例	尺寸/mm							
大写字母高度	(14/14)*h*	1.8	2.5	3.5	5	7	10	14	20
小写字母高度	(10/14)*h*	1.3	1.8	2.5	3.5	5	7	10	14
字母间间距	(2/14)*h*	0.26	0.36	0.5	0.7	1	1.4	2	2.8
词间距	(6/14)*h*	0.78	1.08	1.5	2.1	3	4.2	6	8.4
基准线最小间距(大写字母)	(17/14)*h*	2.21	3.06	4.25	5.95	8.5	11.9	17	23.8

表 11-6　B 型字体

书写格式	基本比例	尺寸/mm							
大写字母高度	(10/10)*h*	1.8	2.5	3.5	5	7	10	14	20
小写字母高度	(7/10)*h*	1.26	1.75	2.5	3.5	5	7	10	14
字母间间距	(2/10)*h*	0.36	0.5	0.7	1	1.4	2	2.8	4
词间距	(6/10)*h*	1.08	1.5	2.1	3	4.2	6	8.4	12
基准线最小间距(大写字母)	(13/10)*h*	2.34	3.25	4.55	6.5	9.1	13	18.2	26

11.1.2　图例

当复制地质图时,应采用原地质图图例;当需要在复制图中增添采矿专业设计内容时,应按统一标准的图例绘制。同一幅图纸应采用统一的图例。图例的大小应与视图的比例相适应。当绘制 1∶50～1∶500 比例的平面图时,平面图中的巷道,应采用巷道的图例,并应按设计视图的比例进行绘制;当绘制 1∶500～1∶5000 比例的剖面图时,剖面图中的井巷应按剖切情况进行处理,并应符合下列规定:

(1) 剖切到的井巷应用单实线表示。

(2) 没有剖切到的井巷，当井巷位于剖切线的前方，应用虚线绘制；当井巷位于剖切线的后方，应用双点划线绘制。

11.1.2.1　边界线图例

矿井边界线图例如表 11-7 所示。

表 11-7　矿井边界线图例

编号	名称	符号	说明
1	矿区边界线	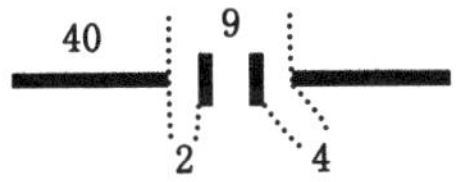	线宽为 1.2 mm
2	勘探边界线	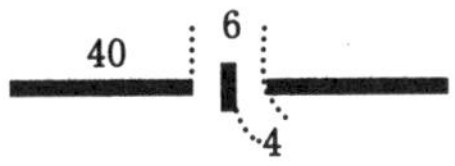	线宽为 1.2 mm
3	井田境界线	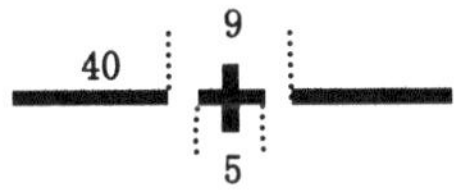	线宽为 1.2 mm
4	采区边界线	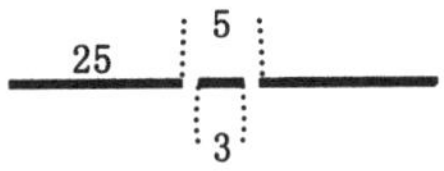	线宽为 0.5 mm
5	可采边界线	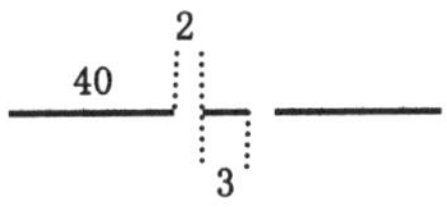	线宽为 0.25 mm
6	煤柱边界线	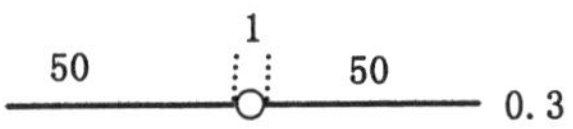	线宽为 0.30 mm，注明煤柱名称，批准机关及文号
7	零点边界线	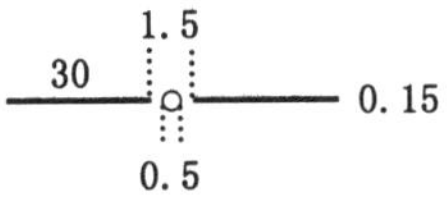	线宽为 0.15 mm

11.1.2.2　地层产状与构造图例

地层产状与构造图例如表 11-8 所示。

表 11-8　地层产状与构造图例

编号	名称	符号	说明
1	地层产状	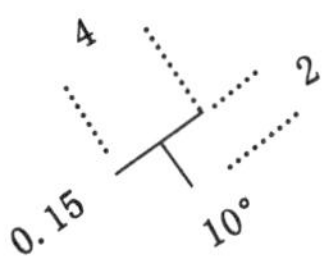	横线表示地层走向，垂线表示地层的倾向，垂线的顶端注明实测倾角

表11-8(续)

编号	名称	符号	说明
2	直立地层产状	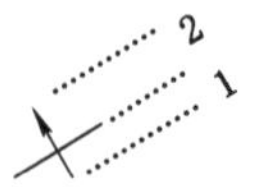	箭头方向表示岩层顶面
3	水平地层产状	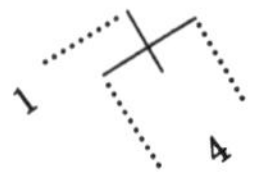	
4	倒转地层产状	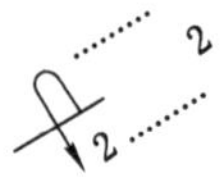	箭头方向表示岩层顶面方向
5	实测向斜轴	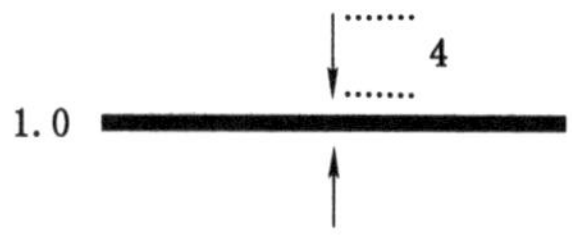	箭头表示岩层的倾斜方向实测褶皱每 100 mm 为一组,组与组间距为 10 mm;推断褶皱每隔 5 节(1 节 20 mm)绘一组,组与组间距为 10 mm
6	推测向斜轴	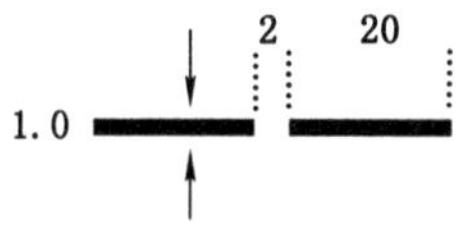	
7	实测背斜轴	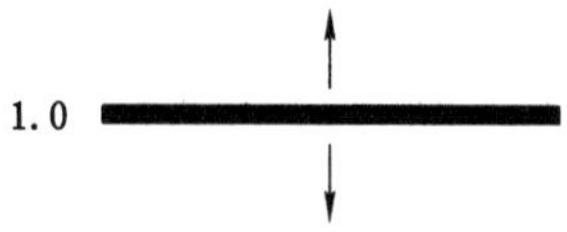	
8	推测背斜轴	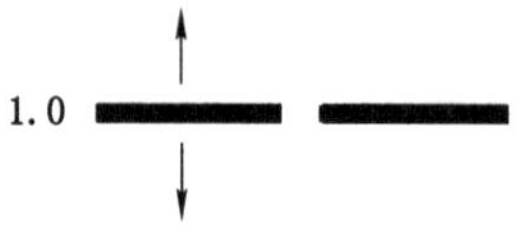	
9	复式背斜	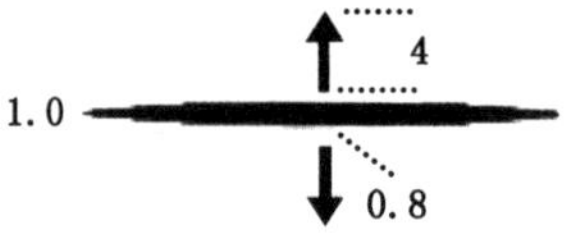	中间线粗 1 mm,两端尖灭
10	复式向斜	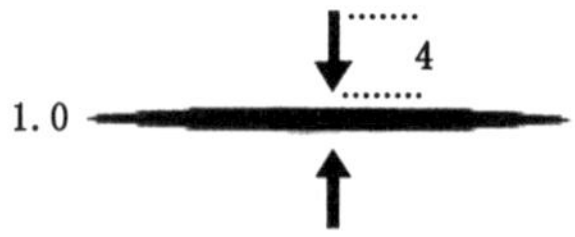	
11	实测正断层	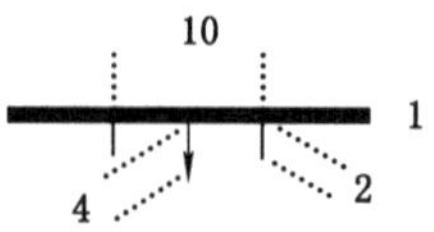	箭头表示断层面倾斜方向,短线指示地层下降的一侧。在平面上每 100 mm 绘制构造产状要素符号

表11-8(续)

编号	名称	符号	说明
12	推断正断层	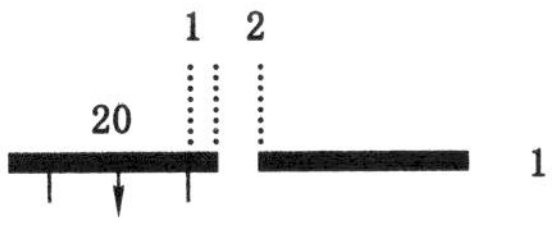	同上
13	实测逆断层	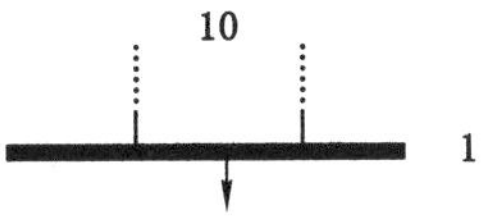	同上
14	推断逆断层		同上
15	实测逆掩断层	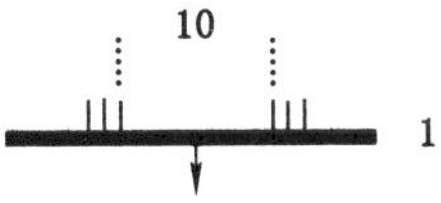	同上
16	推断逆掩断层		同上
17	实测平移断层	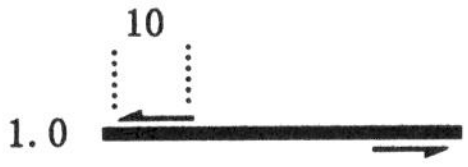	箭头表示两盘位移的方向
18	推断平移断层	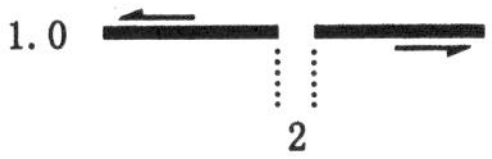	同上
19	实测旋转断层		“ω“符号表示旋转断层,箭头表示倾斜方向
20	推断旋转断层		同上
21	性质不明断层	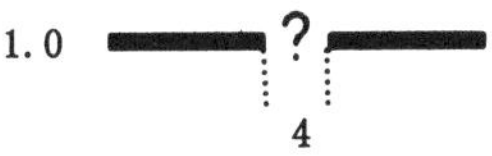	表示断层性质还未探清
22	环状陷落	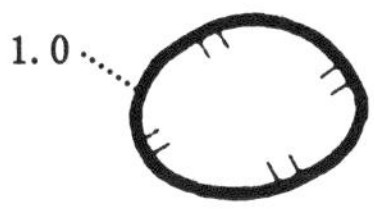	双短线表示岩层陷落方向
23	断层编号及注记	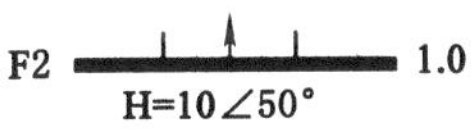	注记断层名称、倾角、落差
24	断层上、下盘	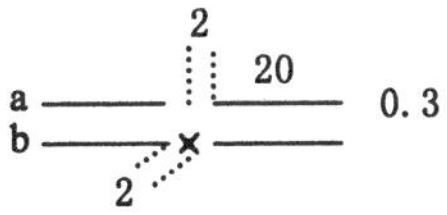	a 为上盘;b 为下盘

表11-8(续)

编号	名称	符号	说明
25	断层裂隙带	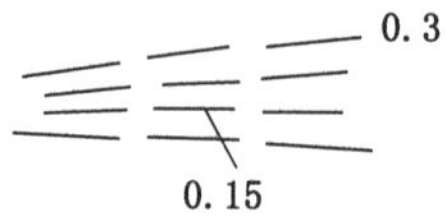	中间表示裂隙地带
26	断层破碎带	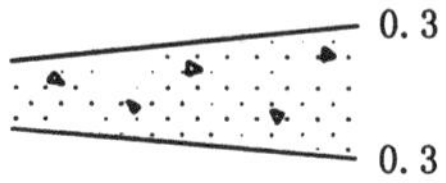	中间表示破碎地带;用在采掘工程平面图上
27	断层	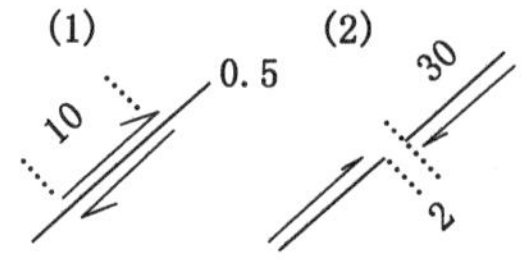	用于剖面:(1) 实测;(2) 推断
28	井巷实测断层	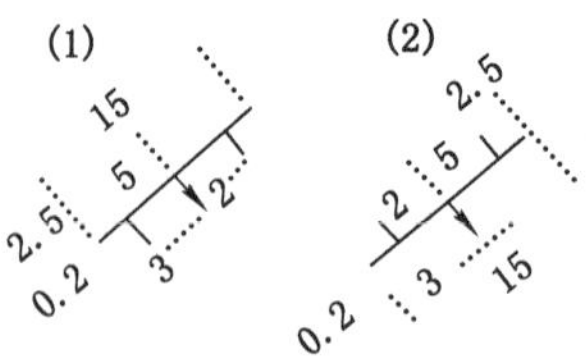	(1) 正断层;(2) 逆断层。用于采掘工程平面图。在矿井水平地质切面图上,走向粗 0.5 mm
29	滑动构造		
30	推断滑动构造		

11.1.2.3　储量圈定与计算图例

储量圈定与计算图例如表 11-9 所示。

表 11-9　储量圈定与计算图例

编号	名称	符号	说明
1	实测煤层露头		煤层厚度<1.3 m时,线粗 0.5 mm;煤层厚度在 1.3~3.5 m时,线粗 1.0 mm;煤层厚度>3.5 m时,按实际投影宽度绘制
2	推测煤层露头		
3	煤层露头线及煤层氧化带和煤层风化带	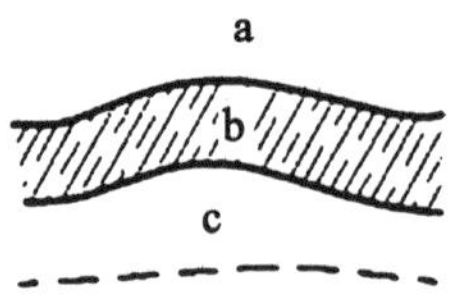	a. 煤层底板露头线; b. 煤层风化带; c. 煤层氧化带
4	煤层底板等高线	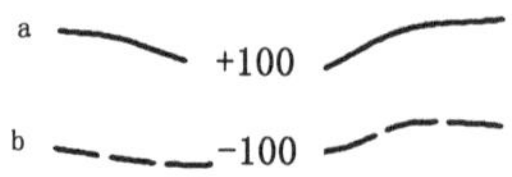	a. 探明,实线,线宽为 0.25 mm;b. 推断,虚线,线长为 10 mm,间格距离为 1 mm,线宽为 0.25 mm

表11-9(续)

编号	名称	符号	说明
5	煤层分叉合并线		角尖指向合并区
6	煤种界线		气煤，瘦煤
7	储量块段界线		
8	储量块段	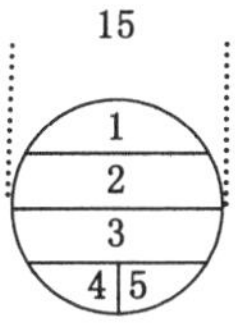	根据比例尺的大小，储量块段符号直径可取 20 mm。块段号和储量级别；储量块段面积(m^2)；储量单位万吨(万 t)；储量估算利用厚度(m)；煤层倾角(°)
9	煤层小柱状	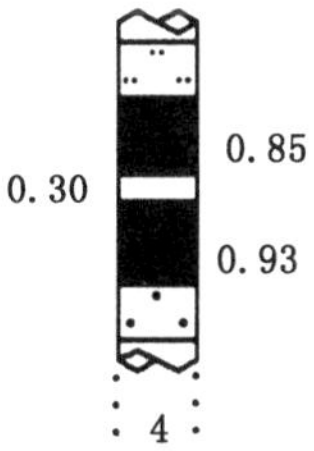	为储量估算图上的钻孔或井巷实测柱状。左边为夹石层厚度，右边为煤层厚度。采掘工程图上的小柱状及钻孔一侧的小柱状宽可取 3 mm
10	煤层采样点		上为原煤灰分(%)；中为黏结指数，如无 G 值可注胶质层最大厚度 Y(mm)；下为挥发分(%)
11	剖面线	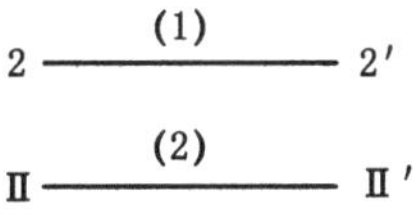	(1) 勘探线剖面、矿井地质剖面、露天储量估算剖面线； (2) 走向剖面线
12	煤厚实测点及推定最低可采厚度点		在推测的最低可采厚度点右侧，注明最低可采厚度
13	剖面线方位	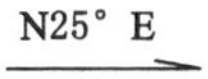	剖面线改变方位时，应加注方位
14	储量注销区	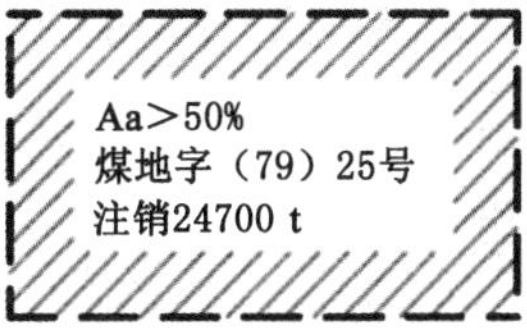	边框用黑色虚线，斜线画 45°，内注批准文号、储量

表11-9(续)

编号	名称	符号	说明
15	报损区	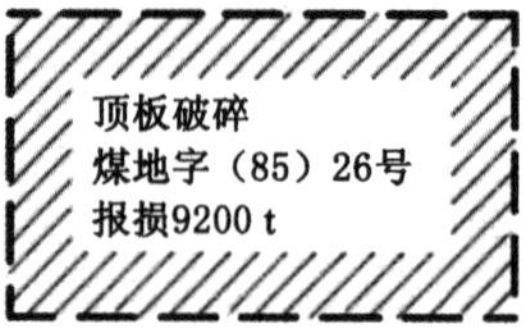	同上
16	地质与水文地质损失区		同上
17	丢煤区		边框用黑色虚线，斜线画45°，内注造成丢煤原因、时间、储量
18	井下各类煤柱	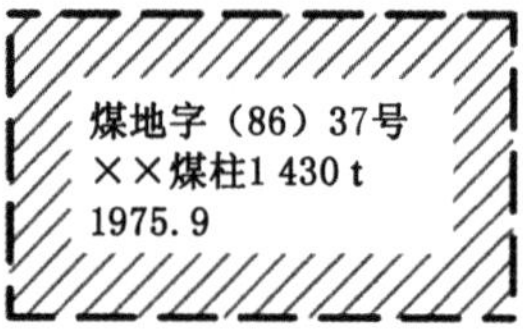	边框用黑色虚线，斜线画45°，内注批准文号、日期、煤量

11.1.2.4　沉积岩图例

沉积岩图例如表11-10所示。

表 11-10　沉积岩图例

编号	名称	符号	说明
1	覆盖土	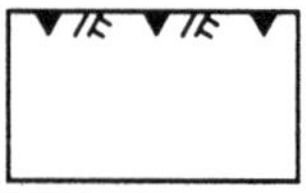	主要指表土、壤土、积土层、淤泥
2	黄土		主要指风成黄土
3	黏土	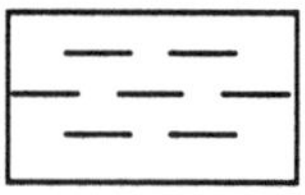	含结核的黏土在符号内加画“○”
4	砂质黏土	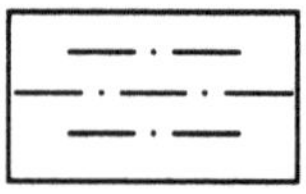	
5	填筑土	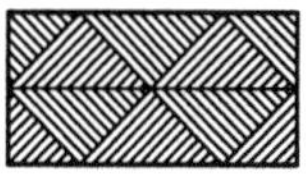	

表11-10(续)

编号	名称	符号	说明
6	冰川泥砾	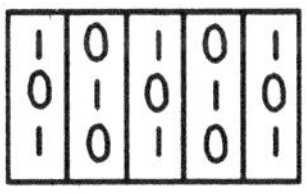	
7	泥炭	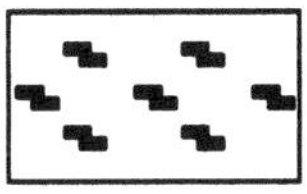	
8	砾石	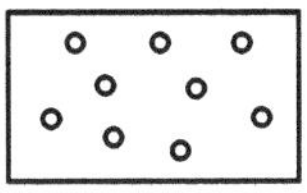	不规则均匀排列
9	砂砾	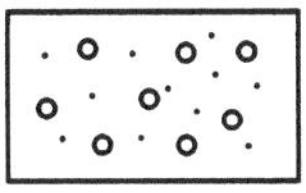	
10	角砾	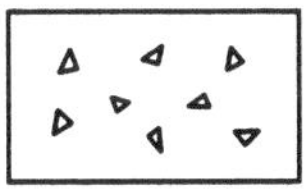	
11	砂礓	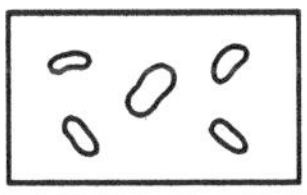	指黄土中的钙质结核,若赋存于某岩层,则可绘在该层中
12	细砾	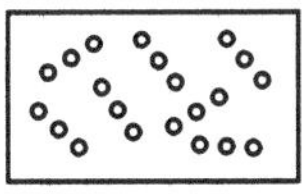	
13	粗砂	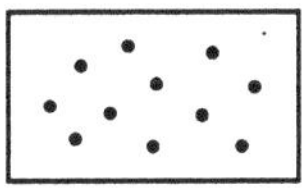	黑点直径 0.6 mm,点状符号不规则均匀排列
14	中砂	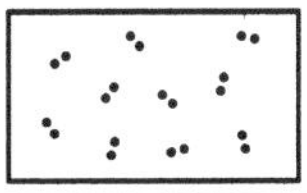	点状符号不规则均匀排列
15	细砂	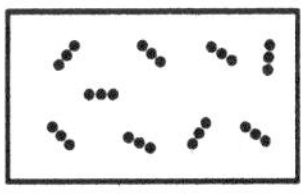	
16	粉砂	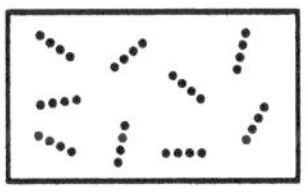	
17	粗角砾岩	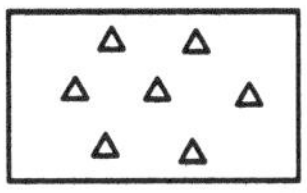	单体符号相同,平行交错规则排列
18	中角砾岩	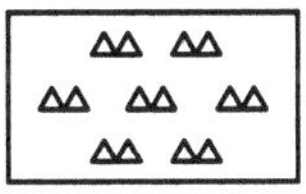	两个三角一组,平行交错规则排列
19	细角砾岩	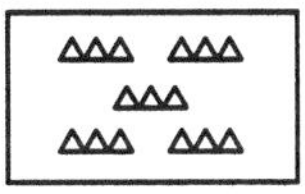	三个三角一组,平行交错规则排列

表11-10(续)

编号	名称	符号	说明
20	砂质角砾岩	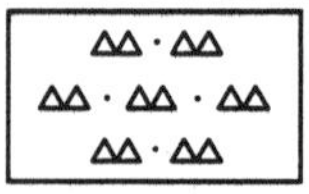	
21	泥质角砾岩	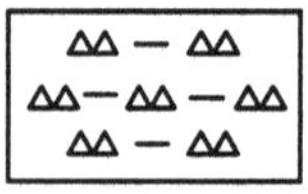	
22	凝灰角砾岩	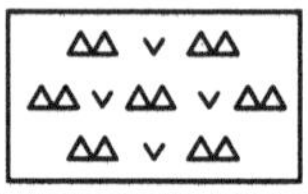	
23	巨砾岩	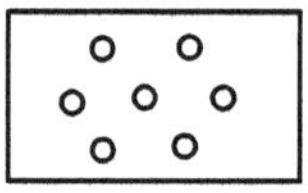	
24	粗砾岩	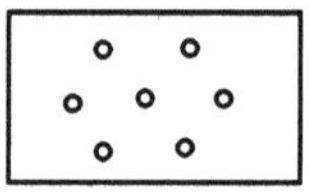	
25	中砾岩	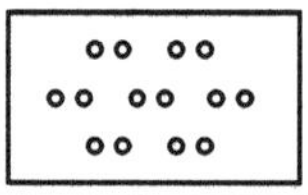	
26	细砾岩	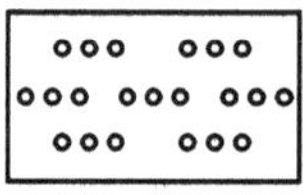	
27	砂质砾岩	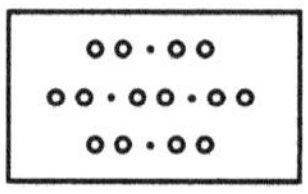	
28	粉砂质砾岩	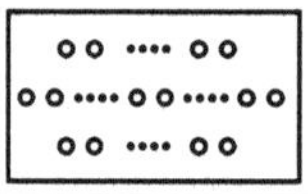	
29	泥质砾岩	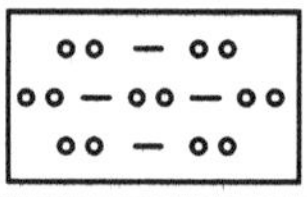	
30	凝灰质砾岩	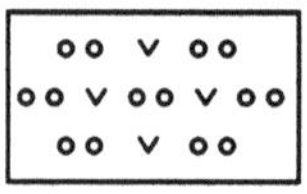	
31	石英砾岩	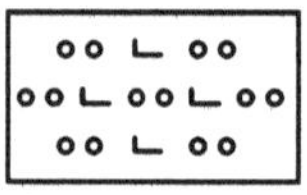	
32	含砾砂岩	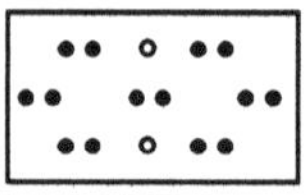	
33	粗粒砂岩	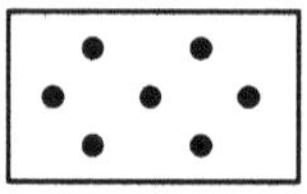	黑点直径 0.6 mm

表11-10(续)

编号	名称	符号	说明
34	中粒砂岩	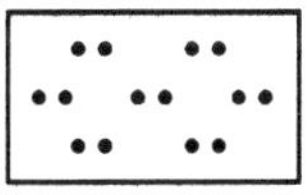	
35	细粒砂岩	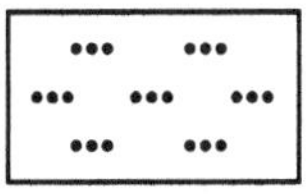	
36	粉砂岩	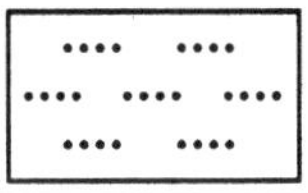	
37	泥质砂岩	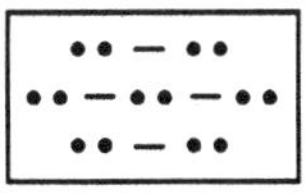	除对泥质、铁质、含沥青、含油、凝灰质、石英、长石等砂岩规定符号外，其他岩性特征要做文字描述，不单独规定符号
38	铁质砂岩	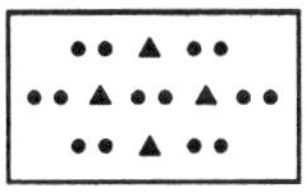	
39	含沥青砂岩	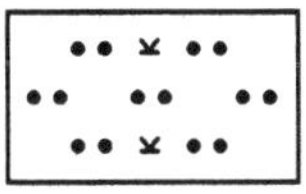	
40	含油砂岩	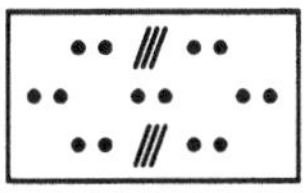	
41	凝灰质砂岩	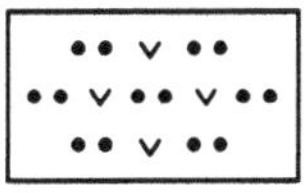	
42	石英砂岩	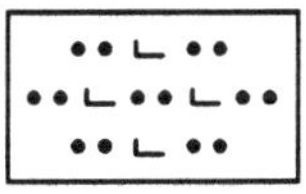	
43	长石砂岩	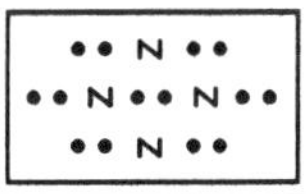	
44	泥质粉砂岩	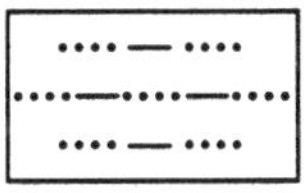	
45	铁质粉砂岩	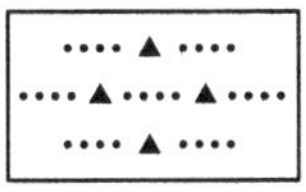	
46	碳质粉砂岩	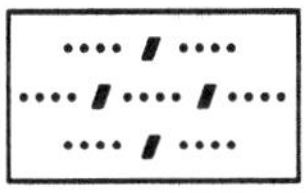	
47	凝灰质粉砂岩	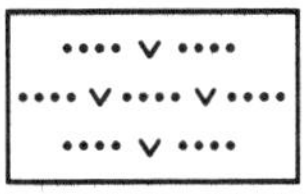	

表11-10(续)

编号	名称	符号	说明
48	泥岩	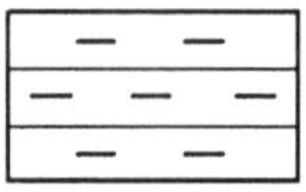	水平平行线间距 3 mm,对薄岩层不做规定
49	钙质泥岩	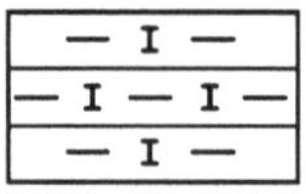	
50	粉砂质泥岩		
51	铝质泥岩	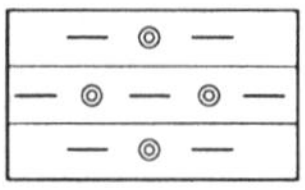	
52	含硅泥岩	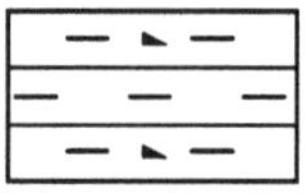	
53	煤及夹矸		
54	煤层尖灭	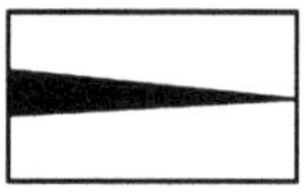	不能成波状,应为直线型
55	煤层分叉	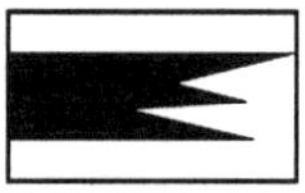	同上
56	天然焦		
57	含碳页岩		
58	碳质页岩		
59	碳质泥岩	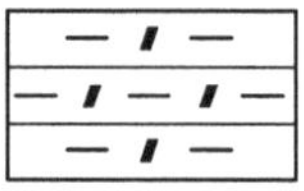	
60	砂质页岩	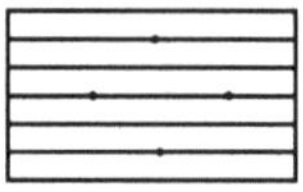	
61	油页岩	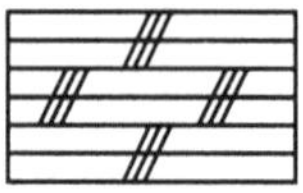	

表11-10(续)

编号	名称	符号	说明
62	铝质页岩	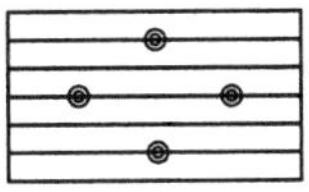	
63	石灰岩	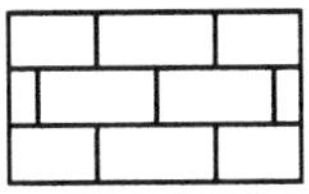	
64	角砾灰岩	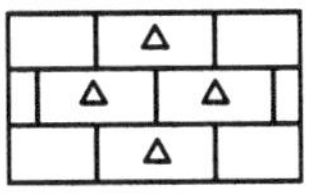	
65	硅质泥岩	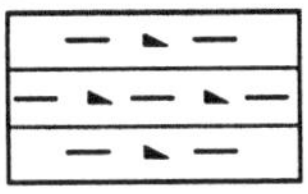	
66	硅质岩	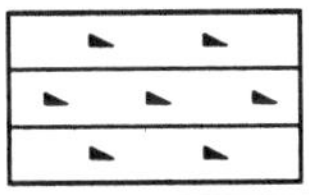	
67	含沥青泥岩	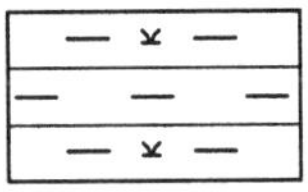	
68	凝灰质泥岩	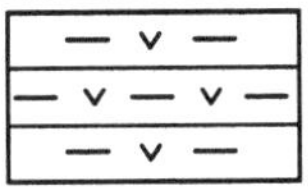	
69	高岭石泥岩	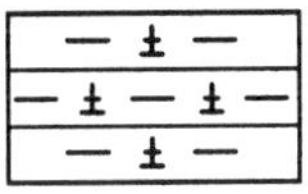	
70	铁质泥岩	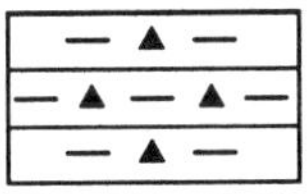	
71	泥质灰岩	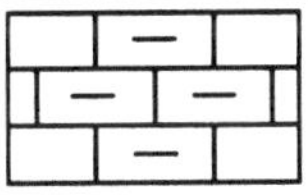	
72	沥青质灰岩	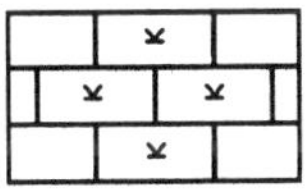	
73	燧石灰岩	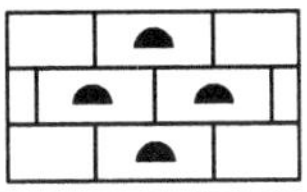	
74	颗粒灰岩	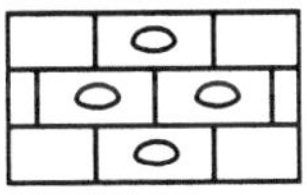	
75	生物屑灰岩	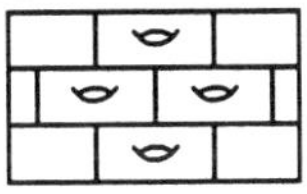	

表11-10(续)

编号	名称	符号	说明
76	礁灰岩	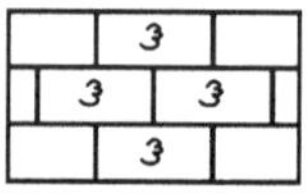	
77	鲕状灰岩	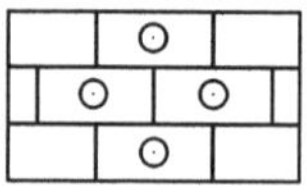	
78	藻灰岩	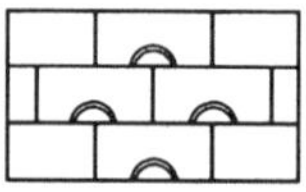	
79	白云岩	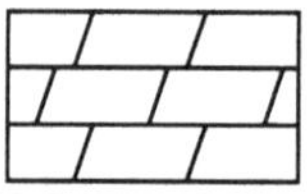	
80	角砾状白云岩	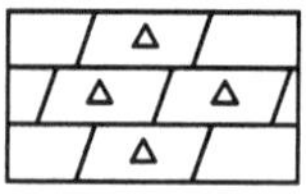	
81	竹叶状灰岩	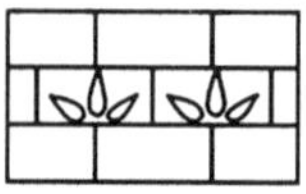	
82	花斑状灰岩	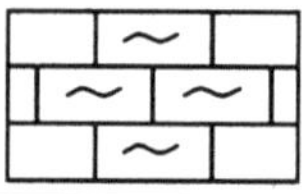	
83	礁白云岩		
84	鲕状白云岩	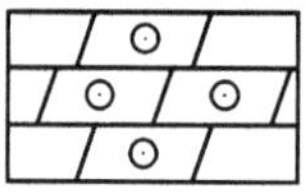	
85	藻云岩	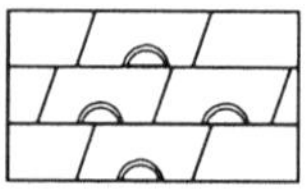	
86	硅藻岩	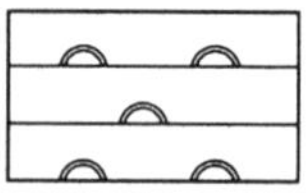	
87	集块熔岩		
88	集块岩	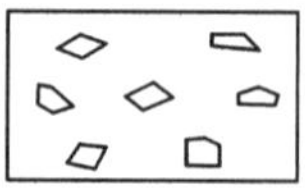	
89	火山角砾岩	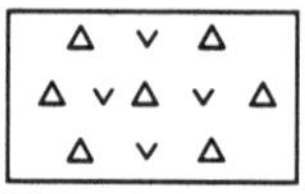	

表11-10(续)

编号	名称	符号	说明
90	凝灰岩	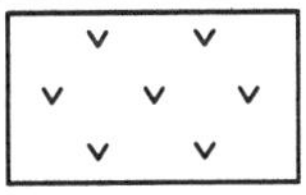	
91	沉集块岩	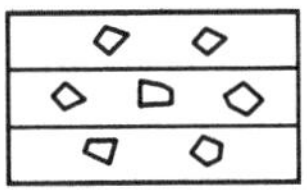	
92	沉火山角砾岩	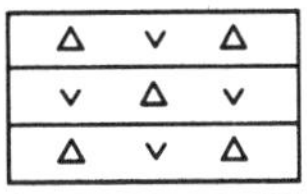	
93	沉凝灰岩	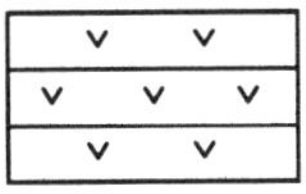	
94	铝土矿	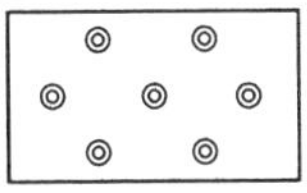	
95	菱铁矿	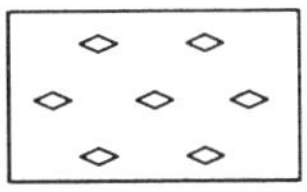	在单体矿物符号外圈画"○"为该矿物结核
96	赤铁矿	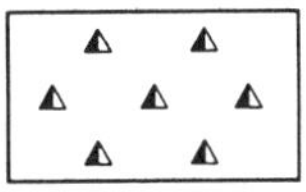	同上
97	褐铁矿	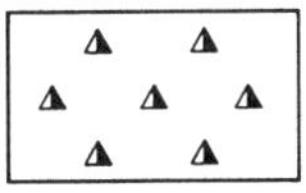	同上
98	黄铁矿	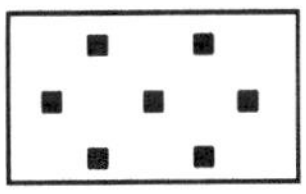	对于煤层中的黄铁矿结核,在黄铁矿单体符号外圈画"○"
99	岩盐	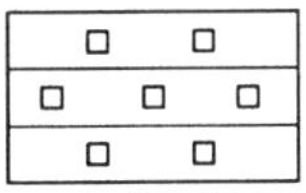	
100	石膏层	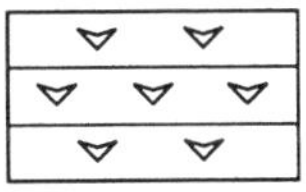	
101	钾盐层	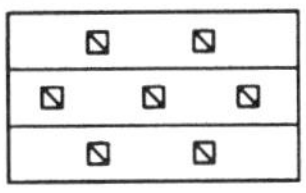	
102	镁盐层	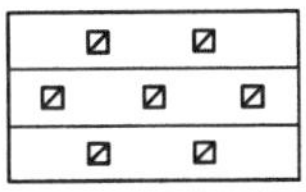	
103	硼砂层	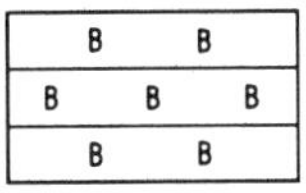	

表11-10(续)

编号	名称	符号	说明
104	天然气层	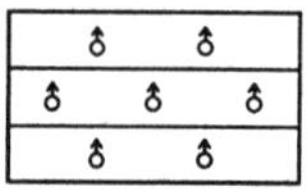	
105	芒硝层	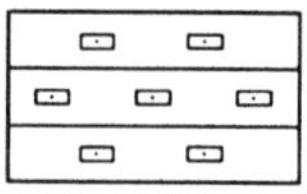	
106	白垩层	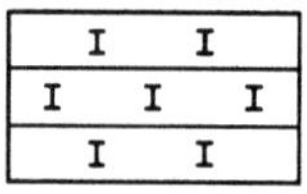	
107	石油层	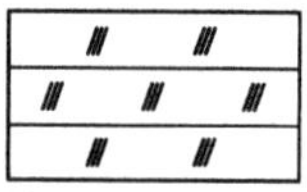	包括岩性不明的含油岩层

11.1.2.5 岩浆岩图例

岩浆岩图例如表 11-11 所示。

表 11-11　岩浆岩图例

编号	名称	代号	符号	颜色	说明
1	花岗岩	γ	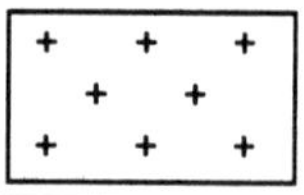	浅红	单体符号平行交错排列
2	花岗斑岩	γ_{π}	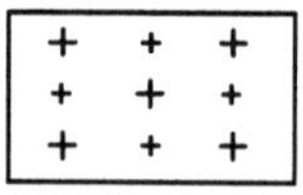	浅红	大小符号相同对应排列
3	花岗闪长岩	γ_{δ}	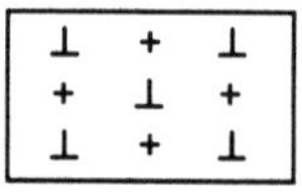	粉红	两种符号对应排列
4	闪长岩	δ	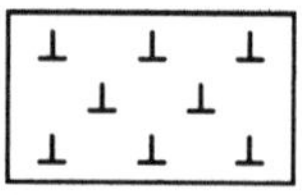	桔黄	“⊥”线长 1.5 mm 粗 0.2 mm
5	闪长斑岩	δ_{π}	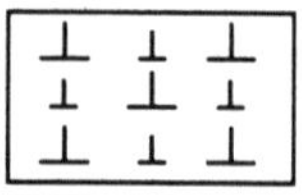	桔黄	
6	石英闪长岩	λ_{δ}	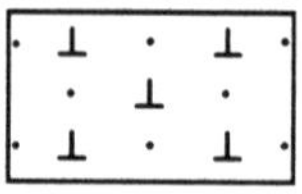	粉红	
7	玢岩	μ	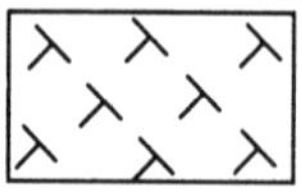	桔黄	“入”线长 3 mm，粗 0.2 mm
8	辉绿玢岩	μ_{β}	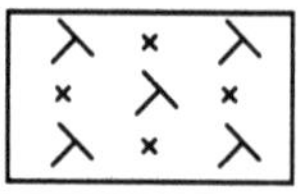	桔黄	

表11-11(续)

编号	名称	代号	符号	颜色	说明
9	正长岩	ξ	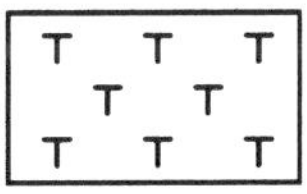	粉红	正长斑岩、霞石正长岩、霞石正长斑岩均采用此符号和颜色,代号分别为 ξ_π、ξ、ξ_π
10	二长岩	υ	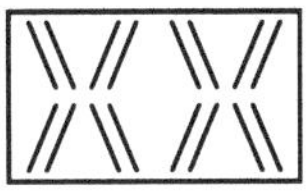	粉红	二长斑岩的符号和颜色与此相同,代号为 υ_π
11	辉长岩	υ	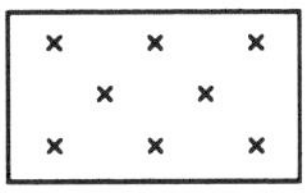	深绿	“×”线长 1 mm,粗 0.2 mm
12	辉绿岩	β_μ	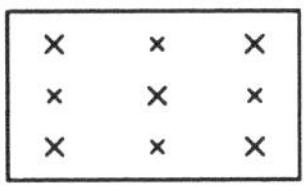	深绿	大“×”线长 2 mm
13	煌斑岩	χ	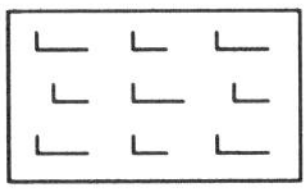	桔黄	
14	辉岩	σ	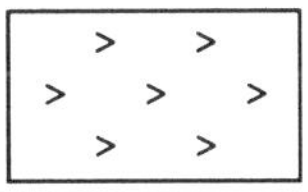	浅紫	
15	流纹岩	λ	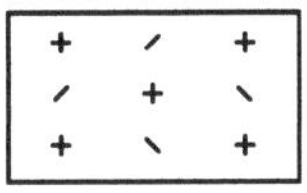	粉红	流纹凝灰岩均采用此符号和颜色,代号分别为 λ_a、λ
16	安山岩	α	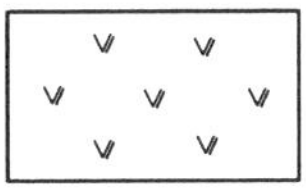	桔黄	安山凝灰岩、安山集块岩均用此符号和颜色,代号分别为 α_q、α_g
17	英安岩	ζ	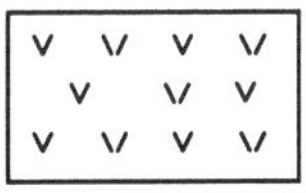	粉红	
18	粗面岩	τ	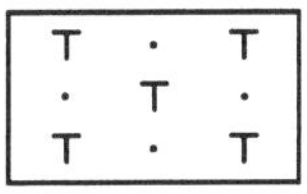	粉红	粗面凝灰岩粗面集块岩均用此符号和颜色,代号分别为 τ_q、τ_g
19	玄武岩	β	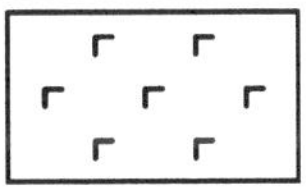	深绿	玄武凝灰岩、玄武集块岩均用此符号和颜色,代号分别为 β_q、β_g
20	苦橄岩		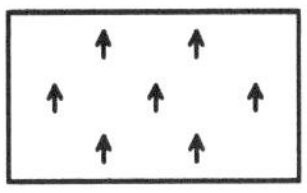	浅紫	
21	橄榄岩		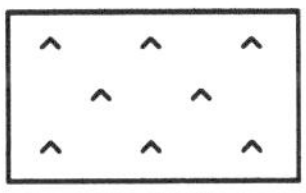	浅紫	“∧”线长 2 mm,粗 0.2 mm

11.1.2.6　混合岩与变质岩图例

混合岩与变质岩图例如表 11-12 所示。

表 11-12　混合岩与变质岩图例

编号	名称	符号	说明
1	混合岩	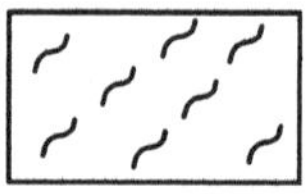	
2	角页岩	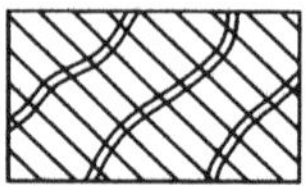	
3	板岩		
4	千枚岩	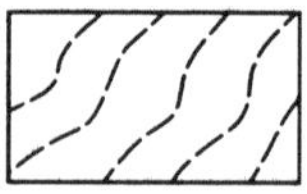	
5	片岩	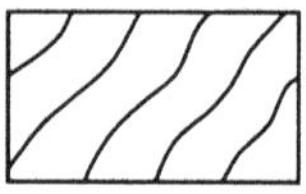	
6	片麻岩	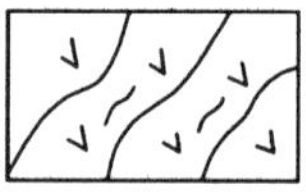	
7	石英岩	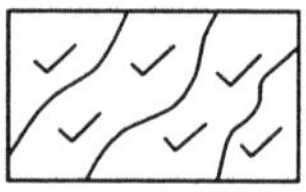	
8	大理岩	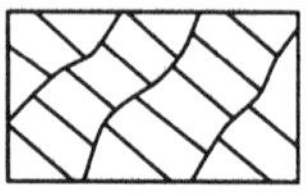	
9	硅化灰岩	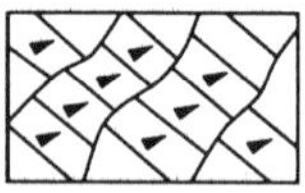	
10	刚玉岩	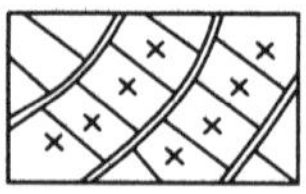	
11	糜棱岩	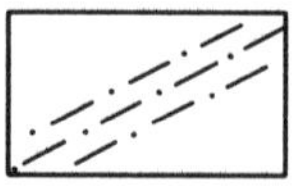	

11.1.2.7　矿井水文地质图例

矿井水文地质图例如表 11-13 所示。

表 11-13　矿井水文地质图例

符号名称	图例	图例说明
观测站	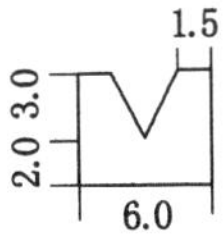	左：编号；右：$\frac{\text{流量}(m^3/s)}{\text{观测起止时间}}$
巷道涌水点	(1) 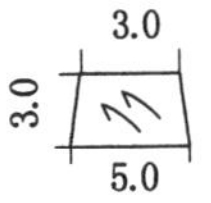	(1) 里边蓝色箭头表示涌水方向
	(2) 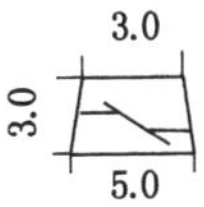	(2) 断层出水
	(3) 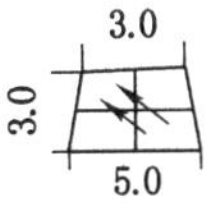	(3) 已处理
回采工作面涌水点	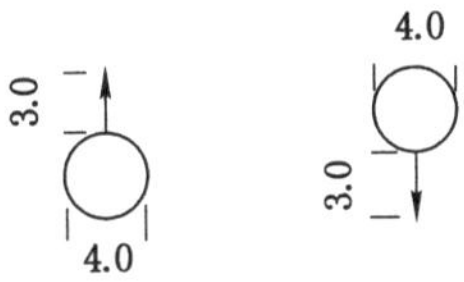	左上：出水时间；右上：最小-最大出水量/(m^3/min)；左下：出水点高程/m。箭头表示涌水方向
井下涌水点观测站	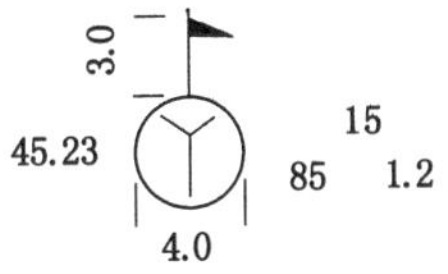	左：观测点高程/m；右：$\frac{\text{涌水量}(m^3/s)}{\text{观测时间}}$
透流砂点	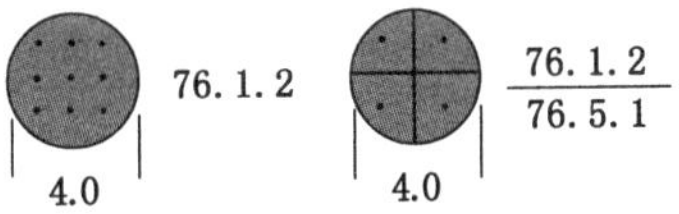	(1) 右注透流砂时间；(2) 右注$\frac{\text{透流砂时间}}{\text{处理时间}}$
淋水区	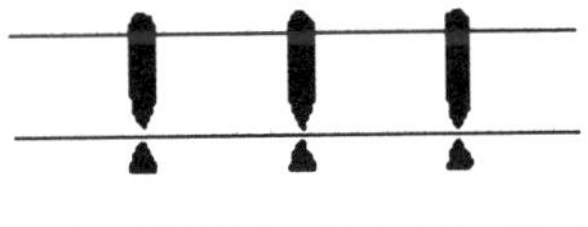	两端淋水符号即为淋水区起止点
井下积水区	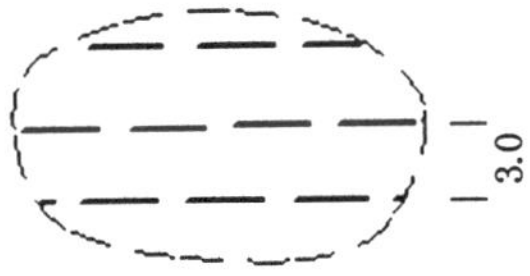	内注记：$\frac{\text{积水量}/m^3}{\text{积水面积}/m^2}$

11.1.2.8　通风图例

通风图例如表 11-14 所示。

表 11-14　通风图例

编号	名称	比例		说明
		1∶50～1∶200	1∶500～1∶5000	
1	进风风流			
2	回风风流			
3	风门	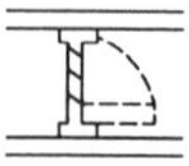		a 型用于通风系统图，半园弧一侧为进风方向
4	调节风门	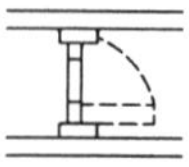	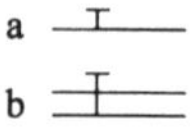	根据视图比例大小选用 a 或 b
5	双向风门	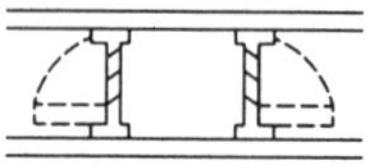	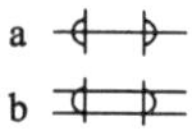	根据视图比例大小选用 a 或 b
6	风帘	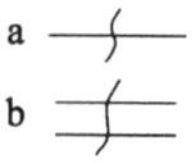		根据视图比例大小选用 a 或 b
7	风桥	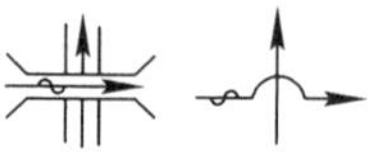		
8	密闭			
9	岩粉棚	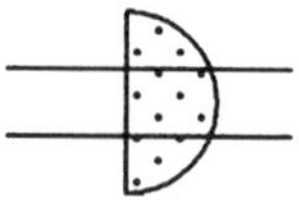		
10	水幕	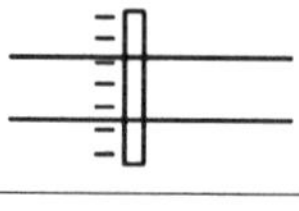		
11	水槽			
12	水袋	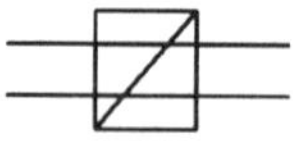		
13	防水阀门	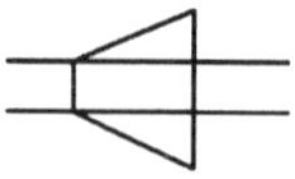		
14	防水墙	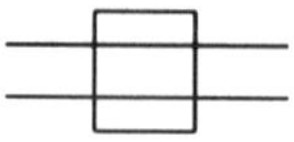		

表11-14(续)

编号	名称	比例		说明
		1∶50～1∶200	1∶500～1∶5000	
15	栅栏门	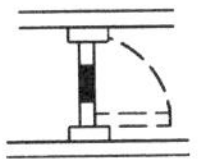	不表示	
16	防火门	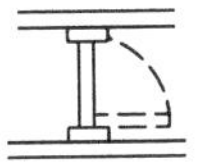		
17	密闭门	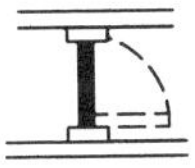		
18	栅栏防火两用门	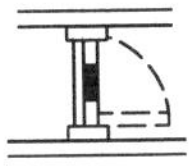		
19	抗冲击波活门	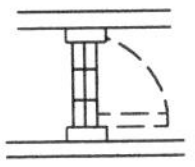		
20	抗冲击波密闭门	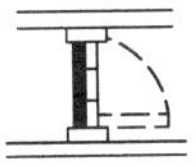		
21	永久风门	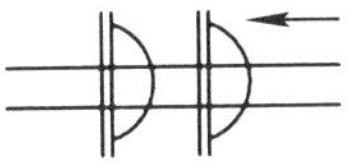	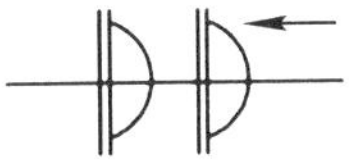	门扇用半圆和竖线表示,圆半径为 1.5 mm,竖线高为 5 mm,线宽为 0.5 mm,门扇迎向风流,注明编号
22	临时风门	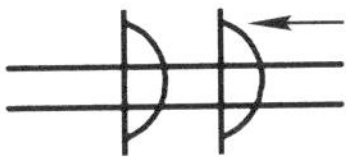	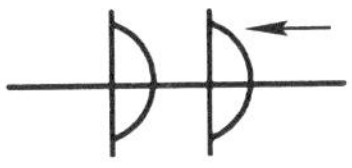	门扇用半圆和竖线表示,圆半径为 1.5 mm,竖线高为 5 mm,线宽为 0.5 mm,门扇迎向风流,注明编号
23	双向风门	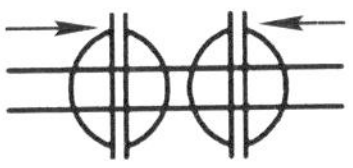	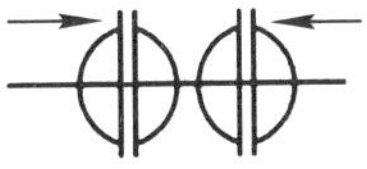	门扇用半圆和竖线表示,圆半径为 1.5 mm,竖线高为 5 mm,线宽为 0.5 mm,注明编号
24	反风门	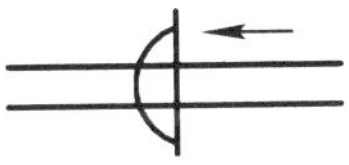	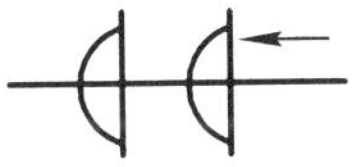	门扇背向风流
25	调节风窗			横线长 3 mm,竖线高 4 mm,线宽 0.7 mm,颜色为红色,注明编号
26	调节风墙			黑色
27	防突门			黑色
28	永久密闭(挡风墙)			颜色为黑色,注明编号

表11-14(续)

编号	名称	比例 1∶50～1∶200	比例 1∶500～1∶5000	说明
29	临时密闭	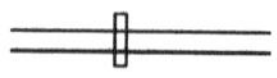	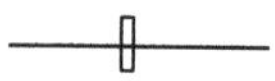	横线长 2 mm,竖线高 4 mm,线宽 0.5 mm,颜色为绿色,注明编号
30	测风站			标明风量
31	轴流主要通风机			黑色,注明风机的型号、功率、风量、负压、角度
32	离心主要通风机			黑色,注明风机的型号,功率、风量、负压、角度
33	局部通风机			圆半径为 4 mm
34	风筒	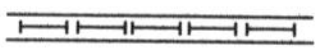	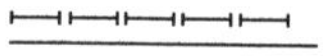	每节长度为 5 mm,竖线长 1.5 mm,线宽 0.5 mm,颜色为绿色
35	静压水池	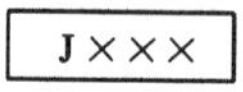		长:10 mm,高:5 mm,线宽:0.7 mm,×××表示水池容量
36	防尘管路(100 m一个三通)			实线长 20 mm,线间距 3 mm,4 英寸以上管路蓝色,2 英寸以上红色,其他为绿色,线宽 0.7 mm
37	防尘管路(50 m一个三通)			实线长 20 mm,线间距 3 mm,4 英寸以上管路蓝色,2 英寸以上红色,其他为绿色,线宽 0.7 mm
38	净化水幕	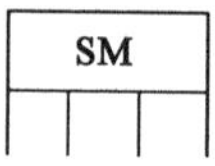	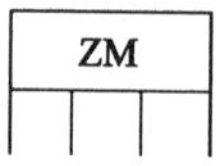	前者为手动,后者为自动,矩形方框长 10 mm,宽 5 mm
39	转载点喷雾	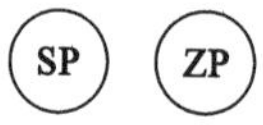		前者为手动,后者为自动,图例直径 6 mm
40	移架放煤喷雾	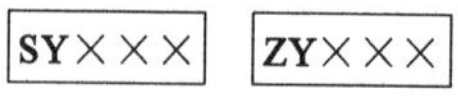		前者为手动,后者为自动,×××为安喷雾支架个数,图例长 12 mm,宽 5 mm
41	破碎机喷雾			×为喷雾个数,图例直径 6 mm
42	风水喷雾			图例直径 6 mm
43	爆破喷雾	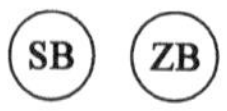		前者为手动,后者为自动,图例直径 6 mm
44	机组喷雾			上角为外喷个数,下角为内喷个数,图例直径 8 mm

表11-14(续)

编号	名称	比例		说明
		1∶50～1∶200	1∶500～1∶5000	
45	隔爆设施	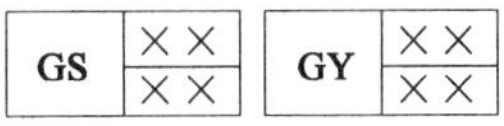		前者为水棚，后者为岩粉棚，右上方为设施个数，右下角为总容量(kg)，图例长 12 mm，宽 6 mm
46	加压泵	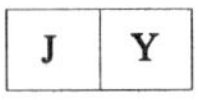		图例长 10 mm，宽 5 mm
47	防尘风机			图例直径 6 mm
48	注水孔	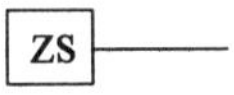		矩形长 6 mm，宽 5 mm，直线长 6 mm
49	净水过滤器	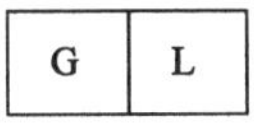		图例长 10 mm，宽 5 mm
50	加降尘剂装置	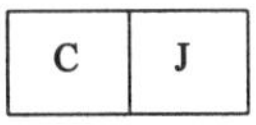		图例长 10 mm，宽 5 mm
51	闸阀	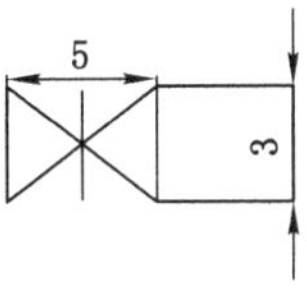		长 5 mm，宽 3 mm，线宽 0.5 mm，颜色：黑色
52	蝶阀	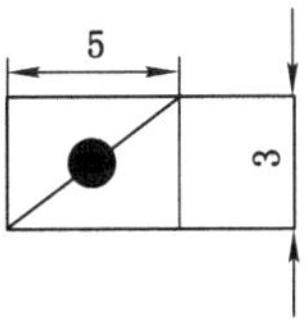		长 5 mm，宽 3 mm，线宽 0.5 mm，颜色：黑色
53	孔板流量计	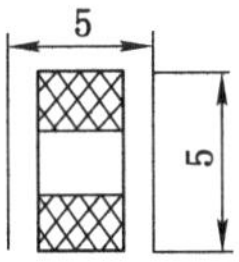		长 5 mm，宽 5 mm，线宽 0.5 mm，颜色：黑色
54	真空表 (流量测定点)	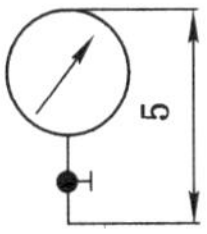		长 5 mm，宽 3 mm，线宽 0.5 mm，颜色：黑色
55	自动放水器			长 5 mm，宽 4 mm，线宽 0.5 mm，颜色：黑色

表11-14(续)

编号	名称	比例		说明
		1∶50～1∶200	1∶500～1∶5000	
56	瓦斯突出或喷出地点	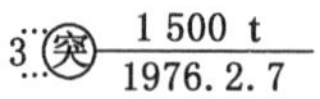		分子为突出量(以突出的煤量计算),分母为突出时间
57	瓦斯抽放站	**CFZ**		图例长 10 mm,宽 5 mm
58	井下炸药库	**药**		长 6 mm,宽 4 mm,线宽 0.2 mm,颜色:黑色
59	井下冒顶区	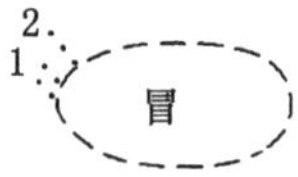		
60	煤层发热区	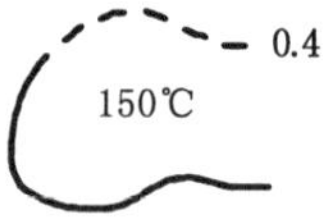		用实线表示实测的,虚线表示推测的;内注发热温度
61	煤层自然发火区与发火点	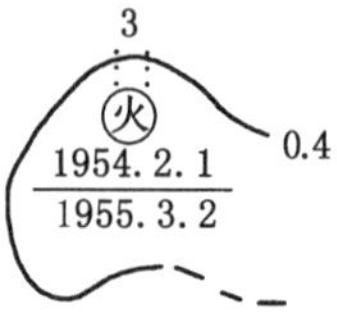		实线表示实测部分,虚线表示推测部分,圆圈内"火"表示发火点,分子为发火时间,分母为处理好的时间

11.1.2.9 机电图例

机电图例如表 11-15 所示。

表 11-15 机电图例

编号	名称	符号	说明
(一) 基本符号			
1	铲斗装载机	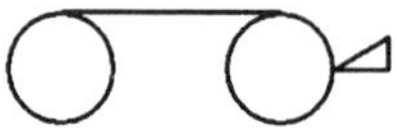	
2	耙斗装载机	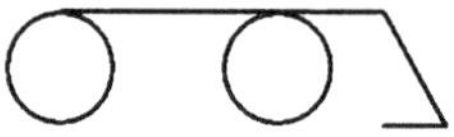	
3	侧卸式装载机		
4	扒爪装载机	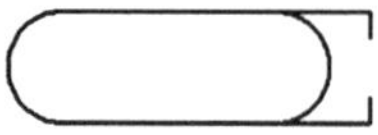	
5	抓岩机		

表11-15(续)

编号	名称	符号	说明
6	风镐	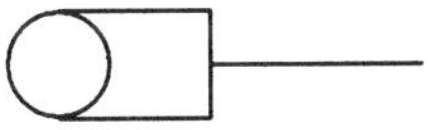	
7	岩石电钻		
8	井下钻机		
9	探水钻机		
10	凿岩机		
11	水枪		
12	喷浆机		
13	混凝土 搅拌机	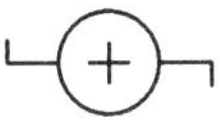	
14	混凝土 喷射机		
15	锚杆安装机	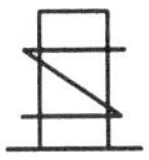	
16	锚杆钻机		
17	锚索张拉机	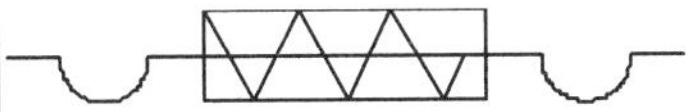	
18	机械手		
19	凿岩台车(钻车)	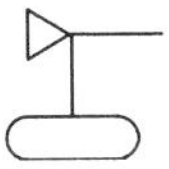	
20	钻装机	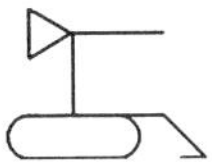	

表11-15(续)

编号	名称	符号	说明
21	刮板输送机	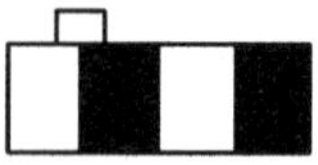	
22	可弯曲刮板输送机		
23	溜槽	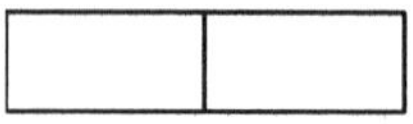	
24	吊挂式带式输送机	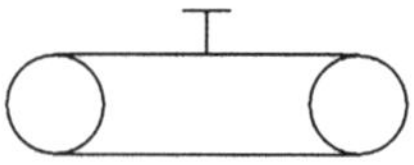	
25	落地带式输送机	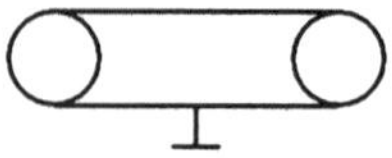	
26	可伸缩带式输送机	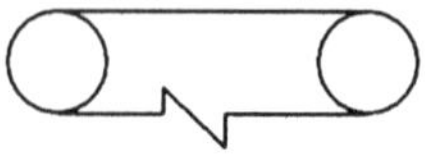	一般符号
27	破碎机	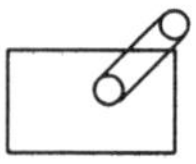	
28	带式转载机	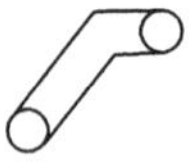	
29	刮板转载机		一般符号
30	钢丝绳芯带式输送机	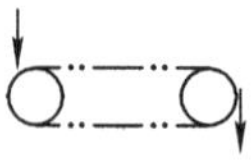	
31	钢丝绳牵引带式输送机	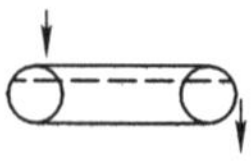	
32	多点驱动带式输送机	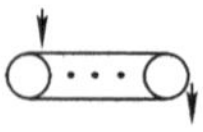	
33	压风机	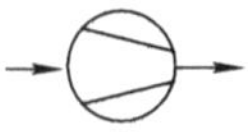	
34	离心式通风机		一般符号
35	轴流式通风机		一般符号

表11-15(续)

编号	名称	符号	说明
36	局部通风机		圆内填写功率特征
37	水泵		圆内填写功率特征
38	潜水泵		
39	湿式除 尘风机		圆内填写功率特征
40	矿用防爆变压器	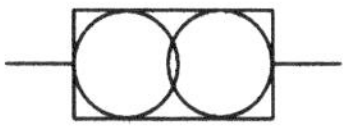	
41	隔爆型自动馈电开关		
42	矿用隔爆型电磁启动器		
43	防爆电动机		
44	直流		电压可标注在符号右边,系统类型可标注在符号左边
45	交流		频率或频率范围以及电压的数值应标注在符号右边,系统类型应标注在符号左边
46	交直流		
47	接地一 般符号	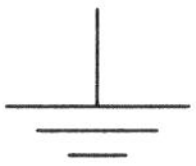	若表示接地的状况或作用不够明显时,则可补充说明
48	等电位		
49	故障		
50	电阻器		一般符号
51	电容器	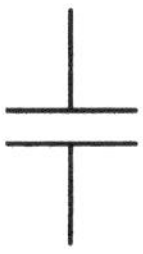 或 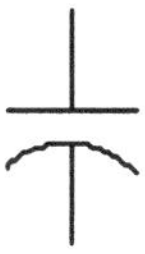	一般符号

表11-15(续)

编号	名称	符号	说明
52	电感器、线圈、绕组、扼流圈		
		(二) 控制、保护装置	
53	动合(常开)触点		本符号也可以用作开关一般符号
54	动断(常闭)触点		
55	先断后合的转换触点		
56	中间断开的双向触点	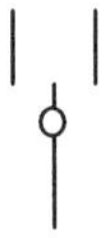	
57	手动开关的一般符号	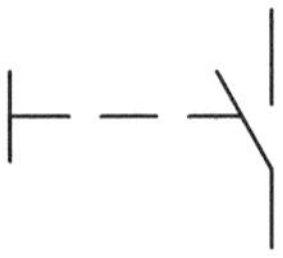	
58	按钮开关(不闭锁)	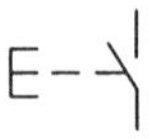	
59	避雷器		
60	避雷针		
		(三) 电机、启动器	
61	电机一般符号		符号内的星号必须用下述字母代替: C——同步交流机; G——能作为发电机或电动机使用的电机; GS——同步发电机; M——电动机; MS——同步电动机; SM——伺服电机; TG——测速发电机; TM——力矩电动机; IS——感应同步器

表11-15(续)

编号	名称	符号	说明
62	交流电动机		
63	双绕组变压器 电压互感器		
64	三绕组 变压器	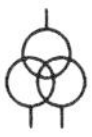	
65	电流互感器	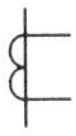	
66	电抗器 扼流圈		
67	自耦变压器		
68	电动机启动器 一般符号		特殊类型的启动器可以在一般符号内加上限定符号
69	自耦变压器式启动器		
70	星-三角启动器		
（四）仪表、信号器件			
71	电压表		
72	电流表		
73	功率因数表	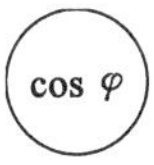	
74	电度表(瓦小时计)	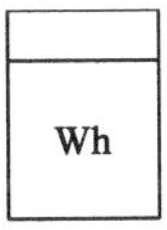	
75	闪光型 信号灯	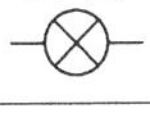	
76	电铃		

表11-15(续)

编号	名称	符号	说明
77	电喇叭	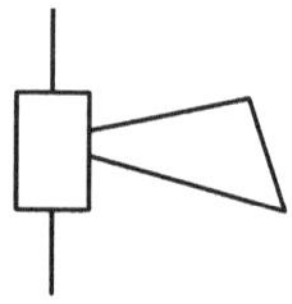	
78	蜂鸣器		
		(五)电器线路	
79	导线、导线组、电线、电缆、电路、传输通路(如微波技术)、线路、母线(总线)一般符号	——	当用单线表示一组导线时,若需示出导线数,则可加小短线或画一条短斜线加数字表示
80	柔软导线		
81	绞合导线 (示出二股)	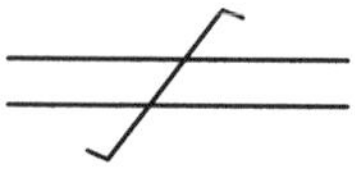	
82	屏蔽导线	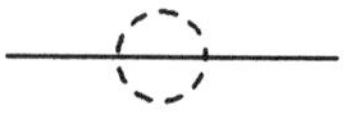	
83	不需要示出 电缆芯数的 电缆终端头	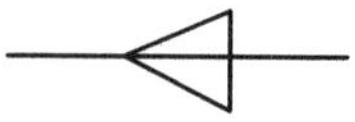	
84	电缆直通接线盒(示出带三根导线)单线表示	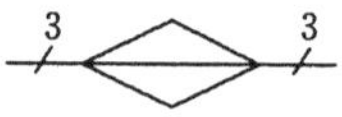	
85	电缆连接盒,电缆分线盒(示出带三根导线 T 形连接)单线表示	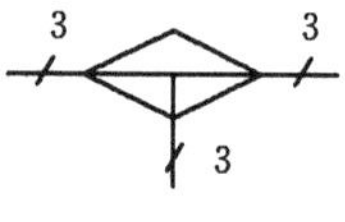	
86	电话	F T V S F	电报和数据传输 视频通路(电视) 声道(电视或无线电广播) 示例:电话线路或电话电路
87	架空线路		

表11-15(续)

编号	名称	符号	说明
88	灯、信号灯一般符号		(1) 若要求指示颜色,则在靠近符号处标出下列字母:RD 红,BU 蓝,YE 黄,WH 白,GN 绿; (2) 若要指示灯的类型,则在靠近符号处标出下列字母:Ne 氖,Xe 氙,Na 钠,Hg 汞,I 碘,IN 白炽、EL 电发光,ARC 弧光,FL 荧光,IR 红外线,UV 紫外线,LED 发光二极管
89	投光灯 一般符号		
90	聚光灯	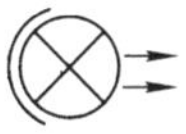	
91	泛光灯		
(六) 安全监测监控系统			
92	瓦斯传感器	WS	
93	风速传感器	FS	
94	风门传感器	FM	
95	风压传感器	FY	
96	断电仪 (或远动)	WB	
97	温度传感器	WD	
98	流量传感器	LL	
99	一氧化碳传感器	CO	
100	风电闭 锁装置	FB	
101	设备开停传感器	KT	
102	馈电传感器	KD	

表11-15(续)

编号	名称	符号	说明
103	负压传感器	-P	
104	电压传感器	V	
105	电流传感器	I	
106	水位传感器	SH	
107	煤位传感器	MH	
108	监测分站	分部	
109	干线扩展器	型号	
110	监测接线盒	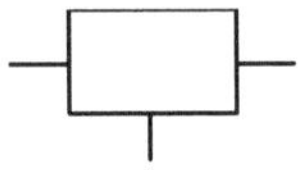	

11.1.2.10　采矿工程专业图例

采矿工程专业图例如表 11-16 所示。

表 11-16　采矿工程专业图例

编号	名称	符号	说明
1	打煤眼		
2	打岩眼		
3	爆破		
4	支柱		
5	运料	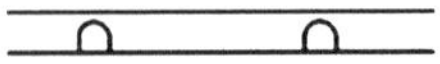	
6	回柱放顶		
7	移输送机	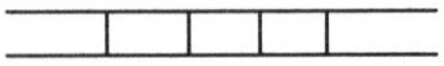	
8	装煤、运煤	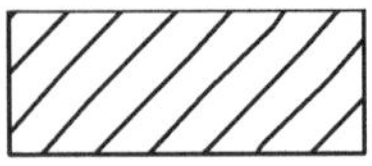	
9	打密集支柱	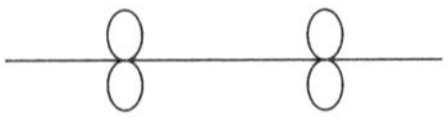	
10	准备及检修		

表11-16(续)

编号	名称	符号	说明
11	移支柱		
12	移支架		
13	移风管		
14	支木垛	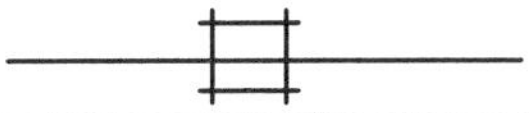	
15	回收木垛	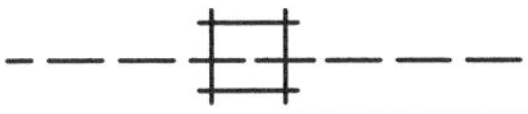	
16	刨煤机刨煤		
17	开缺口		
18	采煤机割煤		
19	采煤机下放		
20	单体支柱		
21	切顶支柱	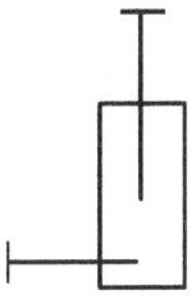	
22	液压支架	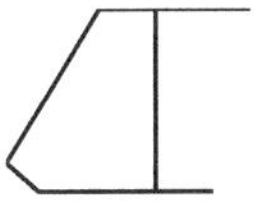	一般符号
23	放顶煤支架	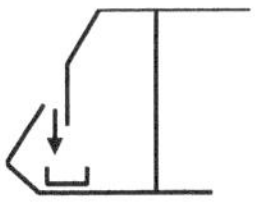	
24	悬(滑)移顶梁支架	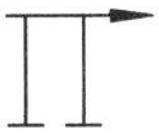	
25	端头支架	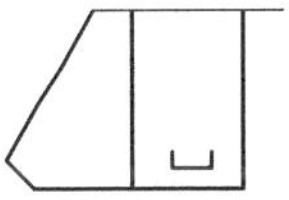	
26	铰接顶梁		
27	双滚筒采煤机	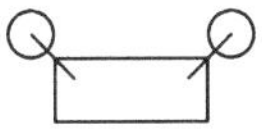	

表11-16(续)

编号	名称	符号	说明
28	单滚筒采煤机	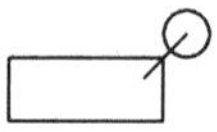	
29	刨煤机	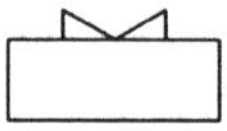	一般符号
30	连续采煤机（掘采机）	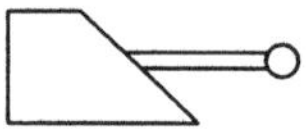	
31	全断面掘进机	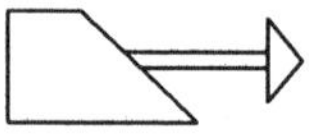	
32	部分断面掘进机	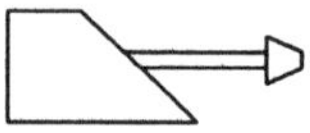	
33	钻井机		
34	反井钻机		
35	铺金属网及底网		
36	煤层高硫分区	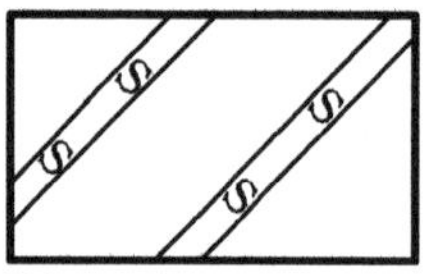	向左成 45°倾斜的平行线，中间面“S”
37	采空区		按实际情况绘制，在范围内侧涂 5～10 mm 黑色影线
38	煤层可采边界线	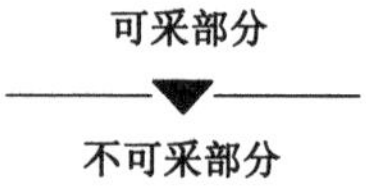	线宽为 0.25 mm
39	煤层合并边界线	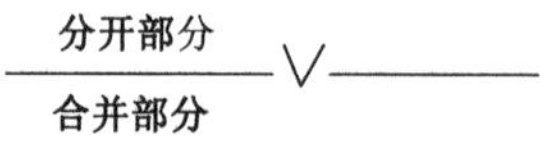	夹矸 0.7 m 为煤层分叉合并分界值
40	指北针		根据图纸大小自行确定但箭头宽与长之比为 1∶3
41	村庄	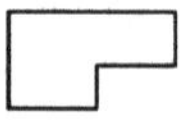	按实物缩制
42	河流		

表11-16(续)

编号	名称	符号	说明
43	金属网假顶	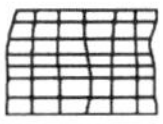	
44	塑料网假顶		
45	冒顶区	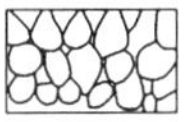	当面积大时,只涂范围内侧 10～20 mm
46	回采工作面推进方向	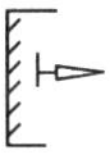	
47	采区接替进度	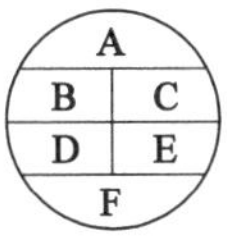	A:采区编号; B:采区可采储量; C:采区服务年限; D:采区生产能力; E:采区开采起止年限; F:接替采区名称
48	坡度	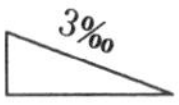	坡度值可直接用度或千分数标注
49	巷道与轨道坡度段号		
50	平衡表内储量块段	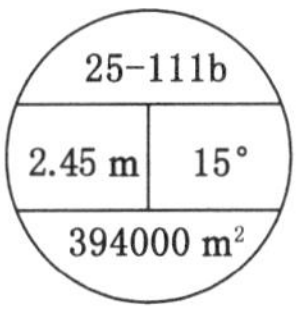	上部:块段号和级别; 中左:煤层真厚度; 中右:煤层平均倾角; 下部:块段水平面积
51	平衡表外储量块段	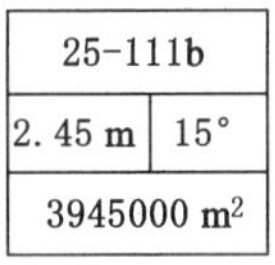	上部:块段号和级别; 中左:煤层真厚度; 中右:煤层平均倾角; 下部:块段水平面积
52	水泵	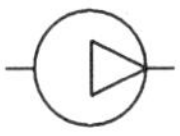	圆内填写功率特征
53	注水泵	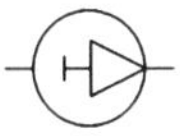	圆内填写功率特征
54	泥浆泵	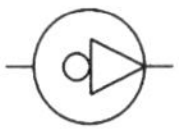	圆内填写功率特征
55	煤水泵	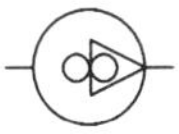	圆内填写功率特征

表11-16(续)

编号	名称	符号		说明
56	乳化液泵站	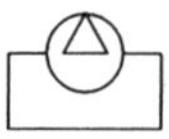		圆内填写功率特征
57	喷雾泵站			圆内填写功率特征
58	已有巷道	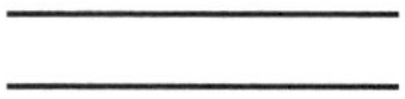 1∶200～1∶2000	 1∶5000～1∶10000	投影巷道用虚线表示
59	设计巷道	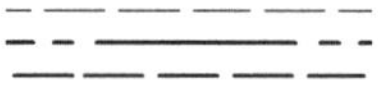 1∶200～1∶2000	 1∶5000～1∶10000	点划线表示巷道中心线,线宽0.25 mm

11.1.3 其他规则

(1) 图形命名时应使用简体中文(特殊情况可使用数字序号和英文字母),不宜使用其他符号。命名贴近行业习惯用语或与原图签、名称一致,便于查找。

(2) 所有注记应总体方向向上(地形图上等高线注记方向指向高处);不能出现叠加现象;与线、线型叠加,注记在上一图层,且保证注记清晰,不是特殊要求的注记可适当移动位置;遇到特殊情况时可根据实际需要放大、缩小字体;注记摆放在不改变原意基础上,尽量美观(可用对齐、居中等命令进行编辑)。

(3) 矿图必须校正坐标为实际地理坐标。各矿图纸坐标应统一,包括采掘图、储量图、井上下对照图、地形地质图等。

(4) 矿图需要叠合而成时,在制图前一定要计划好图幅和比例尺大小,防止发生不必要的重复工作。需要特别规划好的矿图包括地形地质图(地形图上加地质专项要素)、井上下对照图(地形图和采掘工程平面图叠合)、综合水文地质图(地形地质图上加水文地质内容)、矿井充水性图(采掘图上加充水性内容)等。

11.2 习 题 集

1. 编制断层面等高线图。等高线 100 m 至 −100 m、等高距 50 m,图形比例 1∶2000,如图 11-3 所示。

2. 编制 B—B′剖面图。图形比例 1∶2000,如图 11-4 所示。

3. 编制 A—A′剖面图。图形比例 1∶2000,如图 11-5 所示。

4. 编制 I—I′走向剖面图。图形比例 1∶2000,如图 11-6 所示。

5. 根据两水平切面图做剖面图。图形比例 1∶2000,如图 11-7 所示。

6. 根据剖面图编制等高线图,如图 11-8 所示。

7. 根据水平切面图绘制剖面图。图形比例 1∶1000,如图 11-9 所示。

8. 根据水平切面图绘制剖面图。图形比例 1∶1000,如图 11-10 所示。

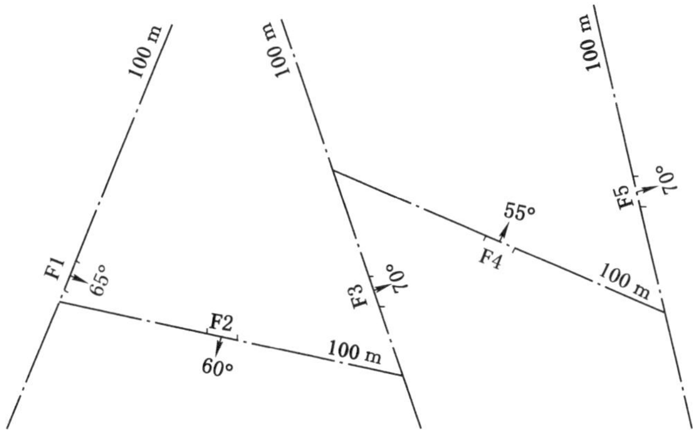

图 11-3　编制断层面等高线图

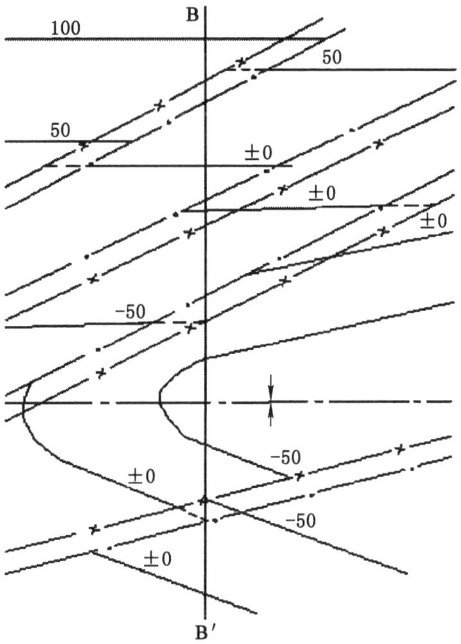

图 11-4　编制 B—B′剖面图

9. 根据水平切面图绘制剖面图。图形比例 1∶2000，如图 11-11 所示。

10. 根据水平切面图绘制剖面图。图形比例 1∶2000，如图 11-12 所示。

11. 连接图 11-13 中三个巷道所见的断层交面线。比例 1∶2000。

12. 在图 11-14 中（比例 1∶2000），

(1) 绘断层上、下盘交面线。

(2) 分析断层性质。

(3) 计算断层落差。

13. 在图 11-15 中（比例 1∶2000），

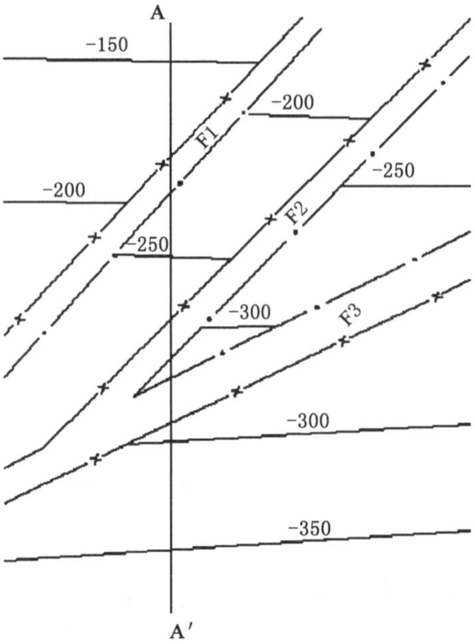

图 11-5 编制 A—A′剖面图

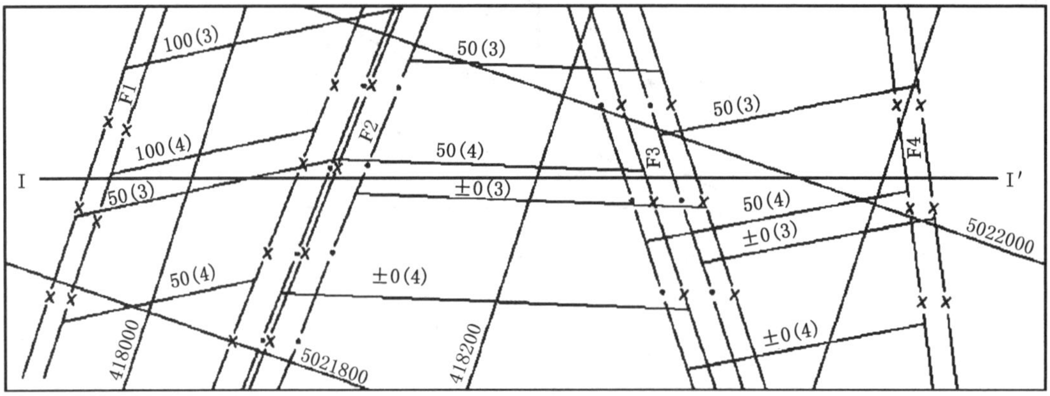

图 11-6 编制 I—I′走向剖面图

(1) 绘断层上、下盘交面线。

(2) 分析断层性质。

(3) 分析断层落差。

14. 根据图 11-6,利用剖面法推断 3# 煤层及 2# 煤层(位于 3 层下层间距 50 m)断层上下盘交面线。断层落差为 30 m,图形比例为 1∶2000。

15. 如图 11-17 所示,24 左四路送切割上山,给下 2 断层至少留 20 m 煤柱,上山方向垂直上、下巷。比例为 1∶2000。试问:

(1) 上山位置应定在什么地方?

(2) 上山方位角是多少度?

16. 根据图 11-18,编制—400 m 水平切面图(比例 1∶2000)。

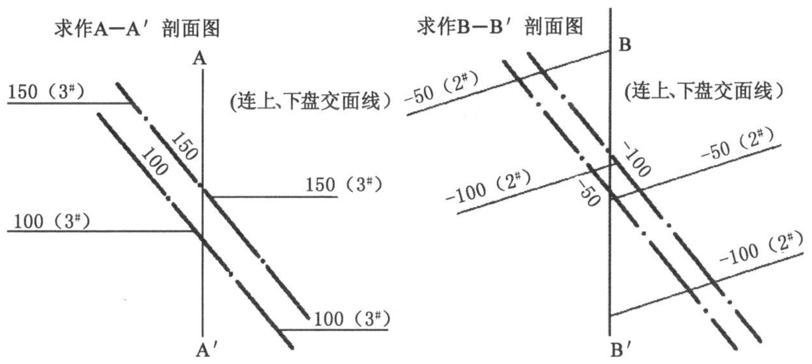

图 11-7　根据两水平切面图作剖面图

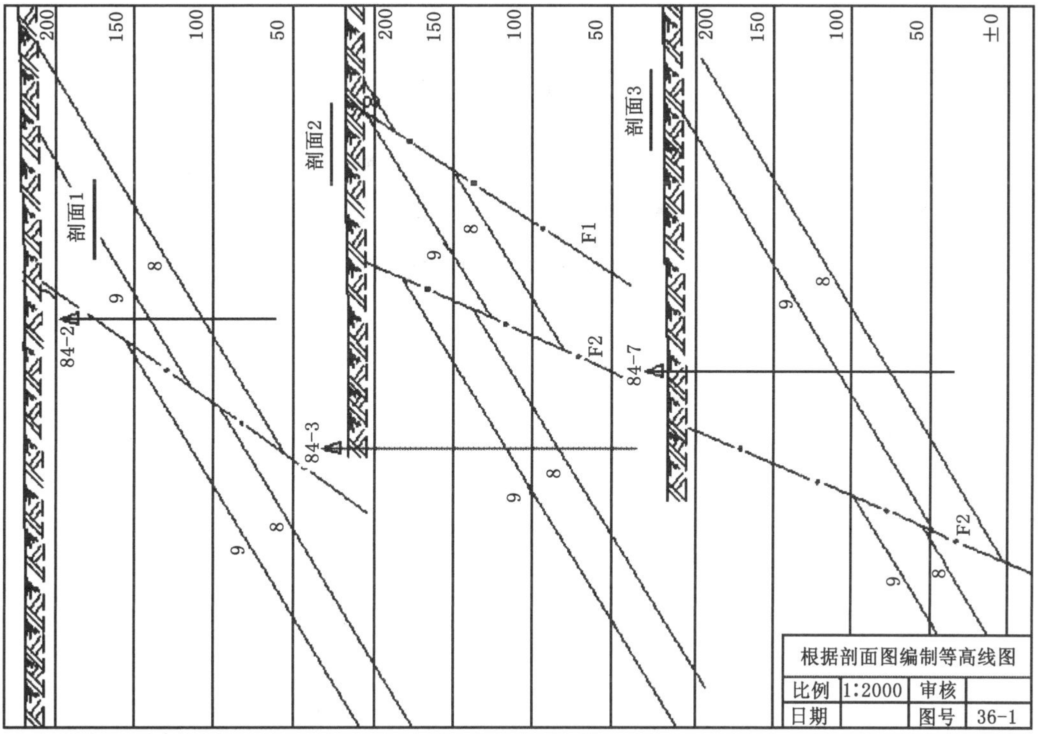

图 11-8　根据剖面图编制等高线图

17. 根据图 11-19，编制－200 m 水平切面图(比例 1：2000)。

18. 做图 11-20 中 B—B′剖面图，判断断层性质并求其落差(比例 1：2000)。

19. 做图 11-21 中 A—A′剖面图，判断断层性质并求其落差(比例 1：2000)。

20. 根据图 11-22 回答下列问题：

(1) 煤层走向方位角(　　　　)；

(2) 煤层倾向方位角(　　　　)；

(3) 煤层倾角(　　　　)；

(4) 断层走向方位角(　　　　)；

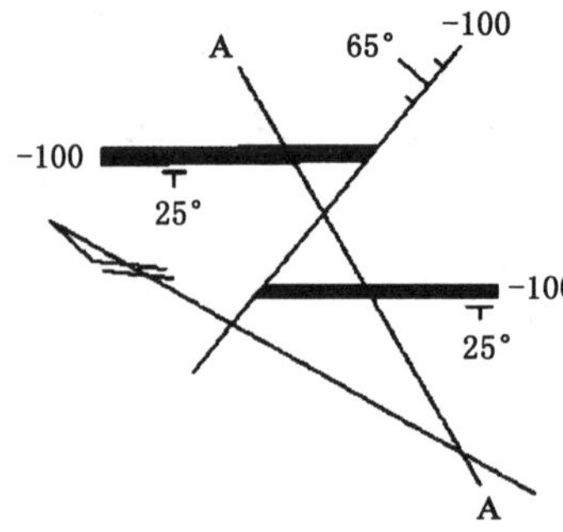

图 11-9　根据水平切面图绘制剖面图(1)

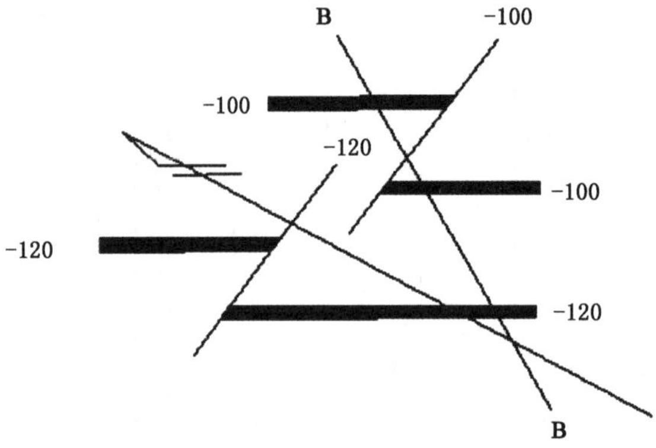

图 11-10　根据水平切面图绘制剖面图(2)

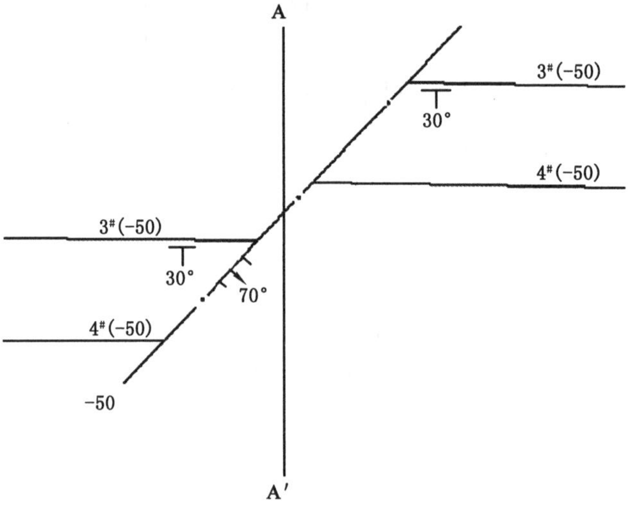

图 11-11　根据水平切面图绘制剖面图(3)

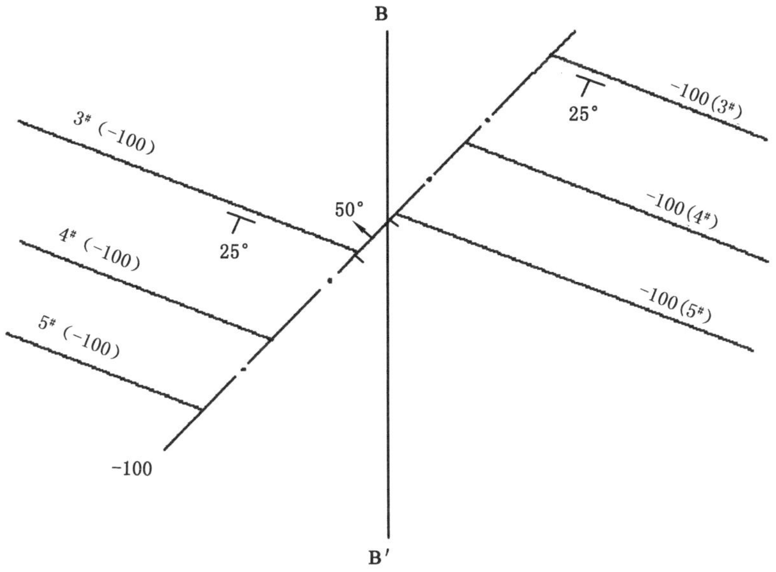

图 11-12　根据水平切面图绘制剖面图(4)

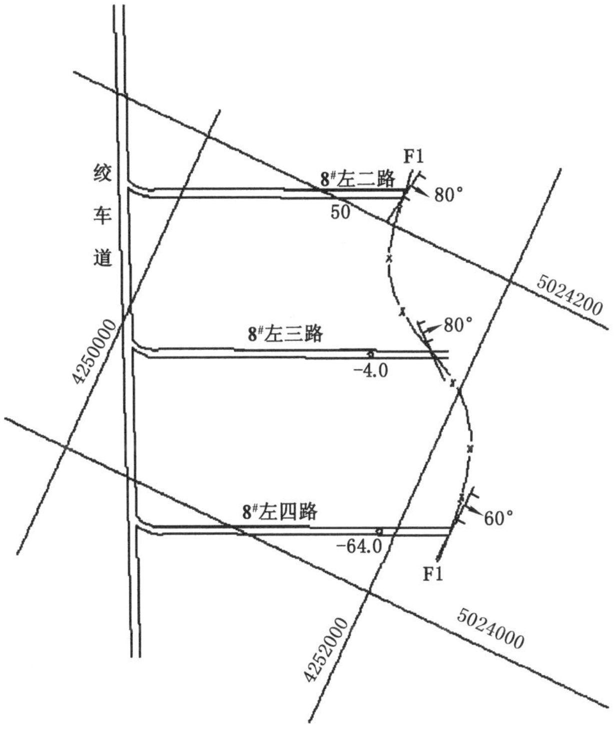

图 11-13　断煤交面线练习(1)

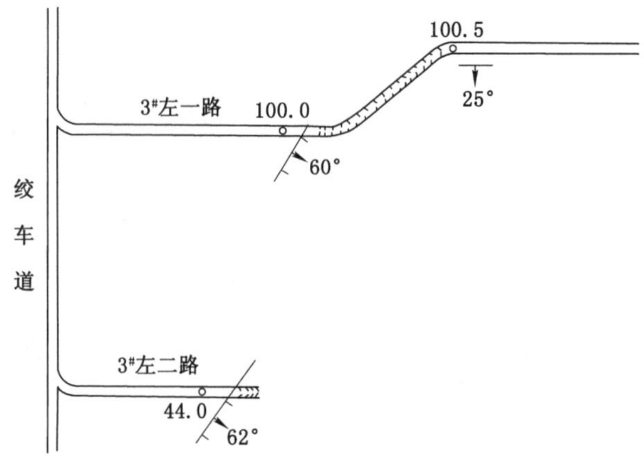

图 11-14　断煤交面线练习(2)

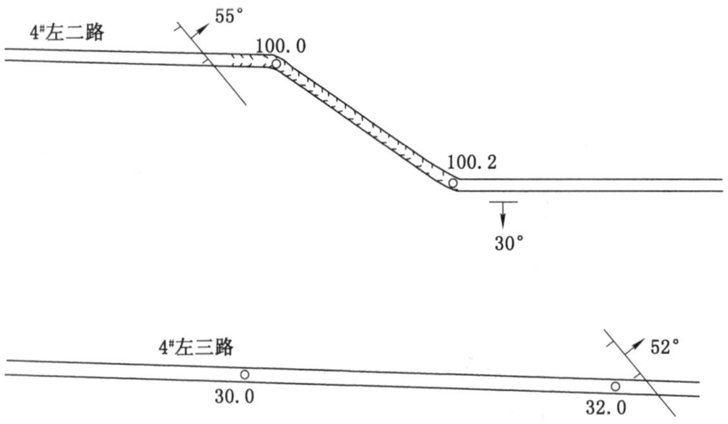

图 11-15　断煤交面线练习(3)

(5) 断层倾向方位角(　　　　　);
(6) 断层倾角(　　　　　);
(7) 断层性质(　　　　　);
(8) 断层落差(　　　　　);
(9) 断层铅直地层断距(　　　　　)。

21. 根据图 11-23 回答下列问题:

(1) 煤层走向方位角(　　　　　);
(2) 煤层倾向(　　　　　);
(3) 煤层倾角(　　　　　);
(4) 断层走向方位角(　　　　　);
(5) 断层倾向方位角(　　　　　);
(6) 断层倾角(　　　　　);

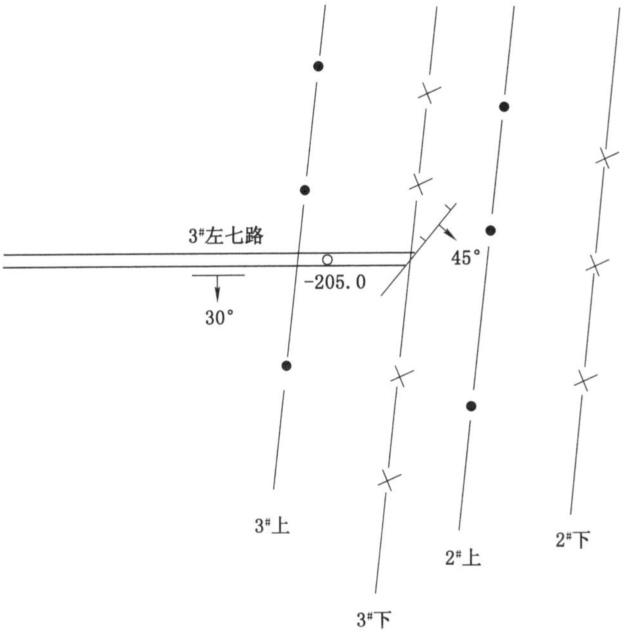

图 11-16　断煤交面线练习(4)

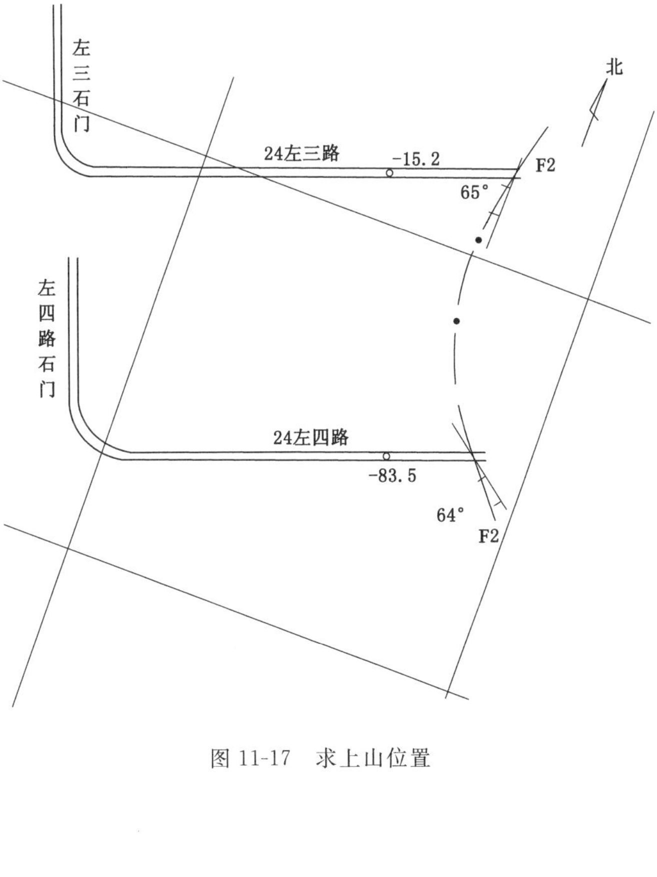

图 11-17　求上山位置

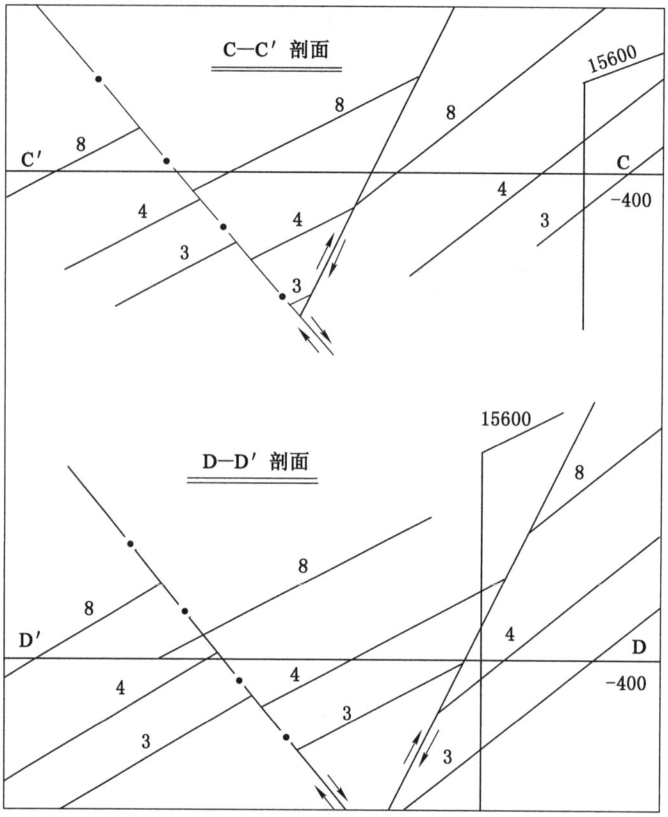

图 11-18　编制水平切面图(1)

(7) 断层性质(　　　　);

(8) 断层落差(　　　　);

(9) 断层铅直地层断距(　　　　);

(10) 断层水平断距(　　　　)。

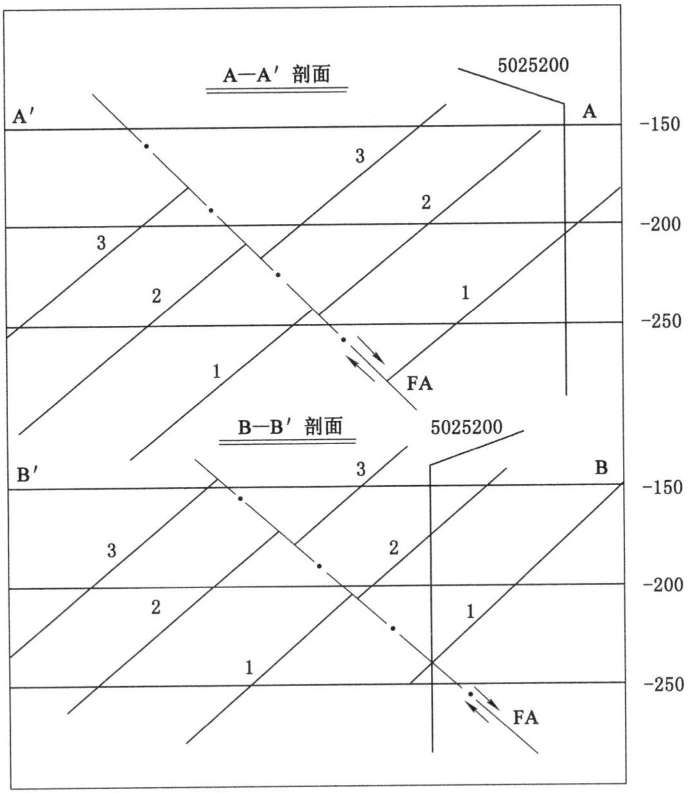

图 11-19　编制水平切面图(2)

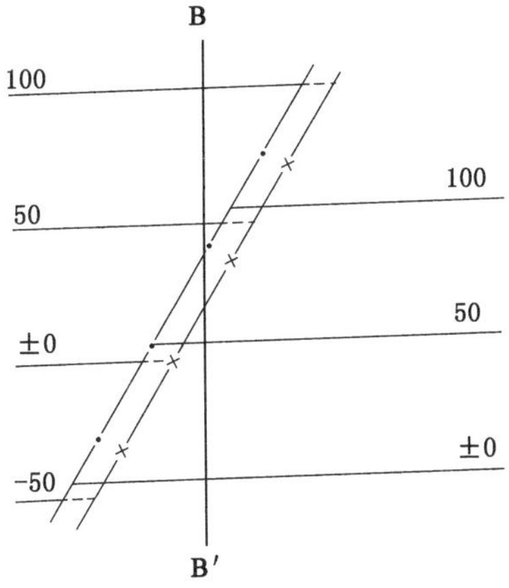

图 11-20　求作剖面图(1)

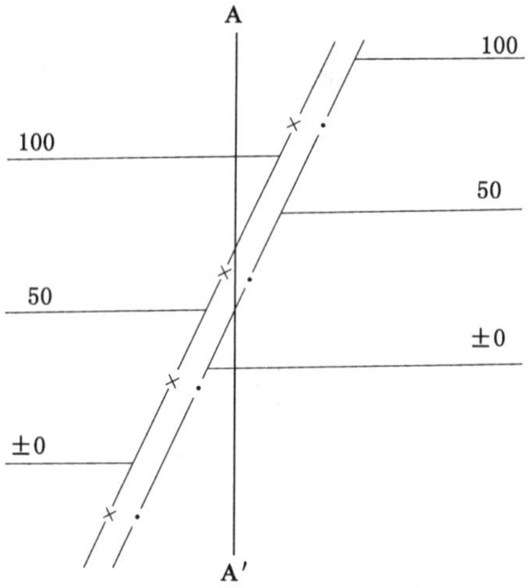

图 11-21 求作剖面图(2)

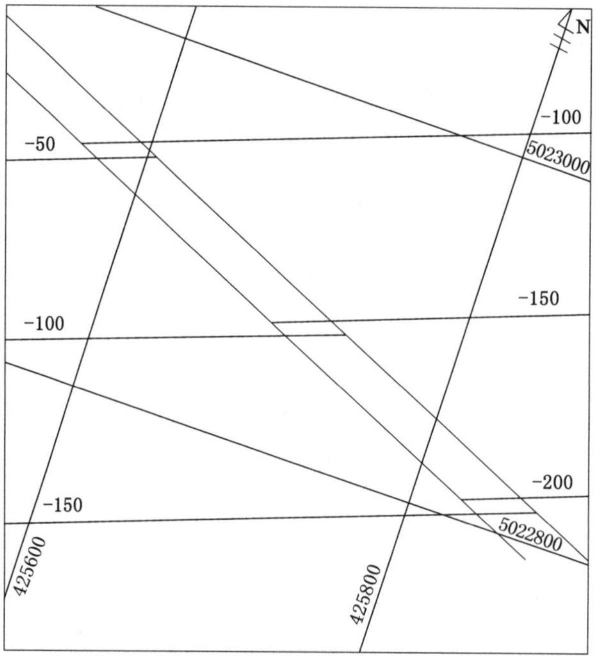

图 11-22 综合练习(1)

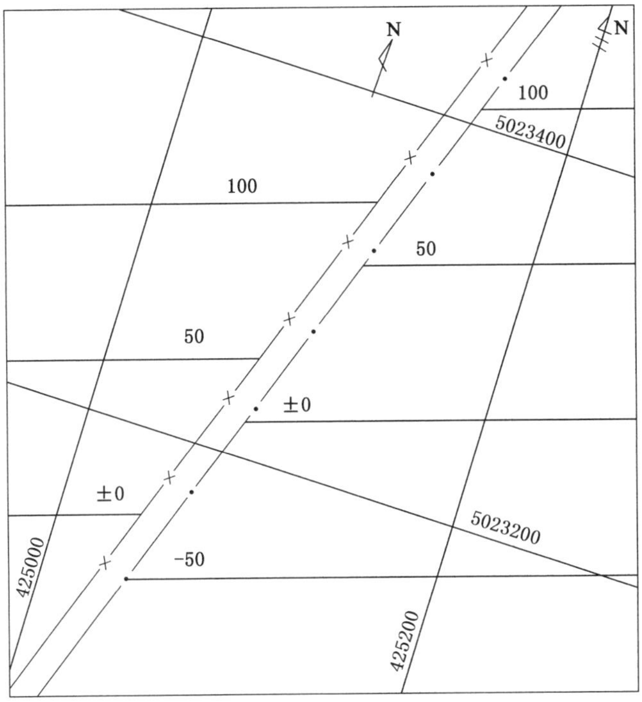

图 11-23　综合练习(2)